知识生产的原创基地
BASE FOR ORIGINAL CREATIVE CONTENT

颉腾科技
JIE TENG TECHNOLOGY

TRANSFORMERS FOR
NATURAL LANGUAGE PROCESSING

BUILD INNOVATIVE DEEP NEURAL NETWORK ARCHITECTURES FOR NLP WITH PYTHON, PYTORCH, TENSORFLOW, BERT, ROBERTA, AND MORE

深入理解 Transformer 自然语言处理

使用Python、PyTorch、TensorFlow、BERT、RoBERTa为NLP构建深度神经网络架构

[法] 丹尼斯·罗思曼（Denis Rothman）◎著
马勇 曾小健 任玉柱 梁理智◎译

北京理工大学出版社
BEIJING INSTITUTE OF TECHNOLOGY PRESS

图书在版编目(CIP)数据

深入理解Transformer自然语言处理:使用Python、PyTorch、TensorFlow、BERT、RoBERTa为NLP构建深度神经网络架构/(法)丹尼斯·罗思曼著;马勇等译. --北京:北京理工大学出版社,2023.10

书名原文:Transformers for Natural Language Processing:Build innovative deep neural network architectures for NLP with Python, PyTorch, TensorFlow, BERT, RoBERTa, and more

ISBN 978-7-5763-2893-6

Ⅰ.①深… Ⅱ.①丹… ②马… Ⅲ.①自然语言处理 Ⅳ.①TP391

中国国家版本馆CIP数据核字(2023)第176407号

北京市版权局著作权合同登记号 图字:01-2023-2877号

Title: Transformers for Natural Language Processing: Build innovative deep neural network architectures for NLP with Python, PyTorch, TensorFlow, BERT, RoBERTa, and more

By: Denis Rothman

责任编辑:钟 博　　文案编辑:钟 博
责任校对:刘亚男　　责任印制:施胜娟

出版发行/北京理工大学出版社有限责任公司
社　　址/北京市丰台区四合庄路6号
邮　　编/100070
电　　话/(010) 68944451 (大众售后服务热线)
　　　　　(010) 68912824 (大众售后服务热线)
网　　址/http://www.bitpress.com.cn

版 印 次/2023年10月第1版第1次印刷
印　　刷/三河市中晟雅豪印务有限公司
开　　本/787 mm×1092 mm 1/16
印　　张/17.75
字　　数/399千字
定　　价/99.00元

图书出现印装质量问题，请拨打售后服务热线，负责调换

贡献者
Contributors

关于作者

丹尼斯·罗思曼（Denis Rothman）毕业于索邦大学和巴黎狄德罗大学，设计了第一个word2matrix专利嵌入和向量化系统。他开始了自己的职业生涯，创作了第一批人工智能认知自然语言处理（Natural Language Processing，NLP）聊天机器人和其他公司的自动语言教师。他为IBM和服装生产商编写了一个人工智能资源优化器，并在世界范围内使用了一个先进的计划和调度（Advanced Planning and Scheduling，APS）解决方案。

"我要感谢那些从一开始就信任我提供人工智能解决方案并分享持续创新的风险的公司。我也感谢我的家人，他们相信我会永远成功。"

关于审稿人

乔治·米哈伊拉（George Mihaila）目前是北得克萨斯大学计算机科学专业的博士候选人。他所从事的主要研究领域是深度学习和自然语言处理（NLP），其重点是对话的生成。他的研究论文是关于人物的随意对话生成。

乔治在人工智能和NLP方面非常有热情。他总是跟上最新的语言模式。每当一个新的开创性模型出现时，他都喜欢研究代码，以更好地理解它的内部工作原理。

除了他的研究，乔治还参与了关于如何在各种机器学习任务中使用Transformer模型的教程。他喜欢开源的想法，也喜欢通过他的GitHub项目和个人网站来分享他的知识，并在NLP中帮助其他人。

在空闲时间，乔治喜欢做饭、和他的另一半一起旅行。

"感谢出版团队中的每一个人，以及丹尼斯·罗思曼给了我这个机会，并让评论过程变得如此有趣和简单。"

马尔特·皮奇（Malte Pietsch）是deepset公司的联合创始人和首席技术官，在那里他构建了Haystack——一个由开源和NLP推动的企业搜索引擎的端到端框架。他拥有理学硕士学位，并在卡内基梅隆大学进行了研究。在创立deepset公司之前，他曾在多家初创公司担任数据科学家。他是一个开源的爱好者，喜欢在早餐前看论文，并且痴迷于将自己工作中无聊的部分自动化。

卡洛斯·托克斯特利（Carlos Toxtli）是一位人机互动研究员，他研究人工智能在未来工作中的影响。他在西弗吉尼亚大学学习计算机科学博士学位，在蒙特雷理工学院和高等教育学院获得技术创新和创业精神硕士学位。他曾为谷歌、微软、亚马逊和联合国等国际公司和组织工作过。他也是 *Artificial Intelligence By Example*（*Second Edition*）和 *Hands－On Explainable AI*（*XAI*）的技术评论员。他还建立了在金融、教育、客户服务和停车行业使用人工情报的公司。卡洛斯为他的领域的不同会议和期刊发表了许多研究论文、手稿和书籍章节。

译者序
Foreword

ChatGPT 的问世，让我们走进了初步的 AGI 时代。它的文字编写、逻辑推理、语言翻译和文本分析能力令人惊叹，但是我们总是想知道它的背后原理是什么，特别是人工智能从业人员，他们渴望深入了解与学习背后的原理与技术细节。

ChatGPT 背后的核心技术基础是 Transformer 构架的大语言模型（大模型）。自从 2017 年 Google 论文 *Attention Is All You Need* 发表以来，Transformer 架构技术得到极大发展。从参数量只有 100M 的 BERT 预训练模型发展到目前参数量高达数千亿的 PaLM－2 模型，从基础的文本分类能力发展到逻辑推理、数学计算等较深入的人工“智力”，它们背后的基础原理与技术并无大的差异。各种大模型的能力差异取决于模型的架构、参数量、训练语料与训练方法等因素。打个比喻，大模型的基础模型训练阶段类似个人从小学到本科的基础教育阶段，而大模型的微调与人类意图对齐阶段则是研究生或职业学校的专业技能培养阶段。大模型兴起后，大家沉迷于在基础模型之上的微调与人类意图对齐，殊不知基础模型的素质才是大模型核心涌现能力的根本。一个大模型的能力天花板取决于基础模型训练阶段注入的核心基础能力，怎样有效地训练一个大模型的基础模型成为一项人工智能从业人员的核心技能。

参数量极大的大模型与参数量较小的大模型在原理与训练方法上并无本质差异，只有量变导致的质变。“万丈高楼平地起，勿在浮沙筑高台”，临渊羡鱼不如退而结网。我们可以从小规模模型的原理、训练方法与应用技术入手，洞悉大模型背后的原理与技术奥秘。

本书内容包括 Transformer 模型架构的基础知识与各种专题应用内容，涵盖大模型原理与应用的方方面面。前 7 章作为基础部分，首先讲述 Transformer 模型架构的入门知识以及基于 Transformer 架构的 BERT 模型微调。随后描述基于 BERT 增强的 RoBERTa 模型的基础训练方法，接下来讲述使用 Transformer 模型完成各种下游任务，如语言翻译、文本生成与文本摘要。其中文本生成使用与目前火热的 ChatGPT 模型架构一致的 GPT 和 GPT2 模型。从第 8 章开始讲述较深入的专题内容，包括 Transformer 模型架构开发与应用中比较重要的标记解析器与数据集的匹配问题，高级的应用如语义角色标注、问答、情感分析以及假新闻检测等。

参与本书翻译的人员和分工如下：任玉柱翻译前言和第 1～3 章，马勇翻译第 4、7～10 章和第 12 章，梁理智翻译第 5 和第 6 章，曾小健翻译第 11 章。

本书的出版适逢大模型蓬勃发展的时期，宛如春风拂面，吹入大模型研究与开发的火热潮流。它为读者提供了基础的技术原理与方向资源，对于提升大模型训练与应用能力具有重要而积极的意义。

译者

2023 年 8 月

前言
Preface

Transformer 改变了自然语言理解（Natural Language Understanding，NLU）的游戏规则，自然语言理解是自然语言处理（NLP）的一个子集，而后者已经成为全球数字经济中人工智能的支柱之一。

全球经济已经从物理世界走向数字世界。

我们正在见证从面对面接触到社交网络、从实体购物到电子商务、从实体影院到数字报纸和流媒体、从实体就诊到远程医生咨询、从打卡上班到远程工作，以及其他更多领域的类似发展趋势。

人工智能驱动的语言理解和由此产生的数据量都将继续呈指数级增长。语言理解已经成为语言建模、聊天机器人、个人助理、问题回答、文本总结、语音转换为文本、情感分析、机器翻译等的支柱。

如果没有 AI 语言理解，人类社会使用互联网将会非常困难。

Transformer 架构是革命性和颠覆性的，因为 Transformer 及其后续的架构和模型改变了我们对 NLP 和人工智能本身的看法。Transformer 的架构不是对过去的改进。它与之前不同，将 CNN 和 RNN 甩在身后。它让我们更接近实时机器智能，将在未来几年与人类智能相匹配。

Transformer 及其后续架构、概念和模型具有颠覆性。我们将在本书中探究的各种 Transformer 将逐步取代之前所知道的 NLP。

想想看，需要多少人来审核每天发布在社交网络上的数十亿条信息的内容，才能决定它们是否合法、道德，并提取其中包含的信息。想想每天需要多少人来翻译网络上发布的数百万页内容。或者想象一下，需要多少人才能审核每分钟手动生成的数百万条消息！最后，想想需要多少人来给网络上每天发布的大量流媒体配字幕。最后，想想为持续出现在网络上的数十亿张图片更换 AI 图片字幕所需的人力资源。

这将我们引向人工智能的更深层次。在一个数据呈指数级增长的世界里，AI 执行的任务比人类以往任何时候都要多。想想看，光是翻译 10 亿条在线信息就需要多少数量的译者，而机器翻译没有数量限制。

本书将向你展示如何提高语言理解能力。每一章都将带你从 Python、PyTorch 和 TensorFlow 中从零开始了解语言理解的关键方面。

例如，在媒体、社交媒体和研究论文等许多领域，对语言理解的需求与日俱增。在数百项 AI 任务中，我们需要总结大量数据进行研究，为经济各个领域翻译文档，并出于道德和法律原因扫描所有社交媒体帖子。

已经取得的进展有：谷歌推出的 Transformer 通过一种新颖的自注意力架构提供了新的语言理解方法。OpenAI 提供 Transformer 技术，脸书的 AI 研究部门提供高质量的数据集。总的来说，正如我们将在本书中了解的那样，互联网巨头已经让所有人都可以使用 Transformer 模型。

Transformer的性能可以超过目前使用的经典RNN和CNN模型。例如，英译法和英译德的Transformer模型提供了比ConvS2S（RNN）、GNMT（CNN）和SliceNet（CNN）更好的结果。

在整本书中，你将亲身体验Python、PyTorch和TensorFlow。先介绍理解神经网络模型的关键AI语言，然后学习如何探索和实现Transformer。

本书的目标是为读者提供Python深度学习所需的知识和工具，以有效开发语言理解的关键方面。

目标读者

本书不是Python编程或机器学习概念的介绍。相反，它侧重于机器翻译、语音到文本、文本转换为语音、语言建模、问题回答和许多其他自然语言处理领域的深度学习。

从这本书中受益最大的读者是：

- 熟悉Python编程的深度学习和NLP从业者。
- 希望引入AI语言理解来处理越来越多的语言驱动函数的数据分析师和数据科学家。

本书主要内容

第1部分：Transformer架构介绍

第1章“Transformer模型架构入门”，通过NLP的背景来了解RNN、LSTM和CNN架构是如何被抛弃的，以及Transformer架构是如何开启一个新时代的。我们将通过Google Research和Google Brain的作者在*Attention Is All You Need*一文中提出的独特方法来研究Transformer架构。我们将介绍Transformer的理论，并亲手用Python来了解多头注意力头部子层是如何工作的。到本章结束时，你将理解Transformer的原始体系结构。后续章节将研究Transformer的多种变体和用法。

第2章“微调BERT模型”，建立在原始Transformer架构之上。双向编码器表示的Transformer（BERT）将Transformer带入了一种全新的感知NLP世界的方式。BERT不是通过分析之前的序列来预测未来的序列，而是关注整个序列！我们将首先了解BERT架构的关键创新，然后在Google Colaboratory notebook上一步一步地来微调BERT模型。像人类一样，BERT可以学习任务并执行其他新任务，而不必从头开始学习这一主题。

第3章“从零开始预训练RoBERTa模型”，使用Hugging Face的PyTorch模块从零开始构建RoBERTa Transformer模型。这类Transformer模型有BERT和DistilBERT两类。首先，我们将在定制的数据集上从零开始训练标记解析器。然后，经过训练的Transformer将运行在下游的掩码语言建模任务上。

我们将在Immanuel Kant数据集上进行掩码语言建模实验，以探索概念NLP表示。

第2部分：将Transformer应用于自然语言理解和生成

第4章“使用Transformer完成下游NLP任务”，揭示了Transformer在处理下游NLP任务的魔力。一个预训练的Transformer模型可以用来解决一系列NLP任务（如BoolQ、CB、MultiRC、RTE、WiC等），把持着GLUE和SuperGLUE排行榜。我们将了解对Transformer、任务、数据集和指标的评估过程，然后使用 Hugging Face 的 Transformer 管道运行一些下游任务。

第 5 章 “使用 Transformer 进行机器翻译”，定义机器翻译来理解如何从人类基准到机器转换方法。然后，我们将预处理来自欧洲议会的 WMT French – English 数据集。机器翻译需要精确的评估方法，本章我们将探讨 BLEU 评分方法。最后，使用 Trax 实现一个 Transformer 机器翻译模型。

第 6 章 “使用 OpenAI 的 GPT – 2 和 GPT – 3 模型生成文本”，探讨了 OpenAI 的 GPT – 2 模型的许多方面。首先从项目管理的角度考察 GPT – 2 和 GPT – 3，研究替代解决方案，如 Reformer 和 PET。接着探讨 OpenAI 的 GPT – 2 和 GTP – 3 模型的新颖架构，并运行 GPT – 2 345M 参数模型，并与其交互以生成文本。然后在自定义数据集上训练 GPT – 2 117M 参数模型，并生成自定义文本补全。

第 7 章 “将基于 Transformer 的 AI 文档摘要应用于法律和金融文档”，介绍了 T5 模型的概念和体系结构。我们将从 Hugging Face 初始化一个 T5 模型来总结文档。最后让 T5 模型总结包括《权利法案》（*Bill of Rights*）样本在内的各种文档，探究迁移学习方法应用于 Transformer 的成功之处和局限性。

第 8 章 “标记解析器与数据集的匹配”，分析了标记解析器的局限性，并研究了一些用于提高数据编码处理质量的方法。首先构建一个 Python 程序来调查为什么某些单词被 Word2Vec 标记解析器省略或曲解。在此之后，我们用一种标记 – 竞争方法找到了预处理标记解析器的极限。最后，我们通过应用一些想法来改进 T5 总结，这些想法表明仍然有很大的空间来提升标记解析器过程的方法。

第 9 章 “基于 BERT 模型的语义角色标注”，探究 Transformer 如何学习理解文本内容。语义角色标注（Semantic Role Labeling，SRL）对人类来说是一项具有挑战性的工作。Transformer 可以生成令人惊讶的结果。我们将在 Google Colab notebook 中实现 Allen Institute for AI 设计的基于 BERT 的 Transformer 模型。我们还将使用他们的在线资源来可视化 SRL 输出。

第 3 部分：高级语言理解技术

第 10 章 “让数据开口：讲故事与做问答”，展示了 Transformer 如何学习推理。一个 Transformer 必须能够理解文本、故事，也能够显示推理技能。我们将看到如何通过在这个过程中加入 NER 和 SRL 来增强问题回答能力。我们将构建一个问题生成器的蓝图，该生成器可用于训练 Transformer 或作为独立的解决方案。

第 11 章 “检测客户情感以做出预测”，展示了 Transformer 如何改进情感分析。我们将使用 Stanford Sentiment Treebank 分析复杂的句子，在理解句子的结构和逻辑形式方面挑战几种 Transformer 模型。我们将看到如何使用 Transformer 进行预测，根据情感分析输出触发不同的动作。

第 12 章 “使用 Transformer 分析假新闻”，深入探讨了假新闻的热门话题，以及 Transformer 如何帮助我们从不同视角理解每天看到的在线内容。每天，数十亿条消息、帖子和文章通过社交媒体、网站和各种可用的实时通信形式发布在网络上。利用前几章中的一些技巧，我们将分析关于气候变化和枪支管制的辩论以及一位前总统的推文。我们将通过道德和伦理问题来确定哪些新闻可以被认为是毫无疑问的假新闻，哪些新闻仍然是主观的。

充分利用本书

- 书中的大多数程序都是 Colaboratory notebook。你只需要一个免费的谷歌 Gmail 账户，就可以在 Google Colaboratory 的免费虚拟机上运行这些 notebook。
- 你需要在计算机上安装 Python 来运行一些教学程序。
- 最好花点时间阅读第 1 章 “Transformer 模型架构入门”。它包含对原始 Transformer 模型的描述，该 Transformer 是从构建块构建的，并将在整本书中实现。如果你觉得先阅读第 1 章很难，那就从这一章中挑选出一般的直观概念阅读。当你看了几章并对 Transformer 有更深入了解的时候，可以回到这一章。
- 读完每一章后，考虑如何为你的客户实现 Transformer，或者用它们在你的职业生涯中提出新颖的想法。

下载示例代码文件

这本书的代码包托管在 https://github.com/PacktPublishing/Transformers-for-Natural-Language-Processing。我们还有丰富的来自书籍和视频目录的其他代码包，可在 https://github.com/PacktPublishing/. 获得。可以看一下！

下载彩图

本书还提供了一个 PDF 文件，包含书中使用的截屏/图表的彩色图像。你可以在：https://static.packt-cdn.com/downloads/9781800565791_ColorImages.pdf 下载。

编写约定

本书通篇使用了几种文本约定。

代码块设置如下：

```
import numpy as np
from scipy.special import softmax
```

当我们希望你注意到代码块的特定部分时，相关的行或项目以粗体显示：

```
The black cat sat on the couch and the brown dog slept on the rug.
```

命令行输入或输出如下：

```
[[0.99987495]] word similarity
[[0.8600013]] positional encoding vector similarity
[[0.9627094]] final positional encoding similarity
```

警告或重要注意事项是这样出现的。

提示和技巧是这样出现的。

目录
Contents

第1部分　Transformer 架构介绍

第1章　Transformer 模型架构入门//003

1.1　Transformer 的背景//005

1.2　Transformer 的崛起：*Attention Is All You Need*//006

1.2.1　编码器堆栈//008

1.2.2　解码器堆栈//029

1.3　训练和表现//031

本章小结//032

问题//033

参考文献//033

第2章　微调 BERT 模型//034

2.1　BERT 的架构//036

2.1.1　编码器堆栈//036

2.1.2　预训练和微调 BERT 模型//040

2.2　微调 BERT//042

2.2.1　激活 GPU//042

2.2.2　为 BERT 安装 Hugging Face 的 PyTorch 接口//042

2.2.3　导入模块//043

2.2.4　指定 CUDA 作为 torch 的设备//043

2.2.5　加载数据集//043

2.2.6　创建句子、标签列表和添加 BERT 标记//045

2.2.7　激活 BERT 标记解析器//045

2.2.8　处理数据//045

2.2.9　创建注意力掩码//046

2.2.10　将数据拆分为训练集和验证集//046

2.2.11　所有数据转换成 torch 张量//047

2.2.12　选择批量大小并创建迭代器//047

2.2.13　BERT 模型配置//048

2.2.14 加载 Hugging Face BERT 不区分大小写的基本模型//049
2.2.15 优化器分组参数//050
2.2.16 训练循环的超参数//051
2.2.17 训练循环//052
2.2.18 训练评估//053
2.2.19 使用独立数据集进行预测和评估//053
2.2.20 使用马修斯相关系数进行评估//055
2.2.21 单个批次的分数//056
2.2.22 整个数据集的马修斯评估//056
本章小结//057
问题//057
参考文献//057

第3章 从零开始预训练 RoBERTa 模型//059
3.1 训练标记解析器和预训练 Transformer//061
3.2 从零开始构建 KantaiBERT//061
3.3 后续步骤//076
本章小结//076
问题//077
参考文献//077

第2部分 将 Transformer 应用于自然语言理解和生成

第4章 使用 Transformer 完成下游 NLP 任务//081
4.1 转述和 Transformer 模型的归纳能力//083
4.1.1 人类的智力层次//083
4.1.2 机器智能堆栈//084
4.2 Transformer 模型性能与人类基线的比较//085
4.2.1 用评价指标评估模型//085
4.2.2 基准任务和数据集//086
4.2.3 定义 SuperGLUE 基准任务//090
4.3 尝试下游 NLP 任务//095
4.3.1 语言可接受性语料库（CoLA）//095
4.3.2 SST-2//096
4.3.3 MRPC//097
4.3.4 Winograd 模式//098
本章小结//099

习题//099
参考文献//100

第5章 使用 Transformer 进行机器翻译//101
5.1 定义机器翻译//103
5.1.1 人类的转换和翻译//103
5.1.2 机器的转换和翻译//104
5.2 预处理 WMT 数据集//104
5.2.1 预处理原始数据//104
5.2.2 完成数据集的预处理//107
5.3 使用 BLEU 评估机器翻译//110
5.3.1 几何评估//110
5.3.2 应用平滑技术//111
5.4 使用 Trax 进行翻译//113
5.4.1 安装 Trax//113
5.4.2 创建 Transformer 模型//113
5.4.3 使用预训练权重初始化模型//114
5.4.4 对句子进行标记化//114
5.4.5 从 Transformer 解码//114
5.4.6 解标记化和显示翻译结果//115
本章小结//115
问题//116
参考文献//116

第6章 使用 OpenAI 的 GPT-2 和 GPT-3 模型生成文本//118
6.1 十亿参数 Transformer 模型的崛起//120
6.2 Transformer、Reformer、PET 或 GPT//123
6.2.1 原始 Transformer 架构的局限性//123
6.2.2 Reformer//126
6.2.3 PET//127
6.3 是时候做出决定了//129
6.4 OpenAI GPT 模型的架构//130
6.4.1 从微调到零样本模型//130
6.4.2 堆叠解码器层//131
6.5 使用 GPT-2 进行文本补全//133
6.6 训练 GPT-2 语言模型//140
6.7 上下文和补全示例//145

6.8 使用 Transformer 生成音乐//147
本章小结//147
问题//148
参考文献//148

第 7 章 将基于 Transformer 的 AI 文档摘要应用于法律和金融文档//150
7.1 设计通用的文本到文本模型//152
7.1.1 文本到文本 Transformer 模型的兴起//152
7.1.2 用前缀而不是与具体任务相关的文本格式描述//153
7.1.3 T5 模型//154
7.2 用 T5 进行文本摘要//155
7.2.1 Hugging Face//155
7.2.2 初始化 T5 - Large Transformer 模型//157
7.2.3 用 T5 - Large 模型进行文档摘要//161
本章小结//166
习题//166
参考文献//167

第 8 章 标记解析器与数据集的匹配//168
8.1 匹配数据集和标记解析器//170
8.1.1 最佳实践//170
8.1.2 Word2Vec 标记解析//173
8.2 包含特定词汇的标准 NLP 任务//181
8.2.1 用 GPT - 2 生成无控制条件样本//181
8.2.2 生成训练过的受控样本//185
8.3 T5 权利法案样本//186
8.3.1 摘要《权利法案》, Version 1//186
8.3.2 摘要《权利法案》, Version 2//187
本章小结//188
习题//189
参考文献//189

第 9 章 基于 BERT 模型的语义角色标注//190
9.1 开始使用 SRL//192
9.1.1 定义语义角色标注//192
9.1.2 运行一个预训练的 BERT 模型//193
9.2 用基于 BERT 的模型进行 SRL 实验//195

9.2.1 基本样本//195
9.2.2 复杂样本//201
本章小结//205
习题//206
参考文献//206

第3部分 高级语言理解技术

第10章 让数据开口：讲故事与做问答//209
10.1 方法论//211
10.2 方法0：试错//212
10.3 方法1：NER优先//214
10.4 方法2：SRL优先//219
10.4.1 用ELECTRA回答问题//220
10.4.2 项目管理限制//221
10.4.3 使用SRL来寻找问题//222
10.5 接下来的步骤//226
本章小结//228
习题//229
参考文献//229

第11章 检测客户情感以做出预测//230
11.1 入门：情感分析Transformer//232
11.1.1 斯坦福情感树库（SST）//232
11.1.2 使用RoBERTa - Large进行情感分析//234
11.2 利用情感分析预测客户行为//235
11.2.1 用DistilBERT进行情感分析//236
11.2.2 基于Hugging Face模型列表的情感分析//237
本章小结//242
问题//242
参考文献//243

第12章 使用Transformer分析假新闻//244
12.1 对假新闻的情感反应//246
12.1.1 认知失调引发情感反应//246
12.1.2 分析冲突中的推特//247
12.1.3 假新闻的行为表现//249

12.2　理性对待假新闻//251
12.2.1　定义假新闻化解路线图//251
12.2.2　枪支管制//252
12.2.3　COVID－19 和前总统特朗普的推文//260
12.3　在结束本章之前//262
12.3.1　寻找银弹//262
12.3.2　寻找可靠的训练方法//263
本章小结//263
习题//264
参考文献//264

附录　习题答案//265

第 1 部分
Transformer 架构介绍

第1章

Transformer模型架构入门

语言是人类交流的精髓。如果没有组成语言的词组串，文明就不会诞生。我们现在几乎生活在一个语言被数字化表示的世界里。我们的日常生活依赖于自然语言处理（NLP）数字化语言功能：网络搜索引擎、电子邮件、社交网络、贴吧、推文、智能手机短信、翻译、网页、流媒体网站的语音转换为文本、热线服务的文本转换为语音以及许多其他日常功能。

2017 年 12 月，Google Brain 和 Google Research 的 Vaswani 等撰写的具有重要影响的 *Attention Is All You Need* 一文发表。这标志着 Transformer 的诞生，它优于已有的最先进的自然语言处理模型，比以往的架构训练得更快，获得的评估结果更好。Transformer 已经成为自然语言处理的关键组成部分。

没有自然语言处理，数字世界永远不会存在。没有人工智能，自然语言处理仍会停留在落后和低效的状态。然而，循环神经网络（RNN）和卷积神经网络（CNN）的应用需要在计算能力和设备功耗等方面付出巨大的代价。

本章中，我们将首先从导致 Transformer 兴起的自然语言处理的背景开始，简要介绍从早期 NLP 模型到 RNN 和 CNN 的知识。然后介绍 Transformer 是如何颠覆在序列分析领域已流行几十年的 RNN 和 CNN 的统治地位。接着揭开 Vaswani 等（2017）所提出的 Transformer 的外壳，研究其架构的关键组件。我们将探索这个引人入胜的注意力机制的世界，并理解 Transformer 的关键组件。

本章涵盖以下主题：

- Transformer 的背景
- Transformer 的总体结构
- Transformer 的自注意力模型
- 编码和解码堆栈
- 输入和输出嵌入
- 位置嵌入
- 自注意力
- 多头注意力
- 掩码多头注意力
- 残差连接
- 归一化

- 前馈网络
- 输出概率

我们的第一步将是介绍 Transformer 的背景。

1.1 Transformer 的背景

本节将回顾 Transformer 模型被提出时的 NLP 背景。Google Research 提出的 Transformer 模型颠覆了几十年来自然语言处理的研究、开发和实现方式。

让我们首先看看当 NLP 技术发展到临界极限从而需要一种新方法时，会发生什么。

在过去的 100 多年里，许多先贤致力于序列转换和语言建模。计算机逐渐学会了如何预测词组的可能顺序。全书将逐一列举让这一切实现的大师们。

本节将与大家分享我最喜欢的研究人员，他们为 Transformer 的出现奠定了基础。

20 世纪初，安德雷·马尔可夫引入了随机值的概念，创立了随机过程理论。我们在人工智能（AI）中把它们称为马尔可夫决策过程（MDP）、马尔可夫链或马尔可夫过程。1902 年，马尔可夫证明，我们可以只使用链的最后一个元素（或序列）来预测下一个元素（或序列）。1913 年，他将此应用于一个 20 000 个字母的数据集，使用已有的序列来预测下一个字母。请注意，当时还没有计算机，但他却设法证明了他的理论，这一理论至今仍在人工智能中得到应用。

1948 年，克劳德·香农的《通信的数学理论》（*The Mathematical Theory of Communication*）出版。他在构建序列建模的概率方法时多次引用了安德雷·马尔可夫的理论。克劳德·香农为基于信源编码器、发射机和接收解码器或语义解码器的通信模型奠定了基础。

1950 年，艾伦·图灵发表了他的开创性文章《计算机器与智能》（*Computing Machinery and Intelligence*）。艾伦·图灵的这篇文章基于机器智能，基于极为成功的曾破解过德军信息的图灵机。人工智能一词最早是约翰·麦卡锡于 1956 年提出的。然而，艾伦·图灵在 20 世纪 40 年代就实现了人工智能，用来破解加密的德语信息。

1954 年，Georgetown－IBM 实验室使用计算机通过一个规则系统将一些俄语句子翻译成英语。该规则系统是一个运行包含若干规则列表的程序，该列表可以分析语言结构。一些类似的规则体系是存在的。然而，为我们数字世界中的数十亿种语言组合创建规则列表是一项无法完成的挑战。至少目前看来，这是不可能的。但是谁知道未来会发生什么呢？

1982 年，约翰·霍普克罗夫特引入了递归神经网络（RNN），被称为霍普克罗夫特网络或“联想”神经网络。约翰·霍普克罗夫特受到了 W. A. 利特尔的启发，他在 1974 年写下了《大脑中持续状态的存在》（*The Existence of Persistent States in the Brain*）。RNN 改进之后就有了 LSTM。RNN 可以有效存储序列的持久状态，如图 1.1 所示。

状态 S_n 以 S_{n-1} 的信息为输入，当到达网络末端时，函数 F 将执行一个动作：转换、建模或基于序列的任何其他类型任务。

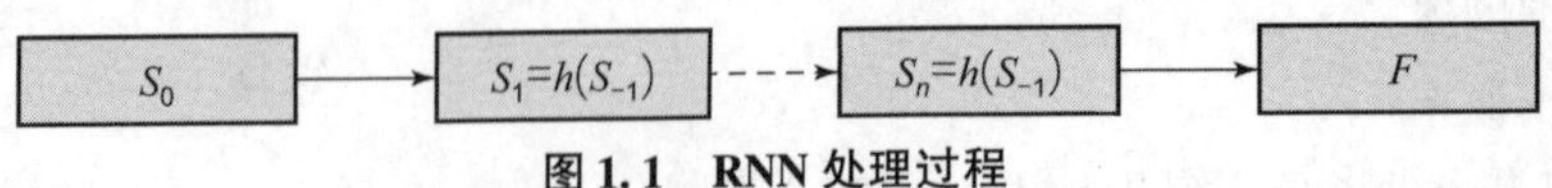

图 1.1 RNN 处理过程

20 世纪 80 年代，Yann Le Cun 设计了多用途卷积神经网络（CNN）。他将卷积神经网络应用于文本序列，它同样也被广泛用于序列转换和建模。它们还能够逐层收集信息的持续状态。20 世纪 90 年代，在总结过去几年工作的基础上，Yann Le Cun 提出 LeNet -5 模型，由此衍生出很多为我们今天所熟知的 CNN 模型。当处理非常长且复杂的序列中的长期依赖关系时，CNN 的高效架构面临很多问题。

我们可以提到许多其他伟大的名字、论文和模型，它们会让任何 AI 专家都肃然起敬。这些年来，AI 领域的一切似乎都在正确的轨道上。马尔可夫场、RNN 和 CNN 演变成多个其他模型。注意力的概念出现了：窥视（peeking）序列中的其他标记，而不仅仅是最后一个。这一机制被添加到 RNN 和 CNN 模型中。

在那之后，如果 AI 模型需要分析更长的序列，那就需要越来越多的算力，AI 开发人员使用更强大的机器，并找到了优化梯度的方法。

似乎没有别的办法可以更进一步。三十年就这样过去了。然后在 2017 年 12 月，Transformer 出现了，这是一项不可思议的如同来自外星的创新。Transformer 横扫一切，在标准数据集上取得了令人惊艳的分数。

让我们从这个外星 NLP/NLU 飞船的设计开始探索 Transformer 的架构吧！

1.2 Transformer 的崛起：*Attention Is All You Need*

2017 年 12 月，Vaswani 等发表了开创性论文 *Attention Is All You Need*。他们在 Google Research 和 Google Brain 完成了他们的工作。在本章及本书中，我将把 *Attention Is All You Need* 中描述的模型称为“原始 Transformer 模型”。

本小节将从外部整体了解所构建的 Transformer 模型。后续小节将介绍每个模型组件的内部。

原始 Transformer 模型是 6 层堆栈。直到最终预测前，l 层的输出是 $l+1$ 层的输入。左侧是 6 层编码器堆栈，右侧是 6 层解码器堆栈，如图 1.2 所示。

左侧，输入通过注意力子层和前馈网络（FFN）子层进入 Transformer 的编码端。右侧，目标输出通过两个注意力子层和一个 FFN 子层进入 Transformer 的解码端。我们会立即注意到这里没有用 RNN、LSTM 或 CNN。循环已被弃启用。

注意力机制已经取代了循环，因为循环需要的操作次数随着两个词组之间距离的增加而增加。注意力机制是一个“词组对词组”的操作。注意力机制将发现每个词组与序列中所有（包括被分析的词组本身在内的）词语的关联关系。让我们检查以下顺序：

```
The cat sat on the mat.
```

注意力机制将在词向量之间进行点积运算，并确定一个词组在所有其他词组中最强的关系，包括它自己（“cat”和“cat”），如图 1.3 所示。

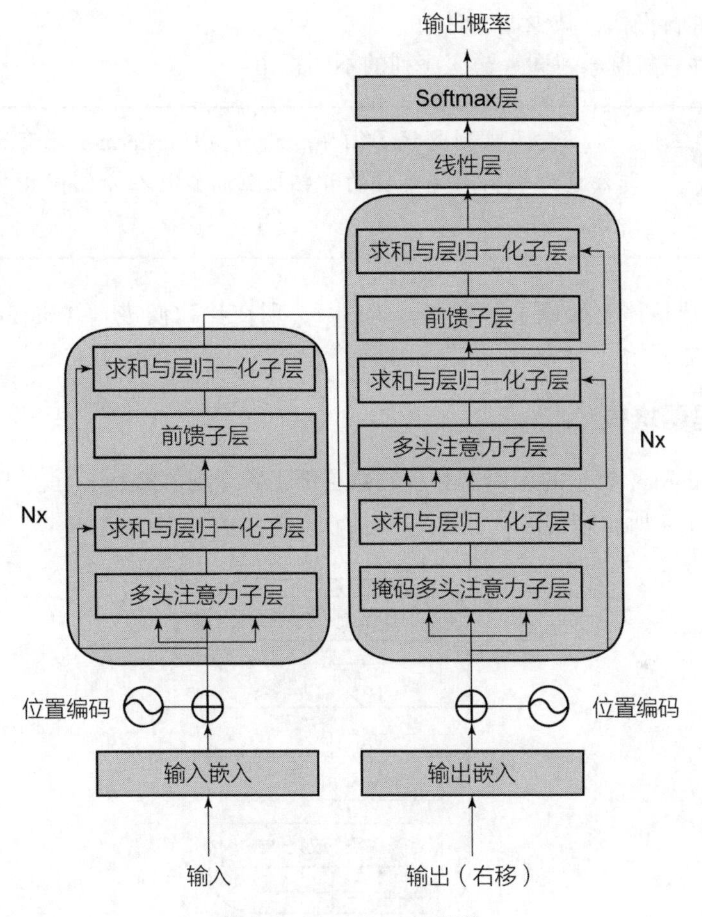

图 1.2　Transformer 架构

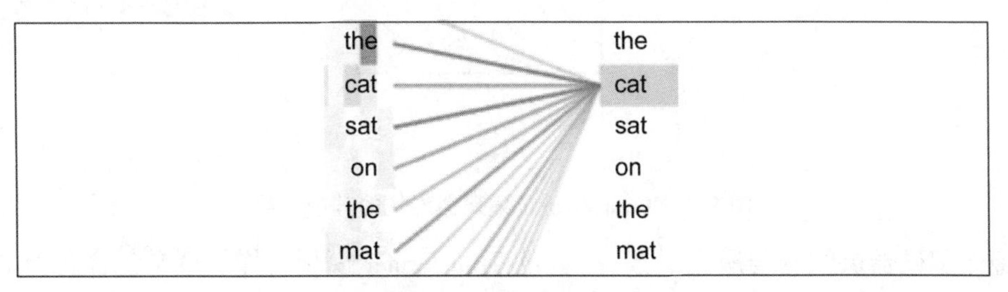

图 1.3　关注所有单词

注意力机制将提供词组之间更深层次的关系，并产生更好的结果。

对于每个注意力子层，原始 Transformer 模型会并行运行 8 个（而不是 1 个）注意力机制，以加快计算速度。我们将在下面探讨这种体系结构。这个过程被称为“多头注意力”，该机制可以：

- 对序列进行更广泛的深入分析
- 排除循环，减少计算操作

- 实现并行操作，减少训练时间
- 每个注意机制学习同一输入序列的不同视角

注意力机制取代了循环。然而，Transformer 还有其他几个与注意力机制同样重要的开拓性创新，将在介绍架构内部时了解到。

我们只是从整体上大概了解了 Transformer。现在让我们进入 Transformer 的每个组件，先从编码器开始。

1.2.1 编码器堆栈

原始 Transformer 模型的编码器和解码器层都是若干层堆叠在一起。编码器堆栈的每一层都具有图 1.4 所示结构。

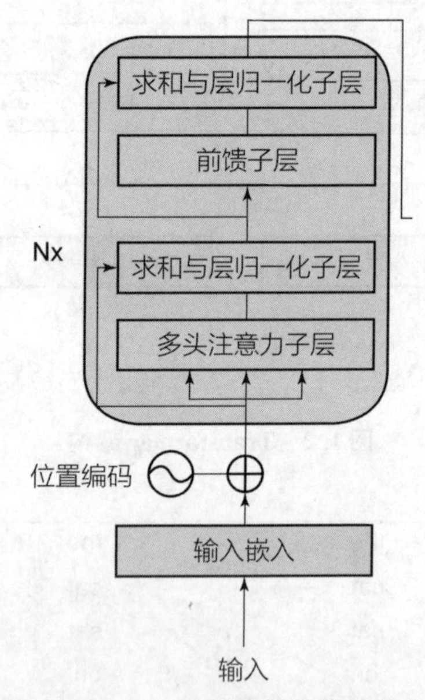

图 1.4 Transformer 编码器堆栈的其中一层

原始编码器层结构与所有层数 $N=6$ 的 Transformer 模型一样。每层包含两个主要的子层：多头注意力机制子层和基于位置的全连接前馈网络子层。

请注意，Transformer 模型中的每个主要子层（Sublayer(x)）周围都有一个残差连接。这些连接将子层的未处理输入 x 传输到层归一化函数。通过这种方式，我们可以确定位置编码等关键信息不会在途中丢失。因此，每层的归一化输出为

$$\text{LayerNormalization}(x + \text{Sublayer}(x))$$

尽管层数 $N=6$ 的编码器中每一层的结构都是相同的，但是每一层的内容与前一层并不严格相同。

例如，嵌入子层仅出现在堆栈的底层。其他五层不包含嵌入层，这保证了编码输入

在所有层都是稳定的。

此外，多头注意力机制从第1层到第6层执行相同的功能。然而，它们并不完成相同的任务。每一层都从上一层学习，并探索在序列中关联标记的不同方式。它寻找词组的各种关联，就像我们在解纵横字谜时寻找词组和词组的不同关联一样。

Transformer的设计者引入了一个非常有效的约束。模型的每个子层的输出都有一个恒定的维度，包括嵌入层和残差连接。此维度是 d_{model}，可以根据需要设置为其他值。在原始Transformer架构中，$d_{model}=512$。

d_{model} 非常重要。几乎所有的关键操作都是点积。维度保持稳定，这减少了计算量和机器消耗，并使信息在模型中流动时更容易跟踪。

编码器的全局视图展示了高度优化的Transformer架构。在下面的部分中，我们将放大每个子层和机制。

首先介绍嵌入子层。

1. 输入嵌入子层

输入嵌入子层使用原始Transformer模型中的学习嵌入将输入标记转换为维度 $d_{model}=512$ 的向量。典型的输入嵌入层结构如图1.5所示。

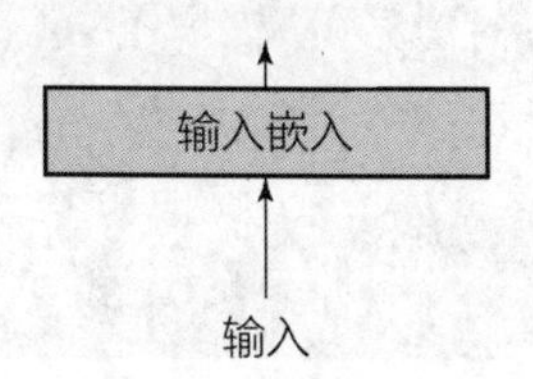

图1.5 Transformer的输入嵌入子层

嵌入子层的工作方式与其他标准转换模型类似。标记解析器会将句子转换成标记。每个标记解析器都有自己的方法，但结果是相似的。例如，应用于序列“the Transformer is an innovative NLP model!”将在某一类型的模型中产生以下标记：

```
['the', 'transform', 'er', 'is', 'an', 'innovative', 'n', 'l',
'p', 'model', '!']
```

请注意，这个标记解析器将字符串规范化为小写，并将其截断为子部分。标记解析器通常会提供用于嵌入过程的整数表示。例如：

```
Text = "The cat slept on the couch.It was too tired to get up."
tokenized text= [1996, 4937, 7771, 2006, 1996, 6411, 1012, 2009, 2001,
2205, 5458, 2000, 2131, 2039, 1012]
```

此时，被标记文本中没有展现出足够的信息，因此必须执行嵌入操作。Transformer模型包含一个训练过的嵌入子层。许多嵌入方法可以应用于被标记输入。

我选择了谷歌在2013年推出的采用Word2Vec嵌入方法的skip-gram架构来说明Transformer的嵌入子层。skip-gram将聚焦于词组窗口中的中心词组，并预测上下文词组。例如，如果词组（i）是两步窗口中的中心词组，skip - gram 模型将分析词组（$i-2$）、词组（$i-1$）、词组（$i+1$）和词组（$i+2$）。然后窗口将滑动并重复该过程。skip - gram 模型通常包含输入层、权重、隐藏层和包含标记化输入词组的词组嵌入的输出。

假设需要对下面的句子执行嵌入：

```
The black cat sat on the couch and the brown dog slept on the rug.
```

我们将集中讨论两个词：black 和 brown。这两个单词的单词嵌入向量应该相似。

我们为每个单词生成一个大小为 $d_{\text{model}}=512$ 的向量，所以每个单词都获得一个大小为 512 的向量嵌入：

```
black=[[-0.01206071  0.11632373  0.06206119  0.01403395  0.09541149
0.10695464 0.02560172  0.00185677 -0.04284821  0.06146432  0.09466285
0.04642421 0.08680347  0.05684567 -0.00717266 -0.03163519  0.03292002
-0.11397766 0.01304929  0.01964396  0.01902409  0.02831945  0.05870414
0.03390711 -0.06204525  0.06173197 -0.08613958 -0.04654748  0.02728105
-0.07830904
  …
0.04340003 -0.13192849 -0.00945092 -0.00835463 -0.06487109  0.05862355
-0.03407936 -0.00059001 -0.01640179  0.04123065
-0.04756588  0.08812257 0.00200338 -0.0931043  -0.03507337  0.02153351
-0.02621627 -0.02492662 -0.05771535 -0.01164199
-0.03879078 -0.05506947  0.01693138 -0.04124579 -0.03779858
-0.01950983 -0.05398201  0.07582296  0.00038318 -0.04639162
-0.06819214  0.01366171  0.01411388  0.00853774  0.02183574
-0.03016279 -0.03184025 -0.04273562]]
```

black 这个词现在用 512 维向量来表示。使用其他嵌入方法可以使 d_{model} 具有更高的维数。

单词 brown 的嵌入也用 512 维来表示：

```
brown=[[ 1.35794589e-02 -2.18823571e-02  1.34526128e-02  6.74355254e-02
   1.04376070e-01  1.09921647e-02 -5.46298288e-02 -1.18385479e-02
   4.41223830e-02 -1.84863899e-02 -6.84073642e-02  3.21860164e-02
   4.09143828e-02 -2.74433400e-02 -2.47369967e-02  7.74542615e-02
   9.80964210e-03  2.94299088e-02  2.93895267e-02 -3.29437815e-02
…
  7.20389187e-02  1.57317147e-02 -3.10291946e-02 -5.51304631e-02
  -7.03861639e-02  7.40829483e-02  1.04319192e-02 -2.01565702e-03
   2.43322570e-02  1.92969330e-02  2.57341694e-02 -1.13280728e-01
   8.45847875e-02  4.90090018e-03  5.33546880e-02 -2.31553353e-02
   3.87288055e-05  3.31782512e-02 -4.00604047e-02 -1.02028981e-01
   3.49597558e-02 -1.71501152e-02  3.55573371e-02 -1.77437533e-02
  -5.94457164e-02  2.21221056e-02  9.73121971e-02 -4.90022525e-02]]
```

为了验证为这两个单词生成的单词嵌入，可以使用余弦相似性来查看单词 black 和 brown 的单词嵌入是否相似。

余弦相似性使用欧几里得（L2）范数在单位球面中创建向量。我们比较的向量点积是这两个向量的点之间的余弦。关于余弦相似性理论的更多信息，你可以参考 scikit -

learn 的文档，以及其他来源：https://scikit - learn.org/stable/modules/metrics.html#cosine - similarity

在该示例的嵌入中，$d_{\text{model}}=512$ 的 black 向量和 $d_{\text{model}}=512$ 的 brown 向量之间的余弦相似度为：

```
cosine_similarity(black, brown)= [[0.9998901]]
```

skip - gram 生成了两个非常接近的向量。它发现 black 和 brown 构成了单词词典的颜色子集。

Transformer 的后续层不会从零开始。它们已经学会了可以提供单词关联信息的单词嵌入。然而，由于没有额外的向量或信息指示单词在序列中的位置，因此丢失了大量信息。

Transformer 的设计者提出了另一个创新特点：位置编码。

让我们看看位置编码是如何工作的。

2. 位置编码

我们输入 Transformer 的位置编码函数时，并不知道单词在序列中的位置，如图 1.6 所示。

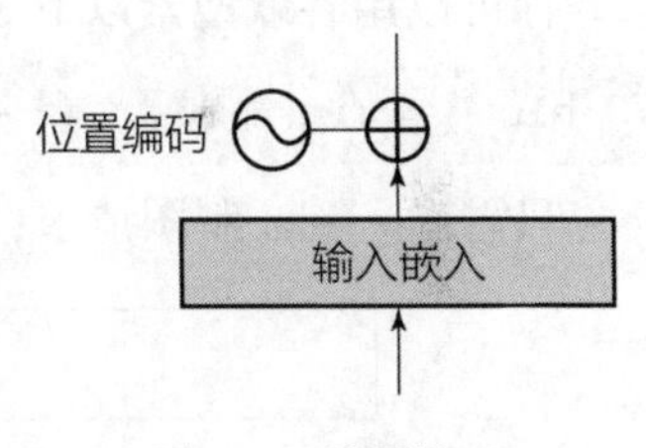

图 1.6 位置编码

我们无法创建独立的位置向量，这将使 Transformer 的训练速度产生很高的成本，并使注意力子层的处理变得非常复杂。其思想是将位置编码值添加到输入嵌入中，而不是使用额外的向量来描述标记在序列中的位置。

我们还知道，对于位置编码函数输出的每个向量，Transformer 模型期望固定值 $d_{\text{model}}=512$（或模型的其他常数值）。

回到在单词嵌入子层中使用的句子，我们可以看到 black 和 brown 可能相似，但它们的位置距离很远：

```
The black cat sat on the couch and the brown dog slept on the rug.
```

单词 black 在位置 2，pos = 2；单词 brown 在位置 10，pos = 10。

现在找到了一种方法给每个单词的单词嵌入增加一个值以表示位置信息。然而，我们需要给维度 $d_{\text{model}}=512$ 的向量添加一个值！对于每个单词嵌入向量，我们需要找到一种方法，在 black 和 brown 的单词嵌入向量的（0，512）维范围内提供关于 i 的信息。

实现这个目标有很多方法。设计人员找到了一种巧妙的方法，使用单位球来表示正弦和余弦值的位置编码，这样可以保持较小但非常有用。

Vaswani 等（2017）使用正弦和余弦函数为每个位置和 $d_{\text{model}}=512$ 的单词嵌入向量的每个维度 i 生成不同的位置编码（PE）频率：

$$\text{PE}_{(\text{pos}\ 2i)}=\sin\left(\frac{\text{pos}}{10\ 000^{\frac{2i}{d_{\text{model}}}}}\right)$$

$$\mathrm{PE}_{(\mathrm{pos}\ 2i+1)}=\cos\left(\frac{\mathrm{pos}}{10\ 000^{\frac{2i}{d_{\mathrm{model}}}}}\right)$$

将单词嵌入向量从前至后赋以常数（512）从 $i=0$ 开始，以 $i=511$ 结束。这意味着正弦函数将应用于偶数，余弦函数将应用于奇数。有些实现做得不同。在这种情况下，正弦函数的定义域可以是 $i\in[0,255]$，余弦函数的定义域可以是 $i\in[256,512]$。这将产生类似的结果。

在本节中，我们将按照 Vaswani 等（2017）描述的方式使用这些函数。将文字转换成 Python 语言，生成以下代码会为位置 pos 求得相应的位置向量 pe[0][i]：

```
def positional_encoding(pos,pe):
for i in range(0, 512,2):
        pe[0][i] = math.sin(pos /(10000 ** ((2 * i)/d_model)))
        pe[0][i+1] = math.cos(pos /(10000 ** ((2 * i)/d_model)))
return pe
```

在继续之前，你可能想看正弦函数的曲线图，例如，当 pos = 2 时。

你可以用谷歌搜索以下 plot 作图函数，例如：

```
plot y = sin(2/10000^(2 * x/512))
```

只需输入 plot 制图请求，如图 1.7 所示。

图 1.7　用谷歌绘图

所获结果如图 1.8 所示。

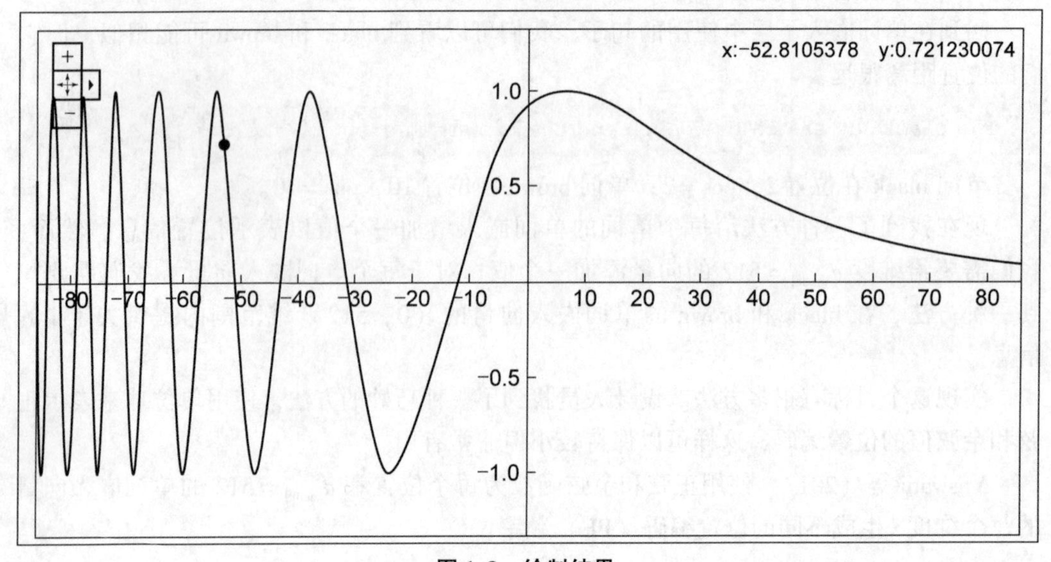

图 1.8　绘制结果

回到本节例句中，我们可以看到 black 位于 pos = 2 的位置，brown 位于 pos = 10 的位置：

```
The black cat sat on the couch and the brown dog slept on the rug.
```

如果我们对 pos = 2 应用正弦和余弦函数，将获得维度大小为 512 的位置编码向量：

```
PE(2)=
[[ 9.09297407e-01 -4.16146845e-01  9.58144367e-01 -2.86285430e-01
   9.87046242e-01 -1.60435960e-01  9.99164224e-01 -4.08766568e-02
   9.97479975e-01  7.09482506e-02  9.84703004e-01  1.74241230e-01
   9.63226616e-01  2.68690288e-01  9.35118318e-01  3.54335666e-01
   9.02130723e-01  4.31462824e-01  8.65725577e-01  5.00518918e-01
   8.27103794e-01  5.62049210e-01  7.87237823e-01  6.16649508e-01
   7.46903539e-01  6.64932430e-01  7.06710517e-01  7.07502782e-01
…
   5.47683925e-08  1.00000000e+00  5.09659337e-08  1.00000000e+00
   4.74274735e-08  1.00000000e+00  4.41346799e-08  1.00000000e+00
   4.10704999e-08  1.00000000e+00  3.82190599e-08  1.00000000e+00
   3.55655878e-08  1.00000000e+00  3.30963417e-08  1.00000000e+00
   3.07985317e-08  1.00000000e+00  2.86602511e-08  1.00000000e+00
   2.66704294e-08  1.00000000e+00  2.48187551e-08  1.00000000e+00
   2.30956392e-08  1.00000000e+00  2.14921574e-08  1.00000000e+00]]
```

我们也为位置 10（即 pos = 10）的单词获得了维度大小为 512 的位置编码向量：

```
PE(10)=
[[-5.44021130e-01 -8.39071512e-01  1.18776485e-01 -9.92920995e-01
   6.92634165e-01 -7.21289039e-01  9.79174793e-01 -2.03019097e-01
   9.37632740e-01  3.47627431e-01  6.40478015e-01  7.67976522e-01
   2.09077001e-01  9.77899194e-01 -2.37917677e-01  9.71285343e-01
  -6.12936735e-01  7.90131986e-01 -8.67519796e-01  4.97402608e-01
  -9.87655997e-01  1.56638563e-01 -9.83699203e-01 -1.79821849e-01
…
  2.73841977e-07  1.00000000e+00  2.54829672e-07  1.00000000e+00
   2.37137371e-07  1.00000000e+00  2.20673414e-07  1.00000000e+00
   2.05352507e-07  1.00000000e+00  1.91095296e-07  1.00000000e+00
   1.77827943e-07  1.00000000e+00  1.65481708e-07  1.00000000e+00
   1.53992659e-07  1.00000000e+00  1.43301250e-07  1.00000000e+00
   1.33352145e-07  1.00000000e+00  1.24093773e-07  1.00000000e+00
   1.15478201e-07  1.00000000e+00  1.07460785e-07  1.00000000e+00]]
```

在将 Vaswani 等（2017）提出的函数转换成 Python 程序，并通过程序获得结果之后，我们现在看一下结果是否有意义。

通过单词嵌入的余弦相似性函数便于得到一个关于位置相似度的可视化结果：

```
cosine_similarity(pos(2), pos(10) = [[0.8600013]]
```

单词 black 和 brown 的位置相似性和语义场（组合在一起的单词组）相似性是不同的：

```
cosine_similarity(black , brown ) = [[0.9998901]]
```

位置编码显示出比单词嵌入相似度更低的相似度值。

位置编码把这些单词分开了。请记住，单词嵌入会因用于训练它们的语料库而异。

现在的问题是如何将位置编码添加到单词嵌入向量中。

Transformer 的作者找到了一种简单的方法，只需将位置编码向量添加到单词嵌入向量中，如图 1.9 所示。

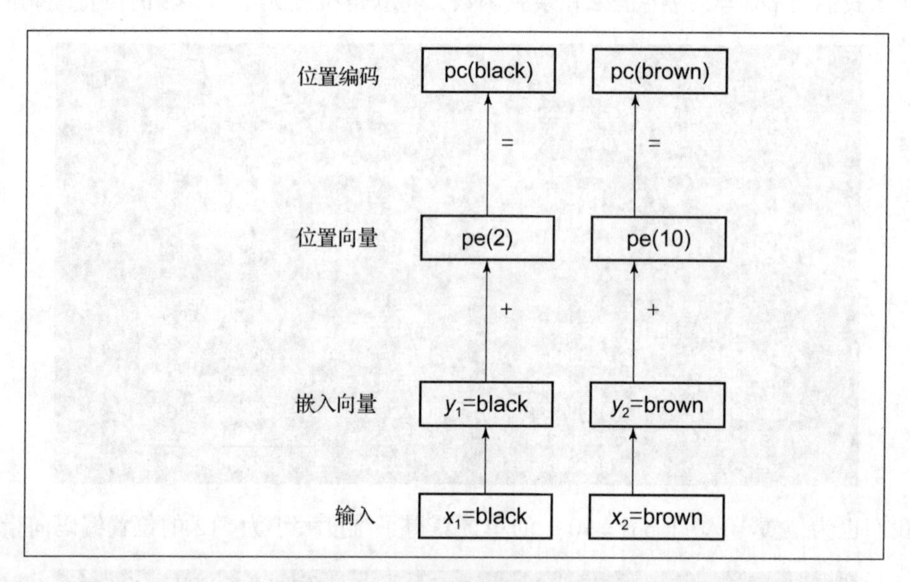

图 1.9　位置编码

例如，如果将单词 black 的嵌入命名为 y_1 = black，并与通过位置编码函数获得的位置向量 pe（2）相加得到输入单词 black 的位置编码 pc（black）：

$$\mathrm{pc}(\mathrm{black}) = y_1 + \mathrm{pe}(2)$$

解决办法很简单。然而，如果应用图 1.9 所示方法时，我们可能会丢失单词嵌入的信息，它被位置编码向量最小化了。

有许多办法可以用来增加 y_1 的值，以确保单词嵌入层的信息可以在后续层中有效地使用。

其中一种办法是给 y_1（black 的单词嵌入）添加任意值：

$$y_1 * \mathrm{math.\ sqrt}(d_{\mathrm{model}})$$

现在可以将位置向量添加到单词 black 的嵌入向量中，两者维度大小相同（都是 512）：

```
for i in range(0, 512,2):
        pe[0][i] = math.sin(pos /(10000 ** ((2 * i)/d_model)))
        pc[0][i] = (y[0][i] * math.sqrt(d_model)) + pe[0][i]

        pe[0][i+1] = math.cos(pos /(10000 ** ((2 * i)/d_model)))
        pc[0][i+1] = (y[0][i+1] * math.sqrt(d_model)) + pe[0][i+1]
```

获得的结果是维度 $d_{\text{model}}=512$ 的最终位置编码向量：

```
pc(black)=
[[ 9.09297407e-01 -4.16146845e-01  9.58144367e-01 -2.86285430e-01
   9.87046242e-01 -1.60435960e-01  9.99164224e-01 -4.08766568e-02
   …
  4.74274735e-08  1.00000000e+00  4.41346799e-08  1.00000000e+00
   4.10704999e-08  1.00000000e+00  3.82190599e-08  1.00000000e+00
   2.66704294e-08  1.00000000e+00  2.48187551e-08  1.00000000e+00
   2.30956392e-08  1.00000000e+00  2.14921574e-08  1.00000000e+00]]
```

同样的操作也适用于单词 brown 和序列中的所有其他单词。该算法的输出不是基于规则的，因此每次运行的结果可能会略有不同。

我们可以将余弦相似函数应用于 black 和 brown 的位置编码向量：

```
cosine_similarity(pc(black), pc(brown) = [[0.9627094]]
```

现在，我们通过三个余弦相似性函数清楚地看到了位置编码过程，这三个余弦相似性函数应用于表示单词 black 和 brown 的三种状态：

```
[[0.99987495]] word similarity
[[0.8600013]] positional encoding vector similarity
[[0.9627094]] final positional encoding similarity
```

我们看到它们嵌入的初始单词相似度非常高，值为 0.99。然后是这两个单词被分开在位置 2 和 10，位置编码向量相似度较低，值为 0.86。

最后，将每个单词的单词嵌入向量加到其各自的位置编码向量中得到两个单词的余弦相似度达到了 0.96。

现在每个单词的位置编码包含初始单词嵌入信息和位置编码值。

Hugging Face 公司和谷歌大脑开源 Trax 库，还有其他一些公司和项目，都为我们提供了具备单词嵌入和当前位置编码等功能的现成的库。所以，你不需要运行我在本章中使用的程序来检查 Transformer 方程，这一部分是独立的。但是，如果你希望研究该代码，则可以在谷歌合作实验室 positional_encoding. ipynb 笔记和本章在 GitHub 网站上的 text. txt 文件中找到它。

位置编码输出到多头注意力子层。

3. 子层 1：多头注意力子层

多头注意力子层包含 8 个头部，随后是后层归一化，这将向子层的输出添加残差连接并对其进行标准化，如图 1. 10 所示。

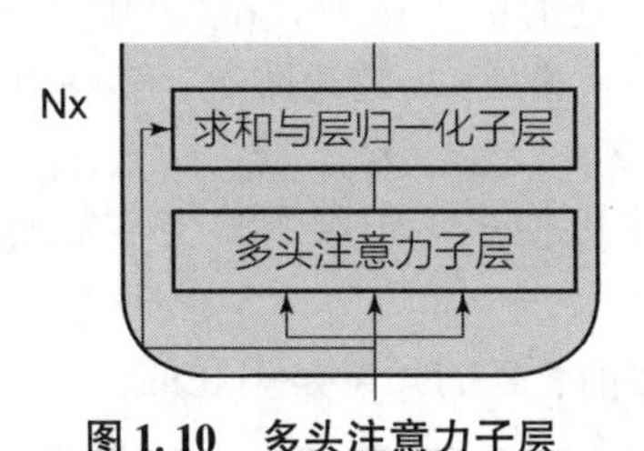

图 1. 10　多头注意力子层

本节从一个注意力层的架构开始。然后用 Python 的一个小模块实现了一个多头注意力的实例。最后介绍后层归一化。

先说多头注意力层的架构。

(1) 多头注意力层的架构

编码器堆栈第一层的多头注意力子层的输入是包含每个单词的嵌入和位置编码的向量。堆栈的后续层不会重新开始这些操作。

输入序列的某个单词 x_n 的向量维数 $d_{\text{model}}=512$:

$$\text{pe}(x_n)=[d_1=9.09297407\text{e}-01, d_2=9.09297407\text{e}-01, \cdots, d_{512}=1.00000000\text{e}+00]$$

该单词 x_n 用维度 $d_{\text{model}}=512$ 的向量来表示。

每个单词都被映射到所有其他单词，以确定它在序列中的排列方式。

在下面的句子中，我们可以看到“it”可能与序列中的“cat”和“rug”相关:

```
Sequence = The cat sat on the rug and it was dry - cleaned.
```

模型将接受训练，以确定“it”是否与“cat”或“rug”有关。我们可以使用维度 $d_{\text{model}}=512$ 来训练模型，从而进行巨量的计算。

然而，通过用一个 d_{model} 块分析序列，我们一次只能得到一个结果。此外，发现其他结果需要相当多的计算时间。

更好的方法是将 x（一个序列的所有单词）的每个单词 x_n 的 $d_{\text{model}}=512$ 维分成 8 个 $d_k=64$ 维。

然后，我们可以并行运行 8 个“头部”，以加快训练速度，并获得每个单词如何相互关联的 8 个不同表示子空间，如图 1.11 所示。

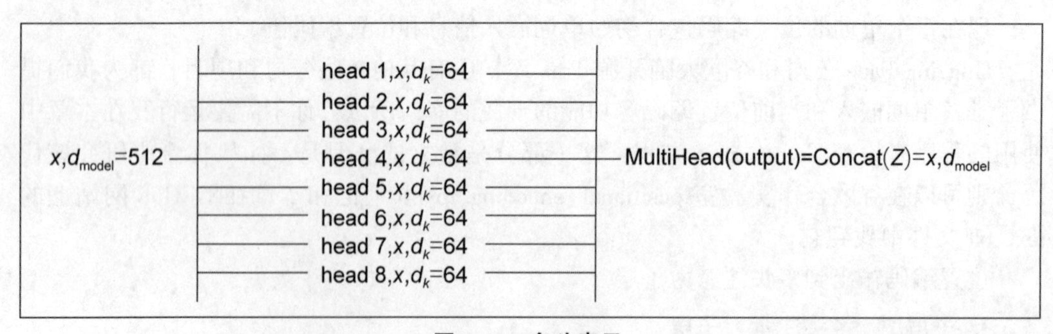

图 1.11　多头表示

你可以看到现在有 8 个头部并行运行。有的人可能认为“it”和“cat”很配，有的人认为“it”和“rug”很配，还有的人认为“rug”和“dry - cleaned”很配。

每个头部的输出是一个形状为 $x*d_k$ 的矩阵 z_i。多注意力头部的输出 **Z** 定义为

$$\mathbf{Z}=(z_0, z_1, z_2, z_3, z_4, z_5, z_6, z_7)$$

但是，必须将 **Z** 连接起来以便多头子层的输出不是维度序列，而是 $xm*d_{\text{model}}$ 矩阵的一行。

在退出多头注意力子层之前，**Z** 的元素是串联的:

$$\text{MultiHead}(\text{output})=\text{Concat}(z_0, z_1, z_2, z_3, z_4, z_5, z_6, z_7)=x, d_{\text{model}}$$

请注意，每个头部都连接到维度为 $d_{model}=512$ 的 z 中。多头层的输出遵守原始 Transformer 模型的约束。

在注意力机制的每个头部 h_n 中，每个词向量有三种表示：

- 维度为 $d_q=64$ 的查询向量（$\boldsymbol{Q}$），在注意力机制中，当一个词向量 x_n 寻找包括它自己在内的其他词向量的所有键值对时被激活和训练
- 维度为 $d_k=64$ 的键向量（$\boldsymbol{K}$），它将被训练以提供注意力值
- 维度为 $d_v=64$ 的值向量（$\boldsymbol{V}$），它将被训练以提供另一个注意力值

注意力被定义为“缩放点积注意力”，用下面的等式表示，我们在等式中插入 $\boldsymbol{Q}$、$\boldsymbol{K}$ 和 $\boldsymbol{V}$：

$$\text{Attention}(\boldsymbol{Q},\boldsymbol{K},\boldsymbol{V})=\text{softmax}\left(\frac{\boldsymbol{QK}^{\mathrm{T}}}{\sqrt{d_k}}\right)\boldsymbol{V}$$

向量都具有相同的维度，使得使用缩放的点积来获得每个头部的关注值，然后连接 8 个头部的输出 $\boldsymbol{Z}$ 就变得相对简单。

为了获得 $\boldsymbol{Q}$、$\boldsymbol{K}$ 和 $\boldsymbol{V}$，我们必须用它们各自的权重矩阵 $\boldsymbol{Q}_w$、$\boldsymbol{K}_w$ 和 $\boldsymbol{V}_w$ 来训练模型，这些权重矩阵的列数 $d_k=64$，行数 $d_{model}=512$。例如，$\boldsymbol{Q}$ 是由 x 和 $\boldsymbol{Q}_w$ 之间的点积得到的。$\boldsymbol{Q}$ 的维数 $d_k=64$。

你可以修改 Transformer 的所有参数，如层数、头部数、d_{model}、d_k 和其他变量，以适配你的模型。本章介绍了 Vaswani 等（2017）的原始 Transformer 参数。在修改原始架构或探究其他人设计的原始模型变体之前，了解原始架构是至关重要的。

Hugging Face 公司和谷歌大脑开源 Trax 项目等提供了现成的框架、库和模块，我们将在本书中使用。

然而，让我们去掉 Transformer 模型的掩码，用 Python 来说明我们刚刚探究的架构，以便在代码中将模型可视化，并用中间图像来显示它。

我们将用一段只包含 numpy 和 softmax 函数的 10 步的基础 Python 代码来运行注意力机制的键操作。

现在让我们开始构建模型的步骤 1 来表示输入。

步骤 1：表示输入

将 Multi_Head_Attention_Sub_layer. ipynb 保存到你的 Google Drive（确保你有一个 Gmail 账户）中，然后在谷歌合作实验室中打开它。记事本在本章的 GitHub 存储库中。

我们将从只使用最少的 Python 函数开始，用注意力头的内部工作方式在较低的层次上理解 Transformer。我们将使用基本代码探索多头注意力子层的内部工作方式：

```
import numpy as np
from scipy.special import softmax
```

我们正在构建的注意力机制的输入被缩小到维度 $d_{model}=4$ 而不是 $d_{model}=512$。这使得输入 x 的向量维数降低到 $d_{model}=4$，更容易可视化。

x 包含 3 个输入，每个输入有 4 个维度，而不是 512 个维度：

```
print("Step 1: Input : 3 inputs, d_model =4")
x =np.array([[1.0, 0.0, 1.0, 0.0],   # 输入 1
             [0.0, 2.0, 0.0, 2.0],   # 输入 2
             [1.0, 1.0, 1.0, 1.0]]) # 输入 3
print(x)
```

输出显示我们有 3 个 $d_{model}=4$ 的向量。

```
Step 1: Input : 3 inputs, d_model=4
[[1. 0. 1. 0.]
 [0. 2. 0. 2.]
 [1. 1. 1. 1.]]
```

模型的第 1 步完成，如图 1.12 所示。

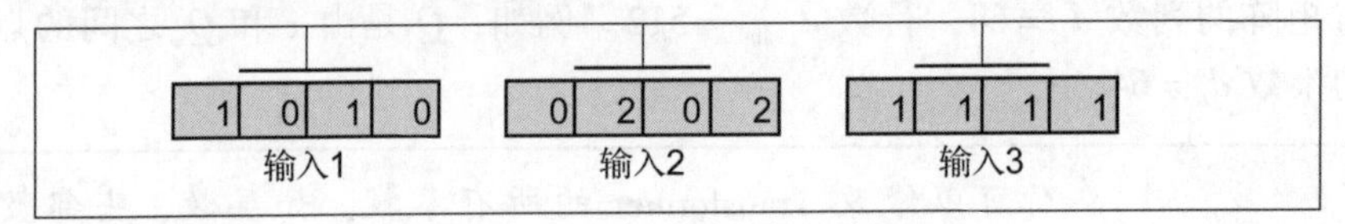

图 1.12　一个多头注意力子层的输入

我们现在将权重矩阵添加到模型中。

步骤 2：初始化权重矩阵

每个输入有 3 个权重矩阵：

- $\boldsymbol{Q}_w$用来训练查询向量
- $\boldsymbol{K}_w$用来训练键向量
- $\boldsymbol{V}_w$用来训练值向量

这 3 个权重矩阵将应用于该模型中的所有输入。

Vaswani 等（2017）描述的权重矩阵的维度 $d_k=64$。但是，让我们将矩阵缩小到 $d_k=3$。维度被缩小到 3×4 权重矩阵，以便能够更容易将中间结果可视化，并使用输入 x 执行点积。

3 个权重矩阵从查询权重矩阵开始初始化：

```
print("Step 2: weights 3 dimensions x d_model =4")
print("w_query")
w_query =np.array([[1, 0, 1],
                   [1, 0, 0],
                   [0, 0, 1],
                   [0, 1, 1]])
print(w_query)
```

输出是 w_query 权重矩阵：

```
Step 2: weights 3 dimensions x d_model=4
w_query
[[1 0 1]
 [1 0 0]
 [0 0 1]
 [0 1 1]]
```

现在将初始化键权重矩阵：

```
print("w_key")
w_key =np.array([[0,0,1],
                 [1,1,0],
                 [0,1,0],
                 [1,1,0]])
print(w_key)
```

我们初始化它的输出是键权重矩阵：

```
w_key
[[0 0 1]
 [1 1 0]
 [0 1 0]
 [1 1 0]]
```

最后，初始化值权重矩阵：

```
print("w_value")
w_value = np.array([[0,2,0],
                    [0,3,0],
                    [1,0,3],
                    [1,1,0]])
print(w_value)
```

输出是值权重矩阵：

```
w_value
[[0 2 0]
 [0 3 0]
 [1 0 3]
 [1 1 0]]
```

我们模型的第 2 步完成了，如图 1. 13 所示。

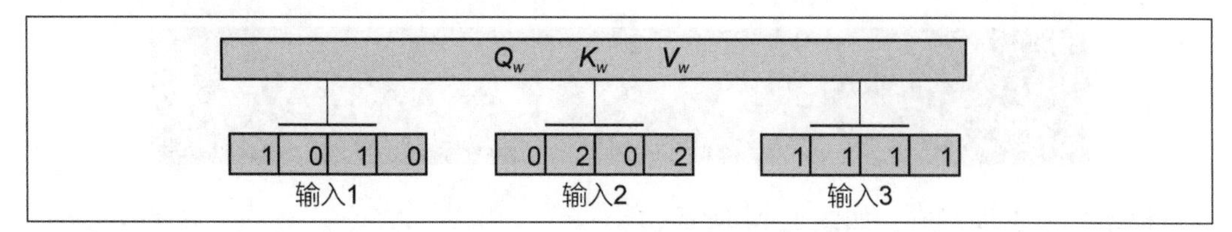

图 1. 13　添加权重矩阵到模型中

将权重乘以输入向量，得到 $\boldsymbol{Q}$、$\boldsymbol{K}$ 和 $\boldsymbol{V}$。

步骤 3：矩阵相乘得到 $\boldsymbol{Q}$、$\boldsymbol{K}$、$\boldsymbol{V}$

将输入向量乘以权重矩阵，获得每个输入的查询向量、键向量和值向量。

该模型假设所有输入都有一个 w_query、w_key 和 w_value 权重矩阵。其他方法也是可能的。

首先将输入向量乘以 w_query 权重矩阵：

```
print("Step 3: Matrix multiplication to obtain Q,K,V")
print("Query: x * w_query")
Q = np.matmul(x,w_query)
print(Q)
```

输出是 $\boldsymbol{Q}_1 = [1,0,2]$，$\boldsymbol{Q}_2 = [2,2,2]$，$\boldsymbol{Q}_3 = [2,1,3]$ 的向量：

```
Step 3: Matrix multiplication to obtain Q,K,V
Query: x * w_query
[[1. 0. 2.]
 [2. 2. 2.]
 [2. 1. 3.]]
```

再将输入向量乘以 w_key 权重矩阵：

```
print("Key: x * w_key")
K = np.matmul(x,w_key)
print(K)
```

得到 $\boldsymbol{K}_1 = [0,1,1]$，$\boldsymbol{K}_2 = [4,4,0]$，$\boldsymbol{K}_3 = [2,3,1]$ 的向量：

```
Key: x * w_key
[[0. 1. 1.]
 [4. 4. 0.]
 [2. 3. 1.]]
```

最后，将输入向量乘以 w_value 权重矩阵：

```
print("Value: x * w_value")
V = np.matmul(x,w_value)
print(V)
```

得到 $\boldsymbol{V}_1 = [1,2,3]$，$\boldsymbol{V}_2 = [2,8,0]$，$\boldsymbol{V}_3 = [2,6,3]$ 的向量：

```
Value: x * w_value
[[1. 2. 3.]
 [2. 8. 0.]
 [2. 6. 3.]]
```

模型的第 3 步完成，如图 1.14 所示。

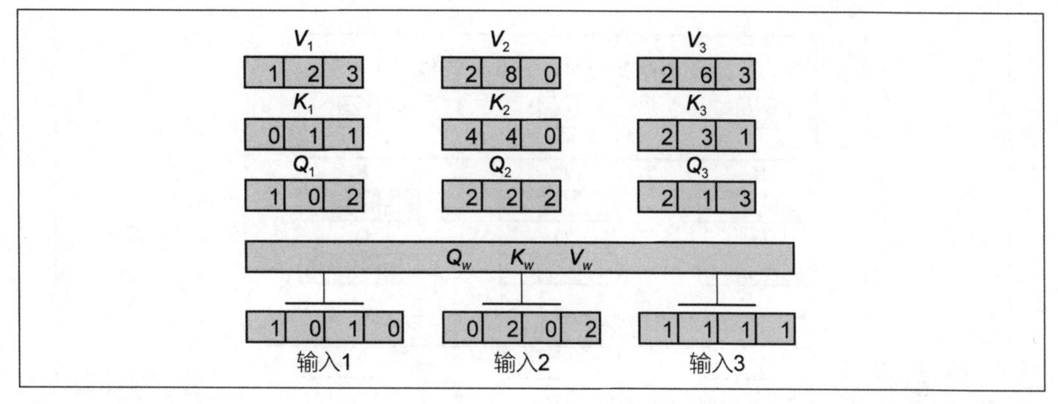

图 1.14 生成 $\boldsymbol{Q}$、$\boldsymbol{K}$ 和 $\boldsymbol{V}$

我们得到了计算注意力分数所需的 $\boldsymbol{Q}$、$\boldsymbol{K}$ 和 $\boldsymbol{V}$ 值。

步骤 4：缩放注意力分数

注意力头部现在实现了原始 Transformer 等式：

$$\text{Attention}(\boldsymbol{Q},\boldsymbol{K},\boldsymbol{V}) = \text{softmax}\left(\frac{\boldsymbol{Q}\boldsymbol{K}^{\mathrm{T}}}{\sqrt{d_k}}\right)\boldsymbol{V}$$

第 4 步重点关注 $\boldsymbol{Q}$ 和 $\boldsymbol{K}$：

$$\left(\frac{\boldsymbol{Q}\boldsymbol{K}^{\mathrm{T}}}{\sqrt{d_k}}\right)$$

对于这个模型，我们将四舍五入 $\sqrt{d_k} = \sqrt{3} = 1.75 \sim 1$ 把这些值代入方程的 $\boldsymbol{Q}$ 和 $\boldsymbol{K}$ 部分：

```
print("Step 4: Scaled Attention Scores")
k_d = 1   #square root of k_d=3 rounded down to 1 for this example
attention_scores = (Q @ K.transpose())/k_d
print(attention_scores)
```

中间结果如下所示：

```
Step 4: Scaled Attention Scores
[[ 2.  4.  4.]
 [ 4. 16. 12.]
 [ 4. 12. 10.]]
```

第 4 步现已完成。例如，$\boldsymbol{K}$ 个向量经过头部后的 x_1 分数是［2，4，4］，如图 1.15 所示。

注意力方程现在将对每个向量的中间值应用 softmax 函数。

步骤 5：每个向量的缩放 softmax 注意力分数

现在将 softmax 函数应用于每个中间注意力分数。缩放每个单独的向量，而不是矩阵乘法：

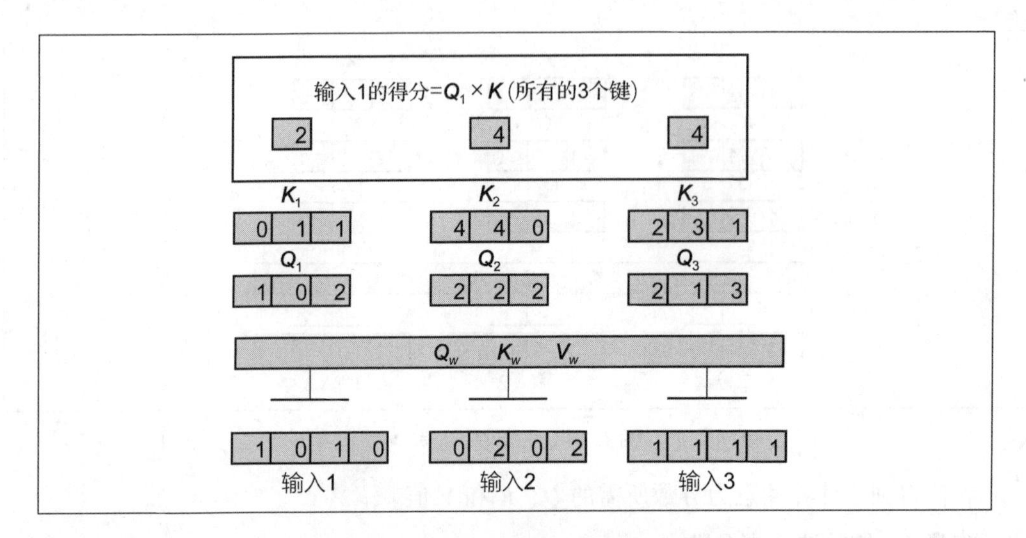

图 1.15　输入 1 经缩放后的注意力分数

```
print("Step 5: Scaled softmax attention_scores for each vector")
attention_scores[0] = softmax(attention_scores[0])
attention_scores[1] = softmax(attention_scores[1])
attention_scores[2] = softmax(attention_scores[2])
print(attention_scores[0])
print(attention_scores[1])
print(attention_scores[2])
```

我们获得每个向量的缩放 softmax 注意力分数：

```
Step 5: Scaled softmax attention_scores for each vector
[0.06337894 0.46831053 0.46831053]
[6.03366485e-06 9.82007865e-01 1.79861014e-02]
[2.95387223e-04 8.80536902e-01 1.19167711e-01]
```

第 5 步现在已经完成。例如，所有键的得分 x_1 的 softmax 值如图 1.16 所示。现在可以用完整的方程来计算最终的注意力值。

步骤 6：最终的注意力表示

现在可以通过插入 $\boldsymbol{V}$ 来确定注意力方程，即

$$\text{Attention}(\boldsymbol{Q},\boldsymbol{K},\boldsymbol{V}) = \text{softmax}\left(\frac{\boldsymbol{Q}\boldsymbol{K}^{\mathrm{T}}}{\sqrt{d_k}}\right)\boldsymbol{V}$$

首先计算步骤 6 和 7 的输入 x_1 的注意力分值，为一个词向量计算一个注意力值。在步骤 8 时，我们将注意力计算推广到另外两个输入向量。

为了获得 x_1 的 Attention（$\boldsymbol{Q}$，$\boldsymbol{K}$，$\boldsymbol{V}$），我们将中间的注意力分数乘以 3 个值向量，一个接一个地放大等式的内部工作原理：

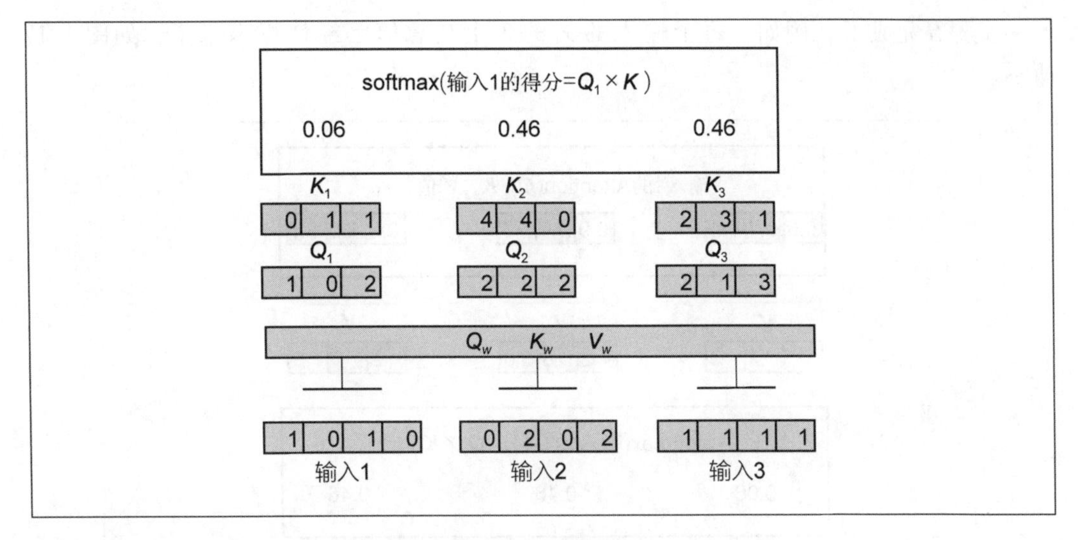

图 1.16 计算输入 1 所有键的 softmax 值

```
print("Step 6: attention value obtained by score1/k_d * V")
print(V[0])
print(V[1])
print(V[2])
print("Attention 1")
attention1 =attention_scores[0].reshape(-1,1)
attention1 =attention_scores[0][0] * V[0]
print(attention1)

print("Attention 2")
attention2 =attention_scores[0][1] * V[1]
print(attention2)

print("Attention 3")
attention3 =attention_scores[0][2] * V[2]
print(attention3)
```

```
Step 6: attention value obtained by score1/k_d * V
[1. 2. 3.]
[2. 8. 0.]
[2. 6. 3.]

Attention 1
[0.06337894 0.12675788 0.19013681]
Attention 2
[0.93662106 3.74648425 0.        ]
Attention 3
[0.93662106 2.80986319 1.40493159]
```

步骤 6 完成了。例如，每个输入的 x_1 的 3 个注意值已经计算出来了，如图 1.17 所示。

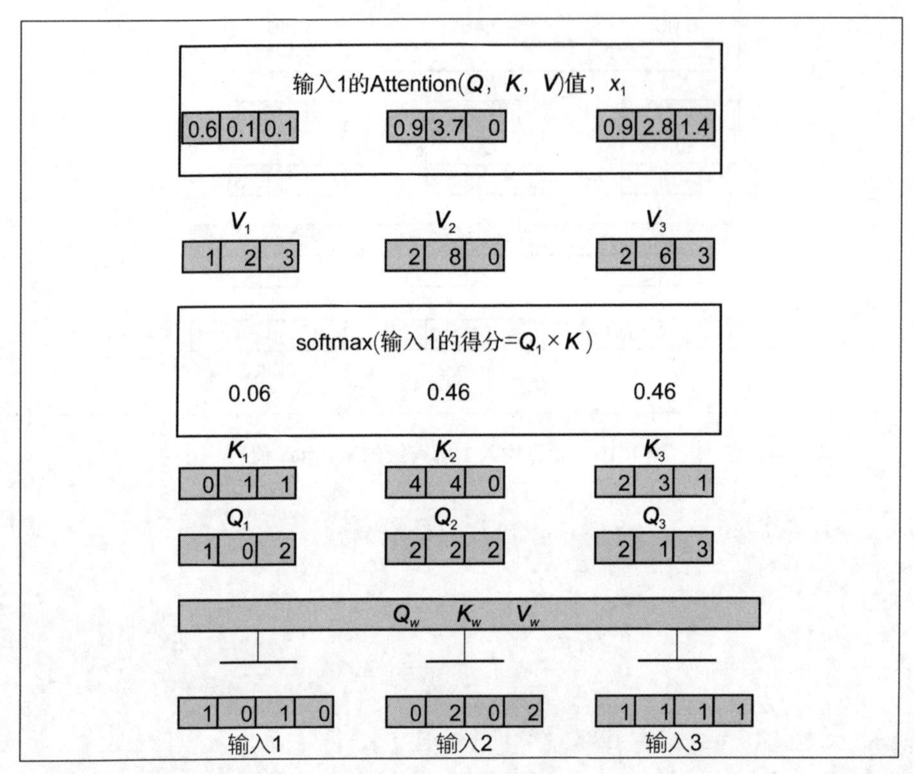

图 1.17 注意力表示

下面需要将注意力值相加。

步骤 7：结果求和

现在将获得的输入 1 的 3 个注意力值相加，得到输出矩阵的第一行：

```
print("Step7: summed the results to create the first line of the output
matrix")
attention_input1 = attention1 + attention2 + attention3
print(attention_input1)
```

输出结果是输入 1 的输出矩阵的第 1 行：

```
Step 7: summed the results to create the first line of the output
matrix
[1.93662106 6.68310531 1.59506841]]
```

第 2 行是下一个输入的输出，如输入 2。

在图 1.18 中可以看到 x_1 的注意力值相加结果。

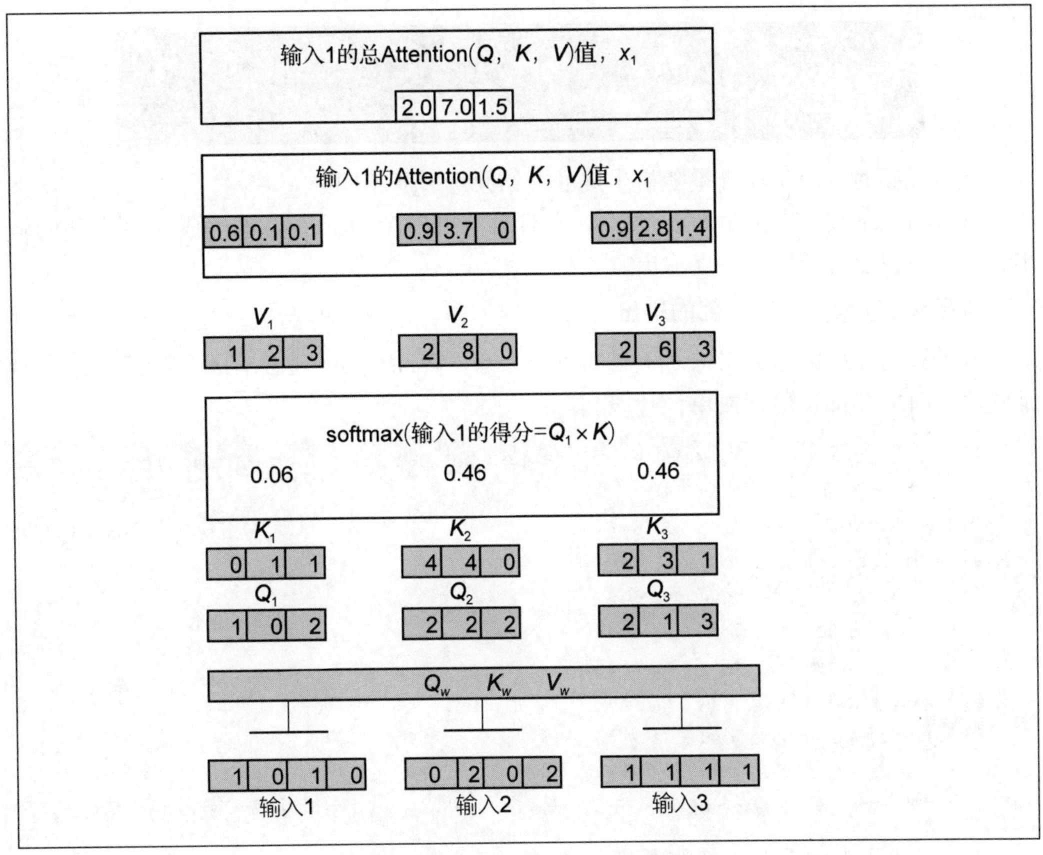

图 1.18　一个输入的求和结果

已经完成了输入 1 的所有操作。现在需要将所有输入的结果添加到模型中。

步骤 8：所有输入的步骤 1～7

现在，对于一个注意力头部，Transformer 可以重复步骤 1 到步骤 7 描述的相同方法来产生输入 2 和输入 3 的注意力值。

从这一步开始，我们将假设有 3 个注意力值，学习权重为 $d_{\text{model}}=64$。现在看看原始维度到达子层的输出时是什么样子。

我们已经用一个小模型详细地了解了注意力表示过程。让我们直接进入结果，假设已经生成了维度 $d_{\text{model}}=64$ 的 3 个注意力表示：

```
print("Step 8: Step 1 to 7 for inputs 1 to 3")
#We assume we have 3 results with learned weights (they were not
trained in this example)
#We assume we are implementing the original Transformer paper.We will
have 3 results of 64 dimensions each
attention_head1 = np.random.random((3, 64))
print(attention_head1)
```

以下输出显示了 z_0 的模拟，它表示“头部 1”的 3 个维度 $d_{\text{model}}=64$ 的输出向量：

```
Step 8: Step 1 to 7 for inputs 1 to 3
[[0.31982626 0.99175996…(61 squeezed values)  ... 0.16233212]
 [0.99584327 0.55528662…(61 squeezed values)  ... 0.70160307]
 [0.14811583 0.50875291…(61 squeezed values)  ... 0.83141355]]
```

运行代码时，由于向量是随机生成的，结果会有所不同。

Transformer 现在有了输入经过 1 个头部的输出向量。下一步是生成 8 个头部的输出，以创建注意力子层的最终输出。

步骤 9：注意力子层头部的输出

假设我们已经训练了注意力子层的 8 个头部。Transformer 现在有 3 个维度 $d_{\text{model}}=64$ 维的输出向量（都是单词或单词片段）：

```
print("Step 9: We assume we have trained the 8 heads of the attention
sub-layer")
z0h1 = np.random.random((3, 64))
z1h2 = np.random.random((3, 64))
z2h3 = np.random.random((3, 64))
z3h4 = np.random.random((3, 64))
z4h5 = np.random.random((3, 64))
z5h6 = np.random.random((3, 64))
z6h7 = np.random.random((3, 64))
z7h8 = np.random.random((3, 64))
print("shape of one head",z0h1.shape,"dimension of 8 heads",64*8)
```

输出显示了其中一个头部的形状：

```
Step 9: We assume we have trained the 8 heads of the attention sub-
layer
shape of one head (3, 64) dimension of 8 heads 512
```

8 个头部现在已经生成了 $\boldsymbol{Z}$：

$$\boldsymbol{Z}=(z_0,z_1,z_2,z_3,z_4,z_5,z_6,z_7)$$

Transformer 现在将连接 8 个 $\boldsymbol{Z}$ 元素，用于多头注意力子层的最终输出。

步骤 10：头部输出的连接

Transformer 连接了 $\boldsymbol{Z}$ 的 8 个元素：

$$\text{MultiHead}(\text{output})=\text{Concat}(z_0,z_1,z_2,z_3,z_4,z_5,z_6,z_7)\boldsymbol{W}_0=x,d_{\text{model}}$$

请注意，$\boldsymbol{Z}$ 乘以 $\boldsymbol{W}_0$，这也是一个经过训练的权重矩阵。在这个模型中，将假设 $\boldsymbol{W}_0$ 被训练并集成到连接函数中。

$z_0\sim z_7$ 的结果是：

```
print("Step 10: Concantenation of heads 1 to 8 to obtain the original
8x64=512 ouput dimension of the model")
output_attention = np.hstack((z0h1,z1h2,z2h3,z3h4,z4h5,z5h6,z6h7,z7h8))
print(output_attention)
```

输出是 **Z** 的连接：

```
Step 10: Concatenation of heads 1 to 8 to obtain the original 8x64=512
output dimension of the model
[[0.65218495 0.11961095 0.9555153  ... 0.48399266 0.80186221
0.16486792]
 [0.95510952 0.29918492 0.7010377  ... 0.20682832 0.4123836
0.90879359]
 [0.20211378 0.86541746 0.01557758 ... 0.69449636 0.02458972 0.889699
]]
```

连接可以被可视化为并排堆叠 **Z** 的元素，如图1.19所示。

Z_0	Z_1	Z_2	Z_3	Z_4	Z_5	Z_6	Z_7

图1.19　多头注意力子层输出

连接生成了标准的维度 $d_{\text{model}}=512$ 的输出，如图1.20所示。

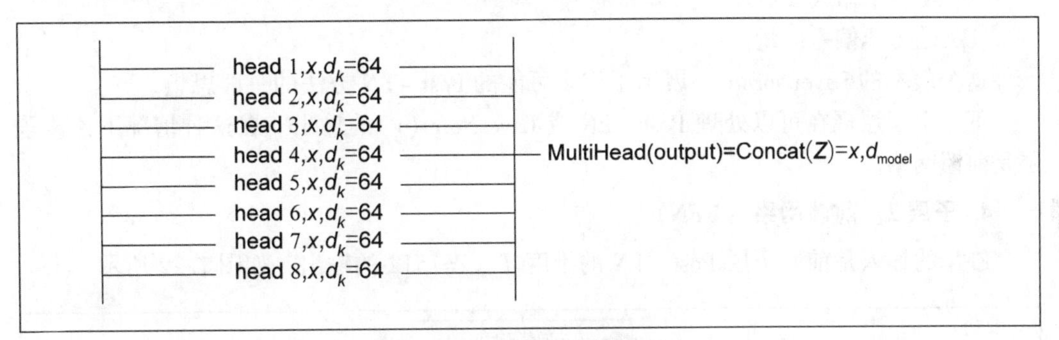

图1.20　8个头部输出的连接

层归一化现在将处理注意力子层。

(2) 后层归一化

Transformer的每个注意力子层和每个前馈子层之后是后层归一化（Post-LN），如图1.21所示。

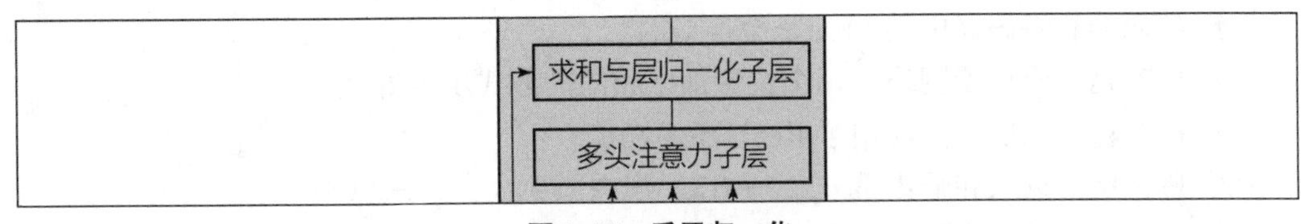

图1.21　后层归一化

Post-LN包含一个add函数和一个层归一化处理操作。add函数处理来自子层输入的残差连接。残差连接的目标是确保关键信息不会丢失。因此，Post-LN或层归一化可以描述为：

$$\text{LayerNorm}(\boldsymbol{x}+\text{Sublayer}(\boldsymbol{x}))$$

$\text{Sublayer}(\boldsymbol{x})$是子层本身。$\boldsymbol{x}$是$\text{Sublayer}(\boldsymbol{x})$的输入步骤中所用的信息。

LayerNorm的输入是由$\boldsymbol{x}+\text{Sublayer}(\boldsymbol{x})$产生的向量$\boldsymbol{v}$。Transformer的每个输入和输出

的 $d_{model}=512$，它归一化了所有的过程。

有许多层归一化方法，这些模型之间有所不同。$\boldsymbol{v}=\boldsymbol{x}+\text{Sublayer}(\boldsymbol{x})$ 的基本概念可以用 LayerNorm($\boldsymbol{v}$) 来定义：

$$\text{LayerNorm}(\boldsymbol{v})=\gamma\frac{\boldsymbol{v}-\boldsymbol{\mu}}{\boldsymbol{\sigma}}+\boldsymbol{\beta}$$

变量为：

①$\boldsymbol{\mu}$ 是 d 维的 $\boldsymbol{v}$ 的平均值。因此：

$$\boldsymbol{\mu}=\frac{1}{d}\sum^{d}\boldsymbol{v}_k$$

②$\boldsymbol{\sigma}$ 是 d 维的标准差 $\boldsymbol{v}$。因此：

$$\boldsymbol{\sigma}^2=\frac{1}{d}\sum_{k=1}^{d}(\boldsymbol{v}_{k-\mu})^2$$

③γ 是一个缩放参数。

④$\boldsymbol{\beta}$ 是一个偏差向量。

这个版本的 LayerNorm($\boldsymbol{v}$) 展示了许多可能的 Post－LN 方法的一般思想。

下一个子层现在可以处理 Post－LN 或 LayerNorm($\boldsymbol{v}$) 的输出。在这种情况下，该子层是前馈网络。

4. 子层 2：前馈网络（FFN）

FFN 的输入是前一子层 Post－LN 的维度 $d_{model}=512$ 的输出，如图 1.22 所示。

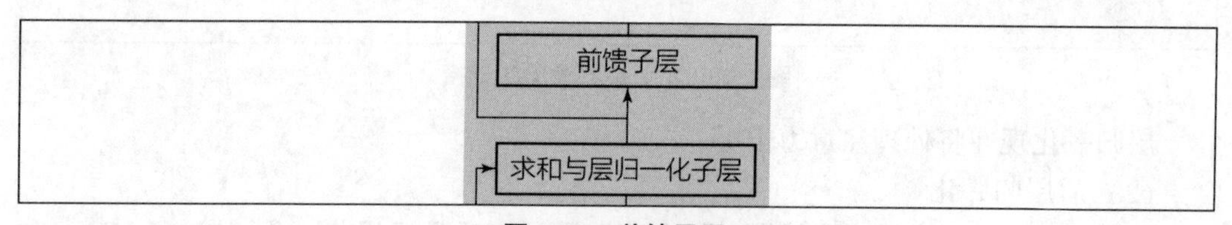

图 1.22 前馈子层

FFN 子层可以描述如下：

- 编码器和解码器中的 FFN 是全连接的。
- FFN 是一个位置网络。每个位置都以相同的方式单独处理。
- FFN 包含两层，并应用了 ReLU 激活功能。
- FFN 层的输入和输出是 $d_{model}=512$，但内层更大，$d_{ff}=2\,048$。
- FFN 可以被视为执行两个内核大小为 1 的卷积。

考虑到这个描述，我们可以如下描述优化和标准化的 FFN：

$$\text{FFN}(\boldsymbol{x})=\max(0,\boldsymbol{x}\boldsymbol{W}_1+\boldsymbol{b}_1)\boldsymbol{W}_2=\boldsymbol{b}_2$$

如前所述，FFN 输出到 Post－LN。然后，输出被发送到编码器堆栈的下一层和解码器堆栈的多头注意力层。

现在让我们学习解码器堆栈。

1.2.2　解码器堆栈

Transformer 模型的解码器层是像编码器层一样的层的堆栈。解码器堆栈的每一层都具有图 1.23 所示结构。

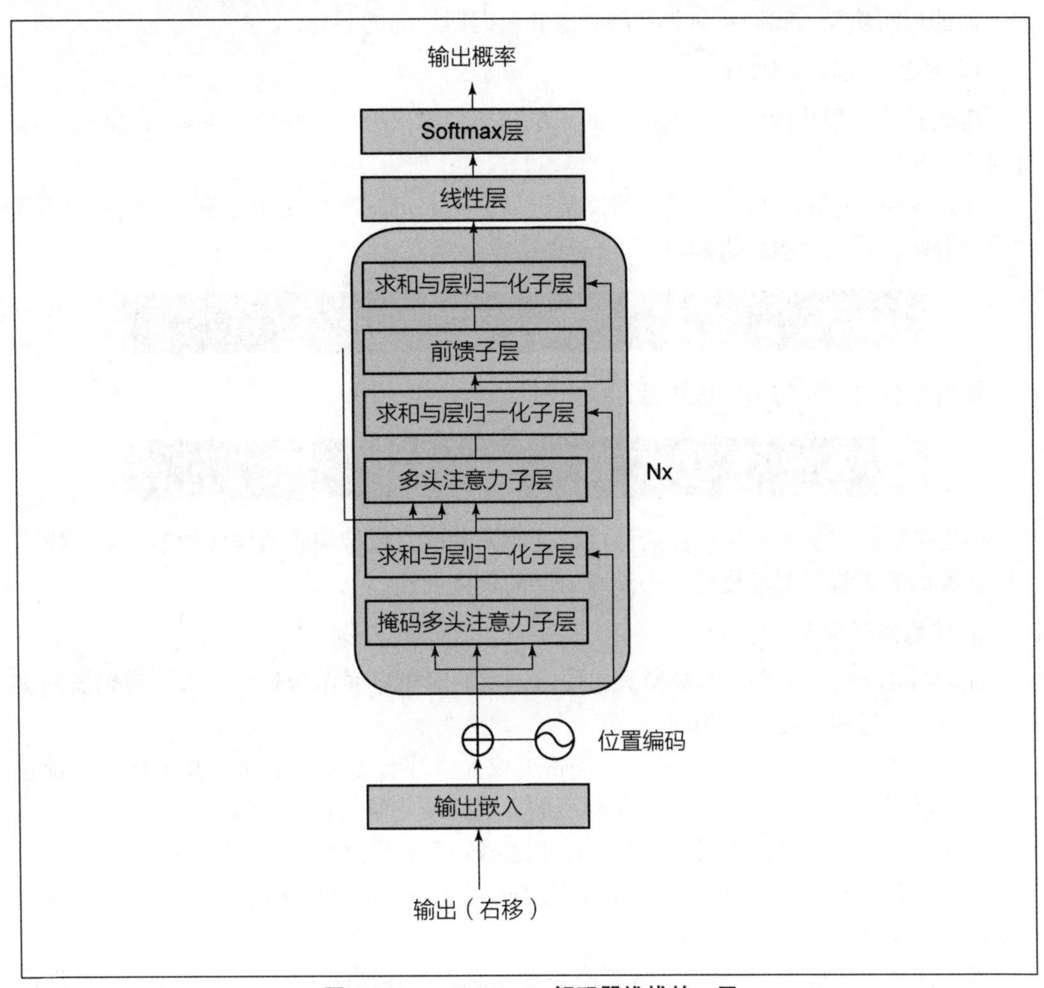

图 1.23　Transformer 解码器堆栈的一层

对于 Transformer 模型的所有 $N=6$ 层，解码器层的结构保持与编码器相同。每层包含三个子层：多头掩码注意力机制、多头注意力机制和基于位置的全连接前馈网络。

解码器有第三个主要的子层，即掩码多头注意力机制。在这个子层输出中，在一个给定的位置，下面的单词被屏蔽，这样 Transformer 就可以将其假设建立在推理的基础上，而不会看到序列的其余部分。这样，在这个模型中，它看不到序列的未来部分。

残差连接 Sublayer($\boldsymbol{x}$)围绕着 Transformer 模型中的三个主要子层，就像编码器堆栈一样：

$$\text{LayerNormalization}(\boldsymbol{x}+\text{Sublayer}(\boldsymbol{x}))$$

嵌入层子层只出现在堆栈的底层，就像编码器堆栈一样。解码器堆栈的每个子层的输出都有一个恒定的维度，类似于编码器堆栈中的 d_{model}，包括嵌入层和残差连接的输出。

我们可以看到，设计者努力创建对称的编码器和解码器堆栈。

每个子层的结构和解码器的功能与编码器相似。在本节中，我们可以在需要时参考编码器的相同功能。我们将只关注解码器和编码器之间的差异。

1. 输出嵌入和位置编码

解码器的子层结构大多与编码器的子层相同。输出嵌入层和位置编码功能与编码器堆栈中的相同。

通过 Vaswani 等（2017）提出的模型研究了 Transformer 的使用。输出的是一个需要学习的翻译。我选择用法语翻译：

```
Output=Le chat noir était assis sur le canapé et le chien marron
dormait sur le tapis
```

输出是英语输入句子的法语翻译：

```
Input=The black cat sat on the couch and the brown dog slept on the
rug.
```

输出单词经过词嵌入层，然后经过位置编码功能，就像编码器堆栈的第一层一样。

让我们看看解码器堆栈的多头注意力层的具体属性。

2. 注意力子层

Transformer 是一个自回归模型。它使用以前的输出序列作为附加输入。解码器的多头注意力层的过程与编码器相同。

然而，掩码多头注意力子层 sub - layer 1 仅允许注意力应用于到（并包含）当前位置为止。后面的词汇对 Transformer 是隐藏的，这迫使它学会如何预测。

如在编码器中一样，后层归一化过程跟随掩码多头注意力子层 sub - layer 1。

多头注意力子层 sub - layer 2 也只关注 Transformer 预测的当前位置，以避免看到它必须预测的序列。

多头注意力子层 sub - layer 2 通过在点积注意力操作期间考虑 encoder($\boldsymbol{K},\boldsymbol{V}$) 从编码器提取信息。该子层还通过在点积注意操作期间也考虑子层 sub - layer 1($\boldsymbol{Q}$) 来从掩码多头注意力子层 sub - layer 1（掩蔽的注意）中提取信息。解码器因此使用编码器的训练信息。我们可以将解码器的自注意力多头子层的输入定义为

$$\text{Input\_Attention} = (\text{Output\_decoder\_sub\_layer} - 1(\boldsymbol{Q}),\ \text{Output\_encoder\_layer}(\boldsymbol{K},\boldsymbol{V}))$$

如在编码器中一样，后层归一化过程跟随被掩码多头注意力子层 sub - layer 1。

然后，Transformer 进入 FFN 子层，接着是 Post - LN 层和线性层。

3. FFN 子层、Post - LN 层和线性层

FFN 子层具有与编码器堆栈的 FFN 相同的结构。FFN 的 Post - LN 层作为编码器堆栈的层归一化。

Transformer 一次只产生一个元素的输出序列：

$$\text{Output sequence} = (\boldsymbol{y}_1, \boldsymbol{y}_2, \cdots, \boldsymbol{y}_n)$$

线性层产生具有线性函数的输出序列，该线性函数因模型而异，但依赖于标准方法：

$$\boldsymbol{y} = \boldsymbol{w} * \boldsymbol{x} + \boldsymbol{b}$$

$\boldsymbol{x}$ 和 $\boldsymbol{b}$ 是学习好的参数。

因此，线性层将生成序列的下一个可能元素，softmax 函数将把这些元素转换成可能元素。

作为编码器层的解码器层将从 l 层到 $l+1$ 层，直到 $N=6$ 层 Transformer 堆栈的顶层。

下面让我们了解 Transformer 是如何训练的，以及它获得的性能。

1.3 训练和表现

原始 Transformer 模型是在一个 450 万句子对的英语 - 德语数据集和一个 3 600 万句子的英语 - 法语数据集上训练的。

这些数据集来自机器翻译研讨会（WMT），如果你想深入研究 WMT 数据集，可以访问以下链接：http://statmt.org/wmt14/。

在一台配备 8 个英伟达 P100 图形处理器的机器上，原始 Transformer 基础模型的训练需要 12 个小时才能完成 100 000 步。大型模型花了 3.5 天完成 30 万步。

原始 Transformer 以 41.8 的 BLEU 分数优于所有以前的机器翻译模型。这一结果是在 WMT 英语 - 法语数据集上获得的。

BLEU 代表双语评估替补。这是一种评估机器翻译结果质量的算法。

谷歌研究和谷歌大脑团队应用了优化策略来提高 Transformer 的性能。例如，使用了 Adam 优化器，但是学习率以一个线性速率开始，然后降低速率。

不同类型的正则化技术被应用于嵌入的总和，如 residual dropout 和 dropout。此外，Transformer 应用标签平滑，避免过拟合出现独热输出。它引入了不太精确的评估，并迫使模型进行更多、更好的训练。

其他几个 Transformer 模型的变化引出了其他模型和用法，我们将在后续章节中进行研究。

在结束之前，让我们来感受一下 Hugging Face 中现有 Transformer 模型的简单性。

本章结束前

本章介绍的内容可以集成到一个现成的 Hugging Face Transformer 模型。请记住，像所有其他解决方案一样，Hugging Face 正在全速发展，以跟上研究实验室的步伐，因此你可能会在未来遇到相反的信息。

有了 Hugging Face，你可以用三行代码实现机器翻译！

在 Google Colaboratory 中打开 Multi_Head_Attention_Sub_Layer. ipynb。将代码保存在 Google Drive 中（确保你有一个 Gmail 账户）。去最后两个单元。

我们首先确保安装了 Hugging Face 的 Transformer 模型：

```
!pip -qq install transformers
```

第一个单元导入 Hugging Face 管道，该管道包含几个 Transformer 用途：

```
#@title Retrieve pipeline of modules and choose English to French
translation
from transformers import pipeline
```

然后，我们实现包含几个 Transformer 用法的 Hugging Face 管道。管道包含随时可调用的功能。在本案例中，为了说明本章的 Transformer 模型，我们激活翻译器模型，并输入一个句子从英语翻译成法语：

```
translator = pipeline("translation_en_to_fr")
#One line of code!
print(translator("It is easy to translate languages with transformers",
max_length=40))
```

看。翻译结果显示如下：

```
[{'translation_text': 'Il est facile de traduire des langues avec des
transformateurs.'}]
```

Hugging Face 展示了 Transformer 架构如何在现有模型中使用。

本章小结

本章首先从研究 Transformer 架构能够揭示的令人惊叹的长距离依赖关系开始。Transformer 可以执行从书面和口头序列到有意义表达的转换，这在自然语言理解（Natural Language Understanding，NLU）的历史上是前所未有的。

这两个维度转换的扩展和实现的简化，正在把人工智能带到一个前所未有的水平。

我们探究了从转换问题和序列建模中移除 RNN、LSTM 和 CNN 的大胆方法，以构建 Transformer 架构。编码器和解码器的标准化尺寸的对称设计使得从一个子层到另一个子层的流动几乎是无缝的。

我们看到，除了移除重复出现的网络模型之外，Transformer 还引入了并行层，减少了训练时间。我们应用了其他创新，如位置编码和掩码多头注意力。

正是这种灵活性，原始 Transformer 架构为许多其他创新变体提供了基础，这些变体为更强大的转换问题和语言建模开辟了道路。

后续章节会介绍原始模型的许多变体以更深入地研究 Transformer 架构的某些方面。

Transformer 的到来标志着新一代即用型人工智能模型的开始。例如，Hugging Face

和 Google Brain 使得人工智能很容易用几行代码实现。

在下一章“微调 BERT 模型”中，我们将学习原始 Transformer 模型的强大演变。

问题

1. NLP 转换可以编码和解码文本表示。(对/错)
2. 自然语言理解（NLU）是自然语言处理的一个子集。(对/错)
3. 语言建模算法基于输入序列生成可能的单词序列。(对/错)
4. Transformer 模型是一个带有 CNN 层的定制 LSTM。(对/错)
5. Transforme 模型不包含 LSTM 或 CNN 层。(对/错)
6. 注意力检查序列中的所有标记，而不仅仅是最后一个。(对/错)
7. Transformer 使用位置向量，而不是位置编码。(对/错)
8. Transformer 包含前馈网络。(对/错)
9. Transformer 的解码器的掩码多头注意力组件防止解析给定位置的算法看到正在处理的序列的剩余部分。(对/错)
10. Transformer 模型可以比 LSTM 更好地分析长距离依赖关系。(对/错)

参考文献

- Ashish Vaswani, Noam Shazeer, Niki Parmar, Jakob Uszkoreit, Llion Jones, Aidan N. Gomez, Lukasz Kaiser, Illia Polosukhin, 2017, Attention Is All You Need: https://arxiv.org/abs/1706.03762
- Hugging Face Transformer Usage: https://huggingface.co/transformers/usage.html
- Manuel Romero Notebook with link to explanations by Raimi Karim: https://colab.research.google.com/drive/1rPk3ohrmVclqhH7uQ7qys4oznDdAhpzF
- Google language research: https://research.google/teams/language/
- Google Brain Trax documentation: https://trax-ml.readthedocs.io/en/latest/
- Hugging Face research: https://huggingface.co/transformers/index.html
- The Annotated Transformer: http://nlp.seas.harvard.edu/2018/04/03/attention.html
- Jay Alammar, The Illustrated Transformer: http://jalammar.github.io/illustrated-transformer/

第2章

微调BERT模型

在第1章“Transformer模型架构入门”中，我们定义了原始Transformer架构的构建块。把原始Transformer模型想象成用乐高积木搭建的模型。积木箱包含诸如编码器、解码器、嵌入层、位置编码方法、多头注意力子层、掩码多头注意力层、后层归一化、前馈子层和线性输出层等积木。有了各种尺寸和形式的积木，你可以用同一个积木箱花上几个小时组装出各种模型！有些建筑只需要其中一些积木。有些建筑会增加一块新的，就像当我们为用乐高搭建的模型增加新的积木。

BERT在Transformer模型中添加了一个新的组件：双向多头注意力子层。当一个人理解一个句子有问题时，他不仅看前面的单词。BERT和我们一样，同时看同一个句子中的所有单词。

本章将首先介绍双向编码器表示的Transformer（BERT）的架构。BERT的创新之处是仅使用Transformer的编码器块，而没有使用解码器堆栈。

接着微调预训练的BERT模型。微调的BERT模型由第三方训练，并上传到Hugging Face。Transformer可以进行预训练。然后，一个预训练的BERT可以在几个NLP任务上进行微调。我们将通过Hugging Face模块来体验下游Transformer使用的迷人体验。

本章涵盖以下主题：

- 双向编码器表示的Transformer（BERT）
- BERT的架构
- 两步BERT框架
- 准备预训练环境
- 定义预训练编码器层
- 定义微调
- 下游多任务处理
- 构建微调BERT模型
- 加载可访问性判断数据集
- 创建注意力掩码
- BERT模型配置
- 测量微调模型的性能

首先了解Transformer的背景。

2.1 BERT 的架构

BERT 引入了 Transformer 模型的双向注意力。双向注意力需对原始 Transformer 模型进行许多其他的更改。

第 1 章“Transformer 模型架构入门”中介绍过 Transformer 的构建模块，这里不再进行详细介绍。你可以随时查阅第 1 章来回顾 Transformer 的某个方面。在本节中，我们将关注 BERT 模型的具体方面。

我们将重点关注 Devlin 等（2018）设计的介绍编码器堆栈的改进。

我们将首先了解编码器堆栈，然后是预训练输入环境准备。接着将介绍 BERT 的两步框架：预训练和微调。

让我们先来探究一下编码器堆栈。

2.1.1 编码器堆栈

我们从原始 Transformer 模型中获取的第一个积木块是编码器层。第 1 章“Transformer 模型架构入门”中描述的编码器层如图 2.1 所示。

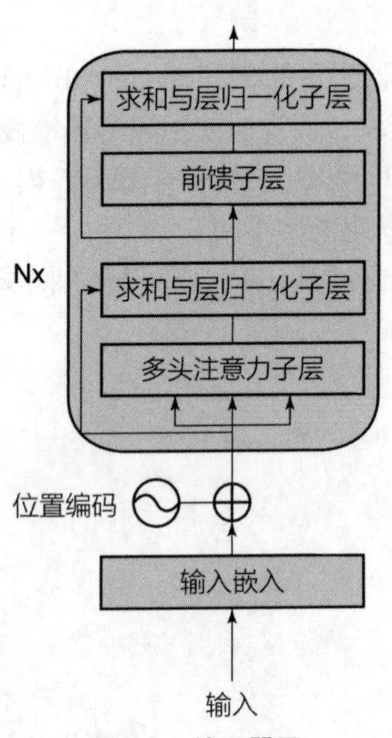

图 2.1 编码器层

BERT 模型没有使用解码器层。BERT 模型有一个编码器堆栈，但没有解码器堆栈。掩码标记（被隐藏起来需要预测的标记）在编码器的注意力层中，当深入探究后续章节的 BERT 编码器层时，我们会看到这一点。

原始 Transformer 包含 $N=6$ 层的堆栈。原始 Transformer 的维数是 $d_{model}=512$，注意力头数为 $A=8$，头部的尺寸为：

$$d_k = \frac{d_{\text{model}}}{A} = \frac{512}{8} = 64$$

BERT 编码器层比原始 Transformer 模型大。

可以用编码器层构建两种 BERT 模型：

①$\text{BERT}_{\text{BASE}}$包含一个 $N = 12$ 的编码器层堆栈，$d_{\text{model}} = 768$，也可表示为 $H = 768$，如 BERT 论文中所介绍的那样。1 个多头注意力子层包含 12 个头部（$A = 12$）。每个头部 z_A 的维度大小仍为 64，与原始 Transformer 模型相同：

$$d_k = \frac{d_{\text{model}}}{A} = \frac{768}{12} = 64$$

在连接之前，每个多头注意力子层的输出将是 12 个头部的输出：

$$\text{output\_multi} - \text{head\_attention} = \{z_0, z_1, z_2, \cdots, z_{11}\}$$

②$\text{BERT}_{\text{LARGE}}$包含 24 个编码器层（$N = 24$）的堆栈，$d_{\text{model}} = 1\ 024$。1 个多头注意力子层包含 16 个头部（$A = 16$）。每个头部 z_A 的维度大小也保持为 64，如在原始 Transformer 模型中一样：

$$d_k = \frac{d_{\text{model}}}{A} = \frac{1\ 024}{16} = 64$$

在连接之前，每个多头注意力子层的输出将是 16 个头部的输出：

$$\text{output\_multi} - \text{head\_attention} = \{z_0, z_1, z_2, \cdots, z_{15}\}$$

模型的大小可以总结为图 2. 2 所示结果。

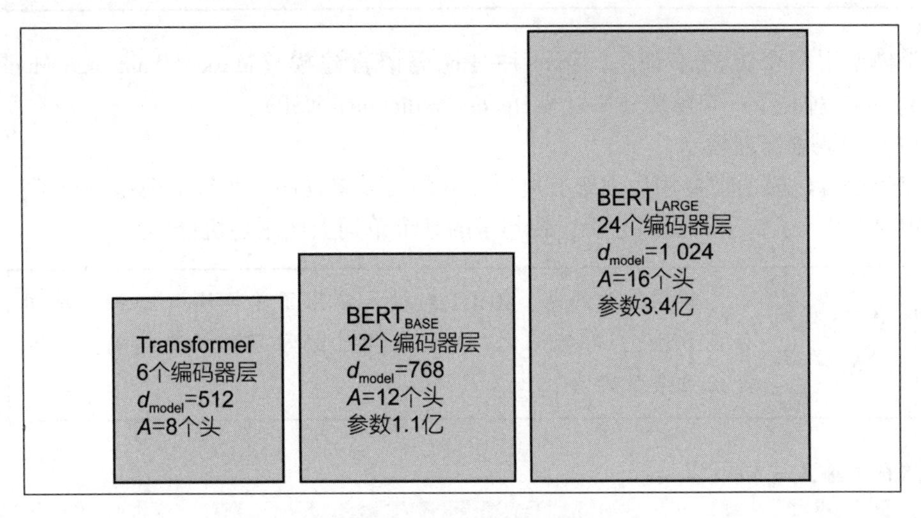

图 2. 2　Transformer 模型

大小和维度在 BERT 式预训练中起着至关重要的作用。BERT 模型就像人类一样。BERT 模型通过更多的工作记忆（维度）和更多的知识（数据）生成更好的结果。学习大量数据的大型 Transformer 模型将更好地为下游 NLP 任务进行预训练。

现在让我们进入第一个子层，看看 BERT 模型中输入嵌入和位置编码的基本方面。

准备预训练输入环境

BERT 模型没有解码器层堆栈。因此，它没有掩码多头注意力子层。BERT 进一步指出，掩盖了序列其余部分的掩码多头注意力层阻碍了注意力进程。

掩码多头注意力层掩盖当前位置之外的所有标记。例如，以下面的句子为例：

```
The cat sat on it because it was a nice rug.
```

如果我们读到单词“it”，编码器的输入可能是：

```
The cat sat on it <masked sequence >
```

这种方法的动机是防止模型看到它应该预测的输出。这种从左到右的方法生成相对较好的结果。

然而，模型无法通过这种方法学到很多东西。要知道“it”指的是什么，我们需要看完整个句子才能找到单词“rug ”，并找出“it”就是 rug（地毯）。

BERT 的作者们提出了一个想法。为什么不预先训练模型，使用不同的方法进行预测呢？

BERT 的作者提出了双向注意力，让一个注意力头同时注意从左到右和从右到左的所有单词。换句话说，编码器的自注意力掩码可以在不受解码器的掩码多头注意力子层阻碍的情况下完成工作。

该模型用两个方法来训练。第一种是掩码语言建模（Masked Language Modeling，MLM）。第二种是下一句预测（Next Sentence Prediction，NSP）。

（1）掩码语言建模

掩码语言建模不需要用后面跟有掩码序列的可见单词序列来训练模型进行预测。BERT 引入了句子的双向分析，在句子的某个单词上使用随机掩码。

值得注意的是，BERT 对输入应用了单词块（一种子单词分割方法），即标记化。它还使用已经学习的位置编码，而不是正弦余弦方法。

潜在的输入序列可以是：

```
"The cat sat on it because it was a nice rug."
```

在模型读到单词“it”后，解码器会掩盖注意力序列：

```
"The cat sat on it  <masked sequence >."
```

但 BERT 是随机掩盖一个标记来进行预测：

```
"The cat sat on it [MASK] it was a nice rug."
```

多注意力子层现在可以看到整个序列，运行自注意力处理程序，并预测掩码标记。

有 3 种方法可以巧妙地掩盖输入标记，以迫使模型训练更长时间，并生成更好的结果：

- 不掩盖 10% 的数据集上的单个标记。例如：

```
"The cat sat on it [because] it was a nice rug."
```

- 将 10% 的数据集上的标记替换为随机标记。例如：

```
"The cat sat on it [often] it was a nice rug."
```

- 将 80% 的数据集上的标记替换为［MASK］标记。例如：

```
"The cat sat on it [MASK] it was a nice rug."
```

作者的大胆方法避免了过度拟合，并迫使模型有效训练。

(2) 下一句预测

训练 BERT 的第二种方法是下一句预测（NSP）。输入包含两个句子。

添加了两个新标记：

- ［CLS］是添加到第一个句子开头的二进制分类标记，用于预测第二个句子是否跟随第一个句子。真样本通常是从数据集中提取的一对连续的句子。使用来自不同文档的句子创建假样本。
- ［SEP］是分隔标记，表示一个序列的结束。

例如，取自一本书的输入句子可以是：

```
"The cat slept on the rug. It likes sleeping all day."
```

这两个句子将成为一个完整的输入序列：

```
[CLS] the cat slept on the rug [SEP] it likes sleep ##ing all day[SEP]
```

这种方法需要额外的编码信息来区分句子 A 和句子 B。

如果把整个嵌入过程放在一起，我们得到图 2.3。

输入	[CLS]	The	cat	slept	on	the	rug	[SEP]	it	likes	sleep	##ing	[SEP]
标记嵌入	$E_{[CLS]}$	$E_{[The]}$	$E_{[cat]}$	$E_{[slept]}$	$E_{[on]}$	$E_{[the]}$	$E_{[rug]}$	$E_{[SEP]}$	$E_{[it]}$	$E_{[likes]}$	$E_{[sleep]}$	$E_{[\#\#ing]}$	$E_{[SEP]}$
	+	+	+	+	+	+	+	+	+	+	+	+	+
句子嵌入	$E_{[A]}$	$E_{[A]}$	$E_{[A]}$	$E_{[A]}$	$E_{[A]}$	$E_{[A]}$	$E_{[A]}$	$E_{[A]}$	$E_{[B]}$	$E_{[B]}$	$E_{[B]}$	$E_{[B]}$	$E_{[B]}$
	+	+	+	+	+	+	+	+	+	+	+	+	+
位置嵌入	$E_{[0]}$	$E_{[1]}$	$E_{[2]}$	$E_{[3]}$	$E_{[4]}$	$E_{[5]}$	$E_{[6]}$	$E_{[7]}$	$E_{[8]}$	$E_{[9]}$	$E_{[10]}$	$E_{[11]}$	$E_{[12]}$

图 2.3　输入嵌入

输入嵌入是通过将标记嵌入、片段（句子、短语、单词）嵌入和位置编码嵌入相加而获得的。

BERT 模型的输入嵌入和位置编码子层可以总结如下：

- 单词序列被分解成单词块标记。
- 一个［MASK］标记将随机替换用于掩码语言建模训练的初始单词标记。
- 为了分类，在句子的开头插入一个［CLS］标记。
- 一个［SEP］标记分隔两个句子（片段、短语）用于 NSP 训练。
- 在标记嵌入中加入了句子嵌入，这样句子 A 和句子 B 的句子嵌入值就不一样了。
- 学习位置编码。不应用原始 Transformer 的正弦-余弦位置编码方法。

其他关键特征有：

- BERT 在其所有多头注意力子层中使用双向注意力，打开了学习和理解标记之间关系的广阔视野。
- BERT 引入了无监督嵌入的场景，用未标记文本预训练模型。这迫使模型在多头注意力学习过程进行更多的思考。这使得 BERT 能够学习语言是如何构建的，并将这些知识应用于下游任务，而不必每次都进行预训练。
- BERT 也使用监督学习，涵盖了预训练过程中的所有基础。

BERT 改善了 Transformer 的训练环境。下面看看预训练的动机及其微调过程。

2.1.2　预训练和微调 BERT 模型

BERT 是一个两步框架。第一步是预训练，第二步是微调，如图 2.4 所示。

训练一个 Transformer 模型可能需要几个小时，甚至几天。设计架构和参数，选择合适的数据集来训练 Transformer 模型需要花费相当多的时间。

预训练是 BERT 框架的第一步，可以分为两个子步骤：

- 定义模型的架构：层数、头数、维度等
- 在掩码语言建模（MLM）和 NSP 任务上训练模型

BERT 框架的第二步是微调，也可以分为两个子步骤：

- 用预训练的 BERT 模型已经训练好的参数初始化选择的下游模型
- 微调特定下游任务的参数，如识别文本蕴含（Recognizing Textual Entailment，RTE）、问题回答（SQuAD v1.1、SQuAD v2.0）和 Situations With Adversarial Generations（SWAG）

本节我们介绍了微调 BERT 模型所需的信息。在后续章节中，我们将更深入地探究在本节中提出的主题：

- 第 3 章“从零开始预训练一个 RoBERTa 模型”将用 15 个步骤从零开始预训练一个类似 BERT 的模型。我们甚至会编译自己的数据，训练一个标记解析器，然后训练模型。本章的目标是首先介绍 BERT 的具体构建模块，然后对现有模型进行微调。

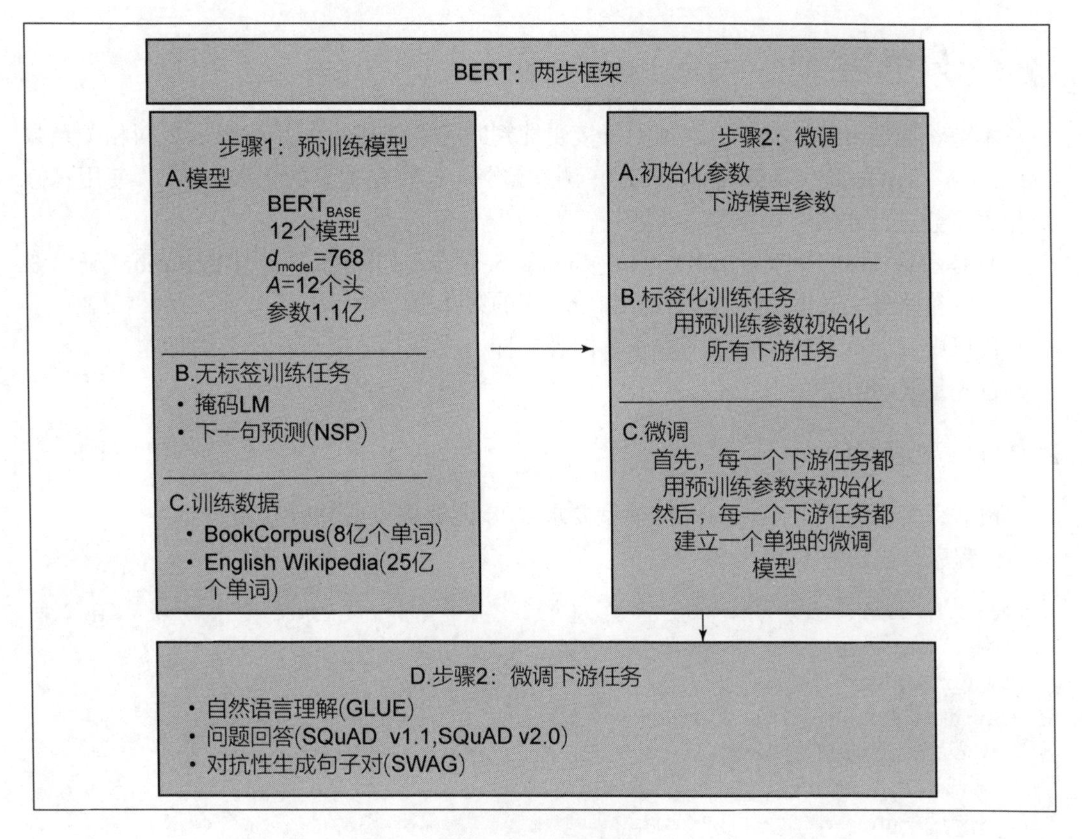

图 2.4　BERT 框架

- 第 4 章“使用 Transformer 完成下游 NLP 任务”介绍许多下游 NLP 任务，探究 GLUE、SQuAD v1.1、SQuAD、SWAG、BLEU 和其他几个 NLP 评估数据集。我们将运行几个下游的 Transformer 模型来说明关键工作。这一章的目标是微调下游模型。
- 第 6 章“使用 OpenAI 的 GPT－2 和 GPT－3 模型生成文本”，我们将探究 OpenAI GPT、GPT－2 和 GPT－3 Transformer 的架构和用法。$BERT_{BASE}$被配置成类似于 OpenAI GPT 以显示它生成了更好的性能。然而，OpenAI Transformer 也在不断改进！我们将了解如何改进。

在这一章中，我们将微调的 BERT 模型在语言可接受性语料库（The Corpus of Linguistic Acceptability，CoLA）上进行训练。下游任务基于 Alex Warstadt、Amanpreet Singh 和 Samuel R. Bowman 的神经网络可接受性判断。

我们将微调一个 BERT 模型，它将决定一个句子的语法可接受性。微调后的模型将获得一定水平的语言能力。

在了解了 BERT 架构及其预训练和微调框架后，现在让我们微调一个 BERT 模型。

2.2 微调 BERT

本节将微调 BERT 模型，以预测可接受性判断的下游任务，并使用马修斯相关系数（Matthews Correlation Coefficient，MCC）测量预测，这将在本章的 2.2.20 节“使用马修斯相关系数进行评估”中解释。

在 Google Colab 中打开 BERT_Fine_Tuning_Sentence_Classification_DR.ipynb（确保你有 1 个邮箱账号）。代码在这本书的 GitHub 库的第 2 章。

代码中每个单元的标题与书中本章内容一样，或者非常接近各小节的标题。

首先是激活 GPU。

2.2.1 激活 GPU

预训练多头注意力 Transformer 模型要求 GPU 能够提供的并行处理。

该程序首先检查 GPU 是否已激活：

```
#@title Activating the GPU
# Main menu -> Runtime -> Change Runtime Type
import tensorflow as tf
device_name = tf.test.gpu_device_name()
if device_name ! = '/device:GPU:0':
  raise SystemError('GPU device not found')
print('Found GPU at: {}'.format(device_name))
```

输出应该是：

```
Found GPU at: /device:GPU:0
```

该程序将使用 Hugging Face 模块。

2.2.2 为 BERT 安装 Hugging Face 的 PyTorch 接口

Hugging Face 提供了一个预训练的 BERT 模型。Hugging Face 开发了一个名为 PreTrainedModel 的基类。通过安装这个类，我们可以从预先训练的模型配置中加载一个模型。

Hugging Face 在 TensorFlow 和 PyTorch 中提供模块。建议开发人员对这两种环境都要熟悉。优秀的 AI 研究团队使用其中一种或两种环境。

在本章中，我们将安装所需的模块，如下所示：

```
#@title Installing the Hugging Face PyTorch Interface for Bert
!pip install -q transformers
```

安装程序将运行，或者显示已满足需要的消息。

现在导入程序所需的模块。

2.2.3 导入模块

我们将导入所需的预训练模块，例如预训练的 BERT 标记解析器和 BERT 模型配置。BERTAdam 优化器是与句子分类模块一起导入的：

```
#@title Importing the modules
import torch
from torch.utils.data import TensorDataset, DataLoader, RandomSampler,
SequentialSampler
from keras.preprocessing.sequence import pad_sequences
from sklearn.model_selection import train_test_split
from transformers import BertTokenizer, BertConfig
from transformers import AdamW, BertForSequenceClassification, get_
linear_schedule_with_warmup
```

从 tqdm 导入一个非常好的进度条模块：

```
from tqdm import tqdm, trange
```

我们现在可以导入广泛使用的标准 Python 模块：

```
import pandas as pd
import io
import numpy as np
import matplotlib.pyplot as plt
```

如果一切顺利，将不会显示任何消息，记住 Google Colab 已经在我们使用的虚拟机上预装了这些模块。

2.2.4 指定 CUDA 作为 torch 的设备

我们现在将指定 torch 使用计算统一设备架构（Compute Unified Device Architecture，CUDA）将 NVIDIA 显卡的并行计算能力用于多头注意力模型：

```
#@title Specify CUDA as device for Torch
device = torch.device("cuda" if torch.cuda.is_available() else "cpu")
n_gpu = torch.cuda.device_count()
torch.cuda.get_device_name(0)
```

我在 Google Colab 上运行的虚拟机显示了以下输出：

```
'Tesla P100-PCIE-16GB'
```

输出可能因 Google Colab 配置而异。

现在加载数据集。

2.2.5 加载数据集

现在根据 Warstadt 等（2018）的论文加载 CoLA。

通用语言理解评估（General Language Understanding Evaluation，GLUE）认为语言的可接受性是 NLP 的首要任务。第 4 章“使用 Transformer 完成下游 NLP 任务”中，我们将探讨 Transformer 必须执行的关键工作，以证明其效率。

使用 Google Colab 文件管理器上传 in_domain_train. tsv 和 out_of_ domain_dev. tsv，你可以在 GitHub 上本书的 Chapter02 目录中找到它们。

它们出现在文件管理器中，如图 2. 5 所示。

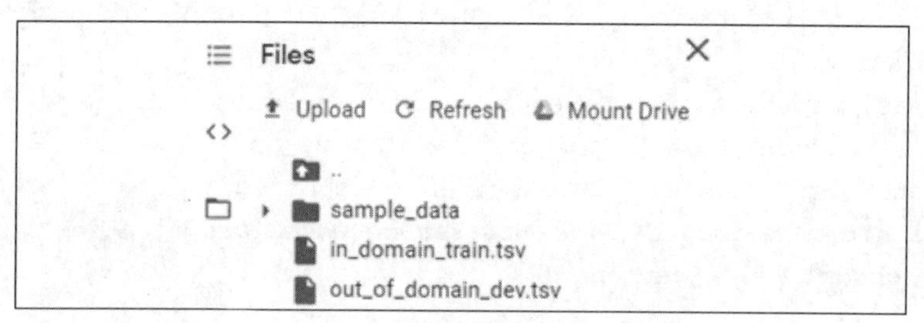

图 2. 5　上传数据集

现在程序将加载数据集：

```
#@title Loading the Dataset
#source of dataset : https://nyu-mll.github.io/CoLA/
df = pd.read_csv("in_domain_train.tsv", delimiter='\t', header=None,
names=['sentence_source','label','label_notes','sentence'])
df.shape
```

输出显示了我们导入的数据集的形状：

```
(8551, 4)
```

显示一个 10 行样本，以可视化可接受性判断任务，并查看句子是否有意义：

```
df.sample(10)
```

输出显示了 10 行带标签的数据集：

```
sentence_source   label  label_notes   sentence
1742 r-67         1      NaN           they said that tom would n't pay
up , but pay ...
937  bc01         1      NaN           although he likes cabbage too ,
fred likes egg...
5655 c_13         1      NaN           wendy 's mother country is
iceland .
500  bc01         0      *             john is wanted to win .
4596 ks08         1      NaN           i did n't find any bugs in my
7412 sks13        1      NaN           the girl he met at the
departmental party will...
8456 ad03         0      *             peter is the old pigs .
744  bc01         0      *             frank promised the men all to
leave .
5420 b_73         0      *             i 've seen as much of a coward
as frank .
5749 c_13         1      NaN           we drove all the way to buenos
aires .
```

. tsv 文件中的每个示例包含 4 个制表符分隔的列：

- 第 1 列：句子的来源（代码）
- 第 2 列：标签（0 表示不可接受，1 表示可接受）
- 第 3 列：作者标注的标签
- 第 4 列：要分类的句子

你可以打开 . tsv 文件来读取数据集的一些样本。程序现在将处理 BERT 模型的数据。

2.2.6 创建句子、标签列表和添加 BERT 标记

程序现在将按照本章 2.1.1 节中“准备预训练输入环境”部分的描述创建句子：

```
#@ Creating sentence, label lists and adding Bert tokens
sentences = df.sentence.values

# Adding CLS and SEP tokens at the beginning and end of each sentence
for BERT
sentences = ["[CLS] " + sentence + " [SEP]" for sentence in sentences]
labels = df.label.values
```

[CLS] 和 [SEP] 现在已经被添加上了。

程序现在激活标记解析器。

2.2.7 激活 BERT 标记解析器

本节将初始化一个预训练的 BERT 标记解析器。这将节省从头开始训练它的时间。

程序选择激活一个不区分大小写的标记解析器，并显示第一个被标记的句子：

```
#@title Activating the BERT Tokenizer
tokenizer = BertTokenizer.from_pretrained('bert-base-uncased', do_
lower_case=True)
tokenized_texts = [tokenizer.tokenize(sent) for sent in sentences]
print ("Tokenize the first sentence:")
print (tokenized_texts[0])
```

输出包含分类标记和序列分段标记：

```
Tokenize the first sentence:
['[CLS]', 'our', 'friends', 'wo', 'n', "'", 't', 'buy', 'this',
'analysis', ',', 'let', 'alone', 'the', 'next', 'one', 'we', 'propose',
'.', '[SEP]']
```

程序现在将处理数据。

2.2.8 处理数据

我们需要确定一个固定的最大长度，并为模型处理数据。数据集中的句子都很短。但是，为了确保这一点，程序将句子的最大长度设置为 512，并对句子进行填充：

```
#@title Processing the data
# Set the maximum sequence length. The longest sequence in our training
set is 47, but we'll leave room on the end anyway.
# In the original paper, the authors used a length of 512.
MAX_LEN = 128

# Use the BERT tokenizer to convert the tokens to their index numbers
in the BERT vocabulary
input_ids = [tokenizer.convert_tokens_to_ids(x) for x in tokenized_
texts]

# Pad our input tokens
input_ids = pad_sequences(input_ids, maxlen=MAX_LEN, dtype="long",
truncating="post", padding="post")
```

句子已经被处理，现在程序创建注意力掩码。

2.2.9 创建注意力掩码

现在到了这个过程中棘手的部分。我们填充了前一步的句子。但是我们希望防止模型对那些填充的标记执行注意力操作！

思路是为每个标记应用一个值为 1 的掩码，后面跟 0 进行填充：

```
#@title Create attention masks
attention_masks = []

# Create a mask of 1s for each token followed by 0s for padding
for seq in input_ids:
  seq_mask = [float(i>0) for i in seq]
  attention_masks.append(seq_mask)
```

程序现在将拆分数据。

2.2.10 将数据拆分为训练集和验证集

该程序现在执行将数据分成训练集和验证集的标准处理程序：

```
#@title Splitting data into train and validation sets
# Use train_test_split to split our data into train and validation sets
for training

train_inputs, validation_inputs, train_labels, validation_labels =
train_test_split(input_ids, labels, random_state=2018, test_size=0.1)
train_masks, validation_masks, _, _ = train_test_split(attention_masks,
input_ids,random_state=2018, test_size=0.1)
```

数据已经可以训练了，但是还需要适配 torch。

2.2.11　所有数据转换成torch张量

微调模型使用torch张量。程序必须将数据转换成torch张量：

```
#@title Converting all the data into torch tensors
# Torch tensors are the required datatype for our model

train_inputs = torch.tensor(train_inputs)
validation_inputs = torch.tensor(validation_inputs)
train_labels = torch.tensor(train_labels)
validation_labels = torch.tensor(validation_labels)
train_masks = torch.tensor(train_masks)
validation_masks = torch.tensor(validation_masks)
```

转换结束，现在创建一个迭代器。

2.2.12　选择批量大小并创建迭代器

在这一步中，程序选择一个批量大小并创建一个迭代器。迭代器是一种避免将所有数据加载到内存中的循环的方法。迭代器与torch数据加载器相结合，可以批量训练大型数据集，而不会搞崩机器的内存。

在此模型中，批量大小为32：

```
#@title Selecting a Batch Size and Creating and Iterator
# Select a batch size for training. For fine-tuning BERT on a specific
task, the authors recommend a batch size of 16 or 32
batch_size = 32

# Create an iterator of our data with torch DataLoader. This helps save
on memory during training because, unlike a for loop,
# with an iterator the entire dataset does not need to be loaded into
memory

train_data = TensorDataset(train_inputs, train_masks, train_labels)
train_sampler = RandomSampler(train_data)
train_dataloader = DataLoader(train_data, sampler=train_sampler, batch_
size=batch_size)

validation_data = TensorDataset(validation_inputs, validation_masks,
validation_labels)

validation_sampler = SequentialSampler(validation_data)
validation_dataloader = DataLoader(validation_data, sampler=validation_
sampler, batch_size=batch_size)
```

数据已经处理完毕，一切就绪。该程序现在可以加载和配置BERT模型。

2.2.13 BERT 模型配置

程序现在初始化一个不区分大小写的 BERT 配置：

```
#@title BERT Model Configuration
# Initializing a BERT bert-base-uncased style configuration
#@title Transformer Installation
try:
  import transformers
except:
  print("Installing transformers")
  !pip -qq install transformers

from transformers import BertModel, BertConfig
configuration = BertConfig()

# Initializing a model from the bert-base-uncased style configuration
model = BertModel(configuration)

# Accessing the model configuration
configuration = model.config
print(configuration)
```

输出显示主要的 Hugging Face 参数，如下所示（这个库经常更新）：

```
BertConfig {
  "attention_probs_dropout_prob": 0.1,
  "hidden_act": "gelu",
  "hidden_dropout_prob": 0.1,
  "hidden_size": 768,
  "initializer_range": 0.02,
  "intermediate_size": 3072,
  "layer_norm_eps": 1e-12,
  "max_position_embeddings": 512,
  "model_type": "bert",
  "num_attention_heads": 12,
  "num_hidden_layers": 12,
  "pad_token_id": 0,
  "type_vocab_size": 2,
  "vocab_size": 30522
}
```

让我们来看看这些主要参数：

- attention_probs_dropout_prob：0.1，将0.1的丢弃率应用于注意力概率。
- hidden_act："gelu" 是编码器中的非线性激活函数。这是一个高斯误差线性单位激活函数。输入按其幅度加权，这使得它是非线性的。
- hidden_dropout_prob：0.1，是应用于全连接层的丢弃率。全连接可以在嵌入、编码器和池化层中找到。在池化那里为分类任务转换句子张量，它需要一个固定的维度来表示句子。因此，池化会将句子张量转换为（批量大小，隐藏大小)，这是固定的参数。

- hidden_size：768，是编码层的维度，也是池化层的维度。
- initializer_range：0.02，是初始化权重矩阵时的标准偏差值。
- intermediate_size：3072，是编码器前馈层的维度。
- layer_norm_eps：1e-12，是层归一化层的 epsilon 值。
- max_position_embeddings：512，模型使用的最大长度。
- model_type："bert"，模型的名称。
- num_attention_heads：12，头部数。
- num_hidden_layers：12，层数。
- pad_token_id：0，是填充标记的 ID，以避免训练填充标记。
- type_vocab_size：2，是标识句子的 token_type_ids 的大小。例如，"the dog [SEP] The cat. [SEP]" 可以用 6 个标记 ID 来表示：[0,0,0,1,1,1]。
- vocab_size：30522，是模型用来表示 input_ids 的不同标记的数量。

记住这些参数，我们可以加载预训练模型。

2.2.14　加载 Hugging Face BERT 不区分大小写的基本模型

程序现在加载预训练的 BERT 模型：

```
#@title Loading Hugging Face Bert uncased base model
model = BertForSequenceClassification.from_pretrained("bert-base-
uncased", num_labels=2)
model.cuda()
```

如果需要，可以进一步训练这个预训练模型。详细探究该体系结构以可视化每个子层的参数是很有趣的，如以下摘录所示：

```
BertForSequenceClassification(
  (bert): BertModel(
    (embeddings): BertEmbeddings(
      (word_embeddings): Embedding(30522, 768, padding_idx=0)
      (position_embeddings): Embedding(512, 768)
      (token_type_embeddings): Embedding(2, 768)
      (LayerNorm): BertLayerNorm()
      (dropout): Dropout(p=0.1, inplace=False)
    )
    (encoder): BertEncoder(
      (layer): ModuleList(
        (0): BertLayer(
          (attention): BertAttention(
            (self): BertSelfAttention(
              (query): Linear(in_features=768, out_features=768,
bias=True)
              (key): Linear(in_features=768, out_features=768,
bias=True)
              (value): Linear(in_features=768, out_features=768,
bias=True)
              (dropout): Dropout(p=0.1, inplace=False)
            )
            (output): BertSelfOutput(
```

```
              (dense): Linear(in_features=768, out_features=768, bias=True)
              (LayerNorm): BertLayerNorm()
              (dropout): Dropout(p=0.1, inplace=False)
            )
          )
          (intermediate): BertIntermediate(
            (dense): Linear(in_features=768, out_features=3072, bias=True)
          )
          (output): BertOutput(
            (dense): Linear(in_features=3072, out_features=768, bias=True)
            (LayerNorm): BertLayerNorm()
            (dropout): Dropout(p=0.1, inplace=False)
          )
        )
        (1): BertLayer(
          (attention): BertAttention(
            (self): BertSelfAttention(
              (query): Linear(in_features=768, out_features=768, bias=True)
              (key): Linear(in_features=768, out_features=768, bias=True)
              (value): Linear(in_features=768, out_features=768, bias=True)
              (dropout): Dropout(p=0.1, inplace=False)
            )
            (output): BertSelfOutput(
              (dense): Linear(in_features=768, out_features=768, bias=True)
              (LayerNorm): BertLayerNorm()
              (dropout): Dropout(p=0.1, inplace=False)
            )
          )
          (intermediate): BertIntermediate(
            (dense): Linear(in_features=768, out_features=3072, bias=True)
          )
          (output): BertOutput(
            (dense): Linear(in_features=3072, out_features=768, bias=True)
            (LayerNorm): BertLayerNorm()
            (dropout): Dropout(p=0.1, inplace=False)
          )
        )
```

现在让我们来看看优化器的主要参数。

2.2.15 优化器分组参数

程序现在将为模型参数初始化优化器。微调模型从初始化预训练的模型参数值（不是它们的名称）开始。

优化器的参数包括权重衰减率以避免过度拟合，并且一些参数被过滤。

目标是为训练循环准备模型的参数：

```
##@title Optimizer Grouped Parameters
#This code is taken from:
# https://github.com/huggingface/transformers/blob/5bfcd0485ece086ebcbe
d2d008813037968a9e58/examples/run_glue.py#L102

# Don't apply weight decay to any parameters whose names include these
tokens.
# (Here, the BERT doesn't have 'gamma' or 'beta' parameters, only
'bias' terms)
param_optimizer = list(model.named_parameters())
no_decay = ['bias','LayerNorm.weight']
# Separate the 'weight' parameters from the 'bias' parameters.
# - For the 'weight' parameters, this specifies a 'weight_decay_rate'
of 0.01.
# - For the 'bias' parameters, the 'weight_decay_rate' is 0.0.
optimizer_grouped_parameters = [
    # Filter for all parameters which *don't* include 'bias','gamma',
'beta'.
    {'params': [p for n, p in param_optimizer if not any(nd in n for nd
in no_decay)],
    'weight_decay_rate': 0.1},

    # Filter for parameters which *do* include those.
    {'params': [p for n, p in param_optimizer if any(nd in n for nd in
no_decay)],
    'weight_decay_rate': 0.0}
]
# Note - 'optimizer_grouped_parameters' only includes the parameter
values, not
# the names.
```

参数已经准备并清理好了，并为训练循环做好了准备。

2.2.16　训练循环的超参数

训练循环的超参数是至关重要的，尽管它们看起来似乎无关紧要。例如，Adam 会激活权重衰减，也会经历一个预热阶段。

学习率（lr）和预热率（warmup）在优化阶段的早期应设置为非常小的值，并在一定次数的迭代后逐渐增加。这避免了大的梯度和超过优化目标。

一些研究人员认为，在层归一化之前，子层输出级别的梯度不需要预热率。解决这个问题需要多次实验。

优化器是 Adam 的 BERT 版本，称为 BertAdam：

```
#@title The Hyperparameters for the Training Loop
optimizer = BertAdam(optimizer_grouped_parameters,
                     lr =2e -5,
                     warmup = .1)
```

该程序增加了一个精度测量功能，将预测值与标签进行比较：

```
#Creating the Accuracy Measurement Function
# Function to calculate the accuracy of our predictions vs labels
def flat_accuracy(preds, labels):
    pred_flat = np.argmax(preds, axis =1).flatten()
    labels_flat = labels.flatten()
    return np.sum(pred_flat == labels_flat) /len(labels_flat)
```

数据准备好了，参数也准备好了。是时候激活训练循环了！

2.2.17 训练循环

训练循环遵循标准的学习过程。回合数被设置为4，并将损失率和准确率测量和标绘出来。训练循环使用数据加载器实现批量加载和训练。训练过程进行测量和评估。

代码从初始化 train_loss_set 开始，它将存储被绘制出来的损失率和准确率。它开始训练其回合数，并运行标准训练循环，如以下摘录所示：

```
#@ title The Training Loop
t = []

# Store our loss and accuracy for plotting
train_loss_set = []

# Number of training epochs (authors recommend between 2 and 4)
epochs = 4

# trange is a tqdm wrapper around the normal python range
for _ in trange(epochs, desc = "Epoch"):
…/…
    tmp_eval_accuracy = flat_accuracy(logits, label_ids)

    eval_accuracy += tmp_eval_accuracy
    nb_eval_steps += 1
  print("Validation Accuracy: {}".format(eval_accuracy /nb_eval_steps))
```

输出显示每个回合进度条的信息，for _ in trange（epochs，desc = "Epoch"）：

```
***output***
Epoch:   0%|          | 0/4 [00:00<?, ?it/s]
Train loss: 0.5381132976395461
Epoch:  25%|██        | 1/4 [07:54<23:43, 474.47s/it]
Validation Accuracy: 0.788966049382716
Train loss: 0.315329696132929
Epoch:  50%|█████     | 2/4 [15:49<15:49, 474.55s/it]
Validation Accuracy: 0.836033950617284
Train loss: 0.1474070605354314
Epoch:  75%|███████▌  | 3/4 [23:43<07:54, 474.53s/it]
Validation Accuracy: 0.814429012345679
Train loss: 0.07655430570461196
Epoch: 100%|██████████| 4/4 [31:38<00:00, 474.58s/it]
Validation Accuracy: 0.810570987654321
```

Transformer 模型发展非常快，可能会出现弃用消息甚至错误提示。Hugging Face 也不例外，当这种情况发生时，我们必须相应地更新代码。

模型已经完成训练。现在可以显示训练评估。

2.2.18 训练评估

损失率和准确率存储在训练循环开始时定义的 train_loss_set 中。

程序现在绘制测量值：

```
#@title Training Evaluation
plt.figure(figsize=(15,8))
plt.title("Training loss")
plt.xlabel("Batch")
plt.ylabel("Loss")
plt.plot(train_loss_set)
plt.show()
```

输出是一个图表（图 2.6），显示训练过程进展顺利且高效。

这个模型已经过微调。现在可以运行预测。

2.2.19 使用独立数据集进行预测和评估

用 in_domain_train.tsv 数据集训练 BERT 下游模型。程序现在将使用 out_of_domain_dev.tsv 文件中包含的独立（测试）数据集进行预测。目标是预测句子在语法上是否正确。

下面的代码摘录显示，应用于训练数据的数据准备过程在独立数据集的代码部分中重复进行：

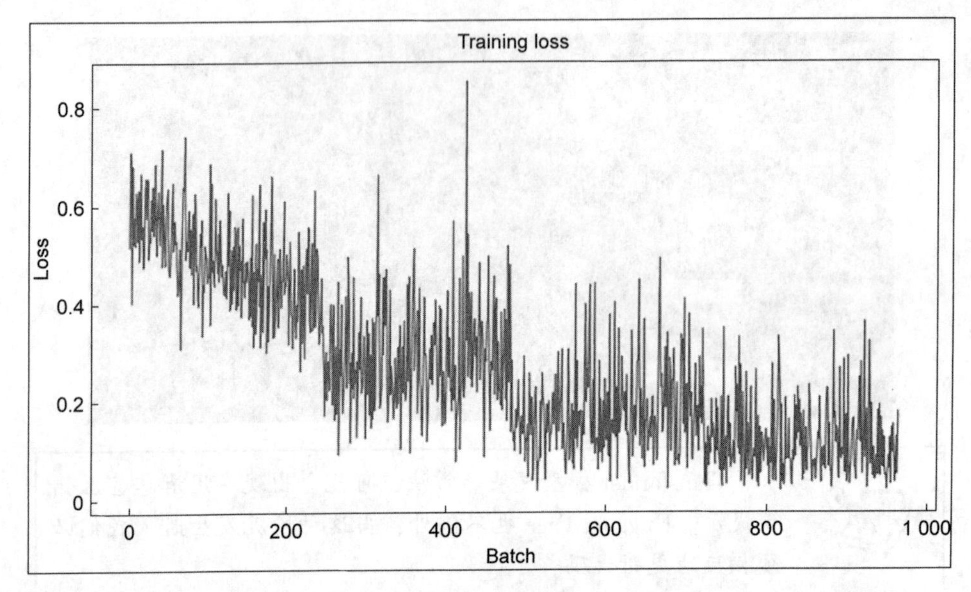

图 2.6 每批训练损失

```
#@title Predicting and Evaluating Using the Holdout Dataset
df = pd.read_csv("out_of_domain_dev.tsv", delimiter='\t', header=None,
names=['sentence_source','label','label_notes','sentence'])
# Create sentence and label lists
sentences = df.sentence.values
# We need to add special tokens at the beginning and end of each
sentence for BERT to work properly
sentences = ["[CLS] " + sentence + " [SEP]" for sentence in sentences]
labels = df.label.values
tokenized_texts = [tokenizer.tokenize(sent) for sent in sentences]
.../...
```

然后，程序使用数据加载器执行批量预测：

```
# Predict
for batch in prediction_dataloader:
  # Add batch to GPU
  batch = tuple(t.to(device) for t in batch)
  # Unpack the inputs from our dataloader
  b_input_ids, b_input_mask, b_labels = batch
  # Telling the model not to compute or store gradients, saving memory
and speeding up prediction
  with torch.no_grad():
    # Forward pass, calculate logit predictions
    logits = model(b_input_ids, token_type_ids=None, attention_mask=b_
input_mask)
```

预测的逻辑和标签被移动到 CPU：

```
# Move logits and labels to CPU
logits = logits['logits'].detach().cpu().numpy()
label_ids = b_labels.to('cpu').numpy()
```

预测结果和它们的真实标签被存储：

```
# Store predictions and true labels
predictions.append(logits)
true_labels.append(label_ids)
```

该程序现在可以评估预测结果了。

2.2.20 使用马修斯相关系数进行评估

马修斯相关系数（MCC）最初是设计用于测量二元分类的质量，可以修改为多类相关系数。在每次预测中，可以用四种概率进行两级分类：

- TP = 真阳性
- TN = 真阴性
- FP = 假阳性
- FN = 假阴性

生物化学家布莱恩·马修斯在 1975 年受其前辈的 phi 函数启发设计了它。从那以后，它演变成了各种格式，如下所示：

$$MCC = \frac{TP \times TN - FP \times FN}{\sqrt{(TP + FP)(TP + FN)(TN + FP)(TN + FN)}}$$

MCC 生成的值介于 -1 和 +1 之间。+1 是预测的最大正值。-1 是反向预测。0 是平均随机预测。

GLUE 用 MCC 评估语言的可接受性。

从 sklearn. metrics 中导入 MCC：

```
#@title Evaluating Using Matthew's Correlation Coefficient
# Import and evaluate each test batch using Matthew's correlation
coefficient
from sklearn.metrics import matthews_corrcoef
```

创建一组预测：

```
matthews_set = []
```

计算 MCC 值并存储在 matthews_set 中：

```
for i in range(len(true_labels)):
  matthews = matthews_corrcoef(true_labels[i],
                 np.argmax(predictions[i], axis=1).flatten())
  matthews_set.append(matthews)
```

你可能会看到由于库和模块版本更改而产生的消息。最终分数将基于整个测试集，但是让我们看一下单个批次的分数，以了解批次之间度量的变化倾向。

2.2.21　单个批次的分数

让我们来看看单个批次的分数：

```
#@title Score of Individual Batches
matthews_set
```

输出产生预期的 -1 到 +1 之间的 MCC 值：

```
[0.049286405809014416,
 -0.2548235957188128,
 0.4732058754737091,
 0.30508307783296046,
 0.3567530340063379,
 0.8050112948805689,
 0.23329882422520506,
 0.47519096331149147,
 0.4364357804719848,
 0.4700159919404217,
 0.7679476477883045,
 0.8320502943378436,
 0.5807564950208268,
 0.5897435897435898,
 0.38461538461538464,
 0.5716350506349809,
 0.0]
```

几乎所有的 MCC 值都是正值，这是好消息。让我们看看对整个数据集的评估是什么。

2.2.22　整个数据集的马修斯评估

MCC 是评估分类模型的实用方法。

程序现在将聚合整个数据集的真值：

```
#@title Matthew's Evaluation on the Whole Dataset
# Flatten the predictions and true values for aggregate Matthew's
evaluation on the whole dataset
flat_predictions = [item for sublist in predictions for item in
sublist]
flat_predictions = np.argmax(flat_predictions, axis =1).flatten()
flat_true_labels = [item for sublist in true_labels for item in
sublist]
matthews_corrcoef(flat_true_labels, flat_predictions)
```

输出确认 MCC 为正，这表明该模型和数据集之间存在相关性：

```
0.45439842471680725
```

通过对 BERT 模型微调的最终积极评价，我们对 BERT 训练框架有了一个总体的看法。

本章小结

BERT 给 Transformer 引入双向注意力。从左到右预测句子并掩盖未读标记来训练模型具有严重的局限性。如果被掩盖的句子包含了我们要寻找的意义，那么模型就会产生错误。BERT 同时关注一个句子的所有标记。

我们探究了 BERT 的架构，它仅使用 Transformer 的编码器堆栈。BERT 被设计成一个两步框架。该框架的第一步是预训练模型。第二步，对模型进行微调。我们为可接受性判断下游任务构建了微调 BERT 模型。微调过程经历了该过程的所有阶段。首先，我们加载数据集，并加载模型的必要的预训练模块。然后训练该模型，并测量其性能。

微调预训练模型比从零开始训练下游任务占用更少的机器资源。微调模型可以执行各种任务。BERT 证明了我们只在两个任务上预训练一个模型，这本身就很了不起。但是基于 BERT 预训练模型的训练参数产生多任务微调模型是非同寻常的。OpenAI GPT 公司以前就研究过这种方法，但是 BERT 把它带到了另一个层次！

本章我们微调了一个 BERT 模型。在下一章，即第 3 章“从零开始预训练 RoBERTa 模型”中，我们将更深入地探究 BERT 框架，并从零开始构建一个预训练的类似 BERT 的模型。

问题

1. BERT 代表来自 Transformer 的双向编码器表示法。(对/错)
2. BERT 是一个两步框架。第一步是预训练。第二步是微调。(对/错)
3. 微调 BERT 模型意味着从零开始训练参数。(对/错)
4. BERT 仅使用所有下游任务进行预训练。(对/错)
5. BERT 用掩码语言模型（MLM）进行预训练。(对/错)
6. BERT 用下一句预测（NSP）进行预训练。(对/错)
7. BERT 预训练数学函数。(对/错)
8. 问答任务是下游任务。(对/错)
9. BERT 预训练模型不需要标记解析器。(对/错)
10. 微调 BERT 模型比预训练花费的时间少。(对/错)

参考文献

- Ashish Vaswani, Noam Shazeer, Niki Parmar, Jakob Uszkoreit, Llion Jones, Aidan N. Gomez, Lukasz Kaiser, Illia Polosukhin, 2017, Attention Is All You Need:

https://arxiv.org/abs/1706.03762

- Jacob Devlin, Ming-Wei Chang, Kenton Lee, and Kristina Toutanova, 2018, BERT: Pre-training of Deep Bidirectional Transformers for Language Understanding: https://arxiv.org/abs/1810.04805
- Alex Warstadt, Amanpreet Singh, and Samuel R. Bowman, 2018, Neural Network Acceptability Judgments: https://arxiv.org/abs/1805.12471
- The Corpus of Linguistic Acceptability (CoLA): https://nyu-mll.github.io/CoLA/
- Documentation on Hugging Face models: https://huggingface.co/transformers/pretrained_models.html, https://huggingface.co/transformers/model_doc/bert.html, https://huggingface.co/transformers/model_doc/roberta.html, https://huggingface.co/transformers/model_doc/distilbert.html.

第3章

从零开始预训练RoBERTa模型

本章将从零开始构建一个 RoBERTa 模型。该模型将采用我们为 BERT 模型准备的 Transformer 积木箱中的积木。此外，不会使用预先训练的标记解析器或模型。RoBERTa 模型将按照本章描述的 15 个步骤来构建。

我们使用在前几章学到的 Transformer 知识来构建一个模型，该模型可以一步一步地对掩码标记执行语言建模。第 1 章"Transformer 模型架构入门"介绍了原始 Transformer 的构建块。第 2 章"微调 BERT 模型"对一个预训练的 BERT 模型进行了微调。

本章将使用基于 Hugging Face 无缝模块的 Jupyter notebook，从零开始构建一个预训练的 Transformer 模型。该模型名为 KantaiBERT。

KantaiBERT 首先加载了专为本章创建的伊曼努尔·康德的书籍汇编。我们将了解数据是如何获得的。你还将了解如何为这个代码创建自己的数据集。

KantaiBERT 从零开始训练自己的标记解析器。它将构建自己的合并和词汇文件，这些文件将在预训练过程中使用。

接着，KantaiBERT 处理数据集，初始化训练器，并训练模型。

最后，KantaiBERT 使用经过训练的模型来执行实验性的下游语言建模任务，并使用伊曼努尔·康德的逻辑来填充一个掩码。

到本章结束时，你将知道如何从头开始构建一个 Transformer 模型。

本章涵盖以下主题：

- RoBERTa 类和 DistilBERT 类模型
- 如何从零开始训练一个标记解析器
- 字节级的字节对编码
- 将训练好的标记解析器保存到文件中
- 为预训练过程重新创建标记解析器
- 从零开始初始化 RoBERTa 模型
- 探究模型配置
- 探究模型的 8 000 万个参数
- 为训练器构建数据集
- 初始化训练器
- 预训练模型
- 保存模型

- 将模型应用于掩码语言建模的下游任务

首先介绍将要构建的 Transformer 模型。

3.1 训练标记解析器和预训练 Transformer

本章将使用 Hugging Face 为 BERT 类模型提供的构件来训练一个名为 KantaiBERT 的 Transformer 模型。第 2 章“微调 BERT 模型”介绍了将用到的模型的基本原理。

我们将根据前几章学到的知识来描述 KantaiBERT。

KantaiBERT 是一个基于 BERT 架构的强力优化的 BERT 预训练方法（Robustly Optimized BERT Pretraining Approach，RoBERTa）模型。

原始的 BERT 模型训练不足。RoBERTa 提高了下游任务的 Transformer 预处理性能。RoBERTa 改进了预训练过程的机制。例如，它不使用单词块标记，而是使用字节级的字节对编码（Byte Pair Encoding，BPE）。

本章中，KantaiBERT 和 BERT 一样，将使用掩码语言模型进行训练。

KantaiBERT 将被训练成一个有 6 层、12 个头部、84 095 008 个参数的小模型。8 400 万个参数看似是大量的参数。但是，这些参数分布在 6 层 12 个头部上，这使得它相对较小。小的模型将使预训练体验变得流畅，这样每个步骤都可以实时查看，而不必等上几个小时才能看到结果。

KantaiBERT 是一个类似 DistilBERT 的模型，因为它具有相同的 6 层 12 个头部的架构。DistilBERT 是 BERT 的精华版。我们知道大的模型能提供出色的性能。但如果你想在智能手机上运行一个模型呢？所以小型化是技术发展的关键。在实现过程中，Transformer 必须遵循相同的路径。因此，采用 BERT 精华版的 Hugging Face 方法前进了一大步。精华版（或其他未来的类似方法）是一种精巧的方法，可以充分利用预训练，并使其有效地满足许多下游任务的需要。

KantaiBERT 将实现一个字节级的字节对编码标记解析器，就像 GPT-2 所使用的那样。这些特殊的标记将会被 RoBERTa 所使用。BERT 模型通常使用单词块标记解析器。

无标记类型 ID 用来指示标记属于片段的哪一部分。这些片段将被分隔标记 </s> 分开。

KantaiBERT 将使用一个自定义数据集，训练一个标记解析器，训练 Transformer 模型，保存它，并用一个掩码语言建模示例来运行它。

让我们从零开始构建 Transformer。

3.2 从零开始构建 KantaiBERT

我们将从零开始用 15 个步骤构建 KantaiBERT，然后在一个掩码语言建模示例上运行它。

打开 Google Colaboratory（需要一个 Gmail 账户）。然后在 GitHub 的本章目录中找到 KantaiBERT. ipynb，并将它上传。

本小节的 15 个步骤的标题和 notebook 单元的标题差不多，很好理解。

让我们从加载数据集开始。

步骤 1：加载数据集

现有的数据集提供了一种训练和比较 Transformer 的客观方法。在第 4 章“使用 Transformer 完成下游 NLP 任务”中，我们将探究几个数据集。然而，本章的目标是理解 notebook 单元中 Transformer 的训练过程，该过程可以实时运行，而不必等待数小时才能获得结果。

我选择了德国哲学家伊曼努尔·康德（1724—1804）的作品，他是启蒙时代的代表人物。这个想法是为下游推理任务引入类似人类的逻辑和预训练推理。

古腾堡计划（https://www. gutenberg. org）提供各种各样的免费电子书，可以以文本格式下载。如果你想创建属于自己的自定义书籍数据集，也可以使用其他书籍。

将伊曼努尔·康德的以下三本书编译成一个名为 kant. txt 的文本文件：

- 《纯粹理性批判》(*The Critique of Pure Reason*)
- 《实践理性批判》(*The Critique of Practical Reason*)
- 《道德形而上学》(*Fundamental Principles of the Metaphysic of Morals*)

kant. txt 提供了一个小的训练数据集来训练本章的 Transformer 模型。获得的结果仍然是实验性的。对于现实生活中的项目，我会添加伊曼努尔·康德、勒内·笛卡尔、帕斯卡和莱布尼茨的全集。

文本文件包含书籍的原始文本：

```
…For it is in reality vain to profess _indifference_ in regard to such
inquiries, the object of which cannot be indifferent to humanity.
```

数据集是自动从 GitHub 下载的。

你可以用 Colab 的文件管理器加载 kant. txt，在 GitHub 上这一章的目录下可以找到。或者可以使用 curl 从 GitHub 中检索它：

```
#@title Step 1: Loading the Dataset
#1.Load kant.txt using the Colab file manager
#2.Downloading the file from GitHub
!curl -L https://raw.githubusercontent.com/PacktPublishing/
Transformers-for-Natural-Language-Processing/master/Chapter03/kant.txt
--output "kant.txt"
```

加载或下载后，可以在 Colab 文件管理器的窗口中看到它，如图 3. 1 所示。

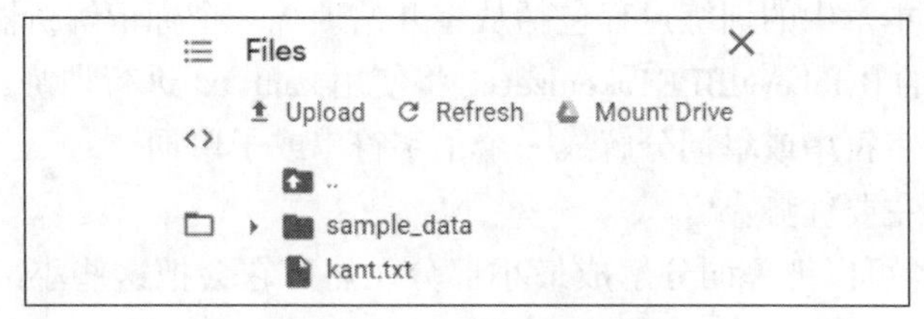

图3.1 Colab文件管理器

请注意，当重启虚拟机时，Google Colab会删除这些文件。

数据集完成了定义和加载。

注意：不要在没有kant.txt的情况下运行后续单元。训练数据是前提条件。

程序下一步是安装Hugging Face的Transformer。

步骤2：安装Hugging Face的Transformer

我们将需要安装Hugging Face的Transformer和标记解析器，在这个Google Colab VM的例子中，我们不需要TensorFlow：

```
#@title Step 2:Installing Hugging Face Transformers
# We won't need TensorFlow here
! pip uninstall -y tensorflow
# Install 'transformers' from master
!pip install git+https://github.com/huggingface/transformers
!pip list |grep -E'transformers|tokenizers'
# transformers version at notebook update --- 2.9.1
# tokenizers version at notebook update --- 0.7.0
```

输出显示安装的版本：

```
Successfully built transformers
tokenizers                0.7.0
transformers              2.10.0
```

Transformer的版本正在快速更新。你运行的版本及显示的结果可能会不同。

程序从训练标记解析器开始。

步骤3：训练标记解析器

在本步骤中，程序不使用预训练的标记解析器。例如，可以使用预训练的GPT-2

标记解析器。然而本章中的训练过程包括从零开始训练一个标记解析器。

Hugging Face 的 ByteLevelBPETokenizer( )将使用 kant. txt 进行训练，一个字节级的标记解析器会将一个字符串或单词分解成一个子字符串或子单词。

这样做有两个主要优势：

- 标记解析器可以把单词分解成最小部分。然后它会把这些小部分合并成统计上有趣的选项。例如，“smaller”和“smallest”可以变成“small”“er”和“est”。标记解析器还可以更进一步，让我们可以获得“sm”和“all”。在这种情况下，单词被分解为子单词标记和子单词部分的更小单元，如“sm”和“all”，而不是简单的“small”。
- 使用单词块级别的编码将字符串块分类为未知的 unk_token 的做法将几乎消失。

此模型使用以下参数训练标记解析器：

- files = paths，数据集的路径。
- vocab_size = 52_000，标记解析器的模型长度大小。
- min_ frequency = 2，最小频率阈值。
- special_tokens = [ ]，特殊标记的列表。

在本例中，特殊标记的列表是：

- <s>：开始标记
- <pad>：填充标记
- </s>：结束标记
- <unk>：未知标记
- <mask>：语言建模的掩码标记

标记解析器将被训练用来生成合并的子串标记并分析它们的频率。

让我们把这两个词放在句子中间：

```
…the tokenizer…
```

第一步是标记字符串：

```
'Ġthe','Ġtoken','izer',
```

该字符串现在被标记为带有 Ġ（空白）信息的标记。

下一步是用索引替换它们：

'Ġthe'	'Ġtoken'	'izer'
150	5 430	4 712

程序按预期那样运行标记解析器：

```
#@title Step 3: Training a Tokenizer
%%time
```

```
from pathlib import Path

from tokenizers import ByteLevelBPETokenizer

paths = [str(x) for x in Path(".").glob("**/*.txt")]

# Initialize a tokenizer
tokenizer = ByteLevelBPETokenizer()

# Customize training
tokenizer.train(files=paths, vocab_size=52_000, min_frequency=2,
special_tokens=[
    "<s>",
    "<pad>",
    "</s>",
    "<unk>",
    "<mask>",
])
```

标记解析器输出训练所花费的时间：

```
CPU times: user 14.8 s, sys: 14.2 s, total: 29 s
Wall time: 7.72 s
```

标记解析器经过训练，准备保存。

步骤4：将文件保存到磁盘

训练时，标记解析器将生成两个文件：

- merges. txt，包含合并的标记化子字符串。
- vocab. json，包含标记化子字符串的索引。

程序首先创建KantaiBERT目录，然后保存这两个文件：

```
#@title Step 4: Saving the files to disk
import os
token_dir = '/content/KantaiBERT'
if not os.path.exists(token_dir):
  os.makedirs(token_dir)
tokenizer.save_model('KantaiBERT')
```

程序输出显示已经保存了两个文件：

```
['KantaiBERT/vocab.json', 'KantaiBERT/merges.txt']
```

这两个文件应该出现在文件管理器窗口中，如图3.2所示。

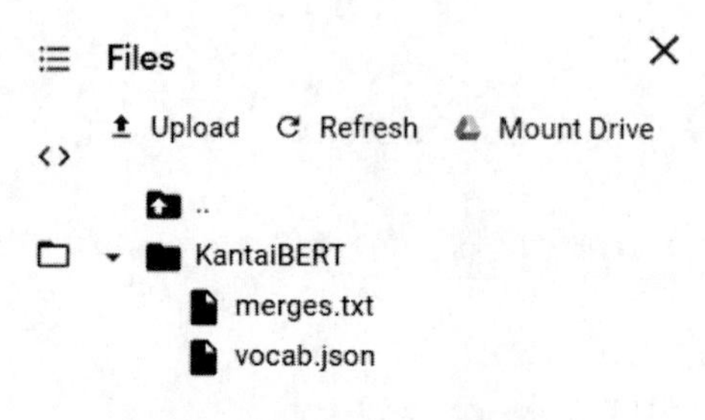

图 3.2 Colab 文件管理器

本例中的文件很小。可以双击查看其内容。

merges. txt 正如预期一样包含了标记化的子字符串：

```
#version: 0.2 - Trained by 'huggingface/tokenizers'
Ġ t
h e
Ġ a
o n
i n
Ġ o
Ġt he
r e
i t
Ġo f
```

vocab. json 包含索引：

```
[…, "Ġthink":955,"preme":956,"ĠE":957,"Ġout":958,"Ġdut":959,"aly":960,"Ġexp":961,…]
```

完成训练的标记化数据集文件已准备好被处理。

步骤 5：加载经过训练的标记解析器文件

我们可以加载预训练的标记解析器文件。然而，我们训练了自己的标记解析器，现在准备加载文件：

```
#@title Step 5 Loading the Trained Tokenizer Files
from tokenizers.implementations import ByteLevelBPETokenizer
from tokenizers.processors import BertProcessing

tokenizer = ByteLevelBPETokenizer(
    "./KantaiBERT/vocab.json",
    "./KantaiBERT/merges.txt",
)
```

标记解析器可以编码一个序列：

```
tokenizer.encode("The Critique of Pure Reason.").tokens
```

“The Critique of Pure Reason” 将变成：

```
['The','ĠCritique','Ġof','ĠPure','ĠReason','.']
```

还可以要求查看以下序列中的标记数：

```
tokenizer.encode("The Critique of Pure Reason.")
```

输出将显示序列中有 6 个标记：

```
Encoding(num_tokens=6, attributes=[ids, type_ids, tokens, offsets,
attention_mask, special_tokens_mask, overflowing])
```

标记解析器现在处理标记，以适应 notebook 中使用的 BERT 模型变体。后续处理过程将添加开始和结束标记，例如：

```
tokenizer._tokenizer.post_processor = BertProcessing(
    ("</s>", tokenizer.token_to_id("</s>")),
    ("<s>", tokenizer.token_to_id("<s>")),
)
tokenizer.enable_truncation(max_length=512)
```

让我们对后续处理序列进行编码：

```
tokenizer.encode("The Critique of Pure Reason.")
```

输出显示我们现在有 8 个标记：

```
Encoding(num_tokens=8, attributes=[ids, type_ids, tokens, offsets,
attention_mask, special_tokens_mask, overflowing])
```

如果想知道添加了什么，可以运行下面的单元，要求标记解析器对后续处理的序列进行编码：

```
tokenizer.encode("The Critique of Pure Reason.").tokens
```

输出显示已经添加了开始和结束标记，这使得标记的数量达到 8 个，包括开始和结束标记：

```
['<s>', 'The', 'ĠCritique', 'Ġof', 'ĠPure', 'ĠReason', '.', '</s>']
```

现在，训练模型的数据已经准备好进行训练了。我们现在将检查运行在 notebook 上的设备系统信息。

步骤 6：检查资源约束——GPU 和 CUDA

KantaiBERT 使用图形处理单元（Graphics Processing Unit，GPU）以一个最佳速度运行。

首先运行一个命令来查看 NVIDIA GPU 卡是否存在：

```
#@title Step 6: Checking Resource Constraints: GPU and NVIDIA
!nvidia-smi
```

输出显示 GPU 的信息和版本，如图 3.3 所示。

```
+-----------------------------------------------------------------------------+
| NVIDIA-SMI 440.82       Driver Version: 418.67       CUDA Version: 10.1     |
|-------------------------------+----------------------+----------------------+
| GPU  Name        Persistence-M| Bus-Id        Disp.A | Volatile Uncorr. ECC |
| Fan  Temp  Perf  Pwr:Usage/Cap|         Memory-Usage | GPU-Util  Compute M. |
|===============================+======================+======================|
|   0  Tesla K80           Off  | 00000000:00:04.0 Off |                    0 |
| N/A   49C    P0    63W / 149W |   9707MiB / 11441MiB |      0%      Default |
+-------------------------------+----------------------+----------------------+

+-----------------------------------------------------------------------------+
| Processes:                                                       GPU Memory |
|  GPU       PID   Type   Process name                             Usage      |
|=============================================================================|
+-----------------------------------------------------------------------------+
```

图 3.3　NVIDIA 卡上的信息

现在将检查以确保 PyTorch 能够调用 CUDA：

```
#@title Checking that PyTorch Sees CUDA
import torch
torch.cuda.is_available()
```

结果应该是“True”：

```
True
```

计算统一设备架构（Compute Unified Device Architecture，CUDA）由 NVIDIA 开发，利用其 NVIDIA 卡的并行计算能力。

现在准备定义模型的配置。

步骤 7：定义模型的配置

我们将使用与 DistilBERTTransformer 相同的层数和头部数来预训练 RoBERTa 型 Transformer 模型。该模型的词汇量设置为 52 000，有 12 个注意力头部和 6 个层：

```
#@title Step 7: Defining the configuration of the Model
from transformers import RobertaConfig
config = RobertaConfig(
    vocab_size=52_000,
    max_position_embeddings=514,
    num_attention_heads=12,
    num_hidden_layers=6,
    type_vocab_size=1,
)
```

我们将在“步骤9：从零开始初始化模型”中更详细地探究这个配置。

接下来在模型中重新创建标记解析器。

步骤8：在Transformer中重新加载标记器

现在准备加载用RobertaTokenizer. from_pretained( )训练过的标记解析器：

```
#@title Step 8: Re-creating the Tokenizer in Transformers
from transformers import RobertaTokenizer
tokenizer = RobertaTokenizer.from_pretrained("./KantaiBERT", max_
length=512)
```

训练好的标记解析器已经完成加载，让我们从零开始初始化一个RoBERTa模型。

步骤9：从零开始初始化模型

本步骤将从零开始初始化一个模型，并检查模型的大小。

该程序首先为语言建模导入一个RoBERTa掩码模型：

```
#@title Step 9: Initializing a Model From Scratch
from transformers import RobertaForMaskedLM
```

该模型用步骤7中定义的配置进行初始化：

```
model = RobertaForMaskedLM(config=config)
```

打印模型可以看到是一个6层12个头部的BERT模型：

```
print(model)
```

原始Transformer模型编码器的积木块具有不同的尺寸，如以下输出摘录所示：

```
RobertaForMaskedLM(
  (roberta): RobertaModel(
    (embeddings): RobertaEmbeddings(
      (word_embeddings): Embedding(52000, 768, padding_idx=1)
      (position_embeddings): Embedding(514, 768, padding_idx=1)
      (token_type_embeddings): Embedding(1, 768)
      (LayerNorm): LayerNorm((768,), eps=1e-12, elementwise_
affine=True)
      (dropout): Dropout(p=0.1, inplace=False)
    )
    (encoder): BertEncoder(
      (layer): ModuleList(
        (0): BertLayer(
          (attention): BertAttention(
            (self): BertSelfAttention(
              (query): Linear(in_features=768, out_features=768,
bias=True)
              (key): Linear(in_features=768, out_features=768,
bias=True)
              (value): Linear(in_features=768, out_features=768,
bias=True)
              (dropout): Dropout(p=0.1, inplace=False)
            )
            (output): BertSelfOutput(
```

```
              (dense): Linear(in_features=768, out_features=768,
bias=True)
              (LayerNorm): LayerNorm((768,), eps=1e-12, elementwise_
affine=True)
              (dropout): Dropout(p=0.1, inplace=False)
            )
          )
          (intermediate): BertIntermediate(
            (dense): Linear(in_features=768, out_features=3072,
bias=True)
          )
          (output): BertOutput(
            (dense): Linear(in_features=3072, out_features=768,
bias=True)
            (LayerNorm): LayerNorm((768,), eps=1e-12, elementwise_
affine=True)
            (dropout): Dropout(p=0.1, inplace=False)
          )
        )
…/…
```

在继续之前，请花些时间仔细阅读配置输出的详细信息。你会从内部了解这个模型。

Transformer 的乐高式积木让分析变得很有趣。例如，你会注意到，在整个子层中都存在 dropout 正则化。

现在，让我们探究参数。

该模型很小，包含 84 095 008 个参数。我们可以查看它的大小：

```
print(model.num_parameters())
```

输出显示了参数的大致数量，这些参数可能会因 Transformer 版本的不同而有所不同：

```
84095008
```

现在我们来看看参数。首先将参数存储在 LP 中，并计算参数列表的长度：

```
#@title Exploring the Parameters
LP = list(model.parameters())
lp = len(LP)
print(lp)
```

输出显示大约有 108 个矩阵和向量，可能因 Transformer 版本而异：

```
108
```

现在，让我们在包含它们的张量中显示 108 个矩阵和向量：

```
for p in range(0,lp):
  print(LP[p])
```

输出显示所有参数，如以下输出摘录所示：

```
Parameter containing:
tensor([[-0.0175, -0.0210, -0.0334,  ...,  0.0054, -0.0113,  0.0183],
        [ 0.0020, -0.0354, -0.0221,  ...,  0.0220, -0.0060, -0.0032],
        [ 0.0001, -0.0002,  0.0036,  ..., -0.0265, -0.0057, -0.0352],
        ...,
        [-0.0125, -0.0418,  0.0190,  ..., -0.0069,  0.0175, -0.0308],
        [ 0.0072, -0.0131,  0.0069,  ...,  0.0002, -0.0234,  0.0042],
        [ 0.0008,  0.0281,  0.0168,  ..., -0.0113, -0.0075,  0.0014]],
       requires_grad=True)
```

花几分钟时间看看这些参数，加深你对如何构造 Transformer 的理解。

读取模型中的所有参数并将它们相加来计算参数的数量。例如：

- 词汇量（52 000）×维度（768）
- 许多向量的大小是 1×768
- 还发现了许多其他维度

你会注意到 $d_{model}=768$。模型中有 12 个头部。每个头部的维度 $d_k=d_{model}/12=64$。这再一次显示了 Transformer 构建块的乐高概念。

现在将了解如何计算模型的参数数量，以及如何达到 84 095 008 这个数字。

将鼠标悬停在 notebook 的 LP 上会看到 Torch 张量的大小，如图 3.4 所示。

list: LP

[Parameter with shape torch.Size([52000, 768]), Parameter with shape torch.Size([514, 768]), Parameter with shape torch.Size([1, 768]), Parameter with shape torch.Size([768]), Parameter with shape torch.Size([768]), ...] (108 items total)

图 3.4 LP

请注意，所有显示的数字可能会因使用的 Transformer 模块版本差异而有所不同。

我们将进一步计算每个张量的参数个数。

首先，程序初始化一个名为 np（number of parameters）的参数计数器，并遍历参数列表中 lp（108）个元素：

```
#@title Counting the parameters
np =0
for p in range(0,lp):#number of tensors
```

参数是大小不同的矩阵和向量。例如：

- 768×768
- 768×1
- 768

我们可以看到，有些参数是二维的，有些参数是一维的。

有一种查看列表 LP［p］中的参数 p 是否是二维的简单方法：

```
PL2 = True
try:
  L2 = len(LP[p][0]) #check if 2D
except:
  L2 = 1             #not 2D but 1D
  PL2 = False
```

如果参数有两个维度，则其第二个维度 L2 >0 且 PL2 = True（2 dimensions = True）。如果参数只有一维，则其第二维度 L2 = 1 且 PL2 = False（2 dimensions = False）。

L1 是参数的第一维度的大小。L3 是由下式定义的参数大小：

```
L1 = len(LP[p])
L3 = L1 * L2
```

现在可以在循环的每一步添加参数：

```
np + = L3             # number of parameters per tensor
```

我们得到参数的总和，但还想确切了解如何计算 Transformer 模型的参数数量：

```
  if PL2 == True:
    print(p,L1,L2,L3)  # displaying the sizes of the parameters
  if PL2 == False:
    print(p,L1,L3)     # displaying the sizes of the parameters
print(np)              # total number of parameters
```

注意，如果参数只有一维，PL2 = False，那么我们只显示第一维。

输出是如何为模型中的所有张量计算参数数量的列表，如以下摘录所示：

```
0 52000 768 39936000
1 514 768 394752
2 1 768 768
3 768 768
4 768 768
5 768 768 589824
6 768 768
7 768 768 589824
8 768 768
9 768 768 589824
10 768 768
```

列表末尾显示了 RoBERTa 模型的参数总数：

```
84,095,008
```

参数的数量可能因所用库的版本而异。

现在准确地知道了 Transformer 模型中参数的数量代表了什么。

花几分钟回过头来看看配置的输出、参数的内容和参数的大小。

此时，你将对模型的构建模块有一个精确的心理描述。

程序现在构建数据集。

步骤10：构建数据集

程序现在逐行加载数据集进行批量训练，参数block_size = 128用来限制示例的长度：

```
#@title Step 10: Building the Dataset
%% time
from transformers import LineByLineTextDataset

dataset = LineByLineTextDataset(
    tokenizer = tokenizer,
    file_path = "./kant.txt",
    block_size = 128,
)
```

输出显示，Hugging Face投入了大量资源来优化处理数据的时间：

```
CPU times: user 8.48 s, sys: 234 ms, total: 8.71 s
Wall time: 3.88 s
```

Wall time，即处理器活动的实际时间，得到了优化。

程序现在将定义一个数据收集器来创建用于反向传播的对象。

步骤11：定义数据收集器

在初始化训练器之前，需要运行一个数据收集器。数据收集器将从数据集中提取样本，并将其整理成批次。结果是类似字典的对象。

通过设置mlm = True，我们正为掩码语言建模（MLM）准备一个批处理示例过程。

我们还设置掩码标记的数量来训练mlm_probability = 0.15。这将决定在预训练过程中被掩盖标记的百分比。

现在用标记解析器初始化data_collator，激活MLM，掩盖标记的比例设置为0.15：

```
#@title Step 11: Defining a Data Collator
from transformers import DataCollatorForLanguageModeling

data_collator = DataCollatorForLanguageModeling(
    tokenizer = tokenizer, mlm = True, mlm_probability = 0.15
)
```

现在准备初始化训练器。

步骤12：初始化训练器

前面的步骤已经准备好了初始化训练器所需的信息，数据集已被标记化和加载，模型已经建成，数据收集器已经创建。

程序现在可以初始化训练器。出于教学目的，该程序快速训练模型。回合数限制为

1。GPU 非常方便，因为可以共享批处理和多进程训练任务：

```
#@title Step 12: Initializing the Trainer
from transformers import Trainer, TrainingArguments

training_args = TrainingArguments(
    output_dir = "./KantaiBERT",
    overwrite_output_dir = True,
    num_train_epochs = 1,
    per_device_train_batch_size = 64,
    save_steps = 10_000,
    save_total_limit = 2,
)

trainer = Trainer(
    model = model,
    args = training_args,
    data_collator = data_collator,
    train_dataset = dataset,
)
```

模型现在可以进行训练了。

步骤 13：预训练模型

一切准备就绪。训练器启动时只需一行代码：

```
#@title Step 13: Pre - training the Model
%% time
trainer.train()
```

输出实时显示训练过程，显示损失率、学习率、回合数和步数：

```
Epoch: 100%
1/1 [17:59<00:00, 1079.91s/it]
Iteration: 100%
2672/2672 [17:59<00:00, 2.47it/s]
{"loss": 5.6455852394104005, "learning_rate": 4.06437125748503e-05,
"epoch": 0.18712574850299402, "step": 500}
{"loss": 4.940259679794312, "learning_rate": 3.12874251497006e-05,
"epoch": 0.37425149700598803, "step": 1000}
{"loss": 4.639936000347137, "learning_rate": 2.1931137724550898e-05,
"epoch": 0.561377245508982, "step": 1500}
{"loss": 4.361462069988251, "learning_rate": 1.2574850299401197e-05,
"epoch": 0.7485029940119761, "step": 2000}
{"loss": 4.228510192394257, "learning_rate": 3.218562874251497e-06,
"epoch": 0.9356287425149701, "step": 2500}


CPU times: user 11min 36s, sys: 6min 25s, total: 18min 2s
Wall time: 17min 59s
TrainOutput(global_step=2672, training_loss=4.7226536670130885)
```

模型完成训练，该保存工作结果了。

步骤 14：将最终模型（+标记解析器+配置）保存到磁盘

现在保存模型和配置：

```
#@title Step 14: Saving the Final Model( +tokenizer + config) to disk
trainer.save_model("./KantaiBERT")
```

单击文件管理器中的刷新（Refresh），文件应该就会出现，如图 3.5 所示。

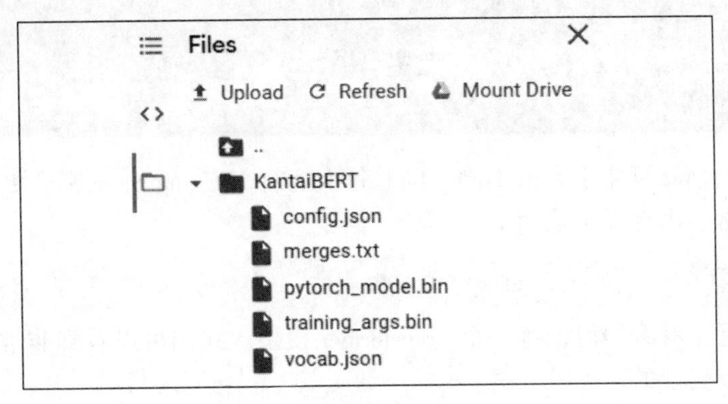

图 3.5　Colab 文件管理器

文件管理器中应该会出现 config. json、pytorch_model. bin 和 training_args. bin 等文件。merges. txt 和 vocab. json 包含数据集的预训练标记。

我们从零开始构建了一个模型。

让我们导入管道，用预先训练的模型和标记解析器执行语言建模任务。

步骤 15：使用 FillMaskPipeline 进行语言建模

现在导入一个语言建模 fill - mask 任务。使用训练过的模型和标记器解析来执行掩码语言建模：

```
#@title Step 15: Language Modeling with the FillMaskPipeline
from transformers import pipeline

fill_mask = pipeline(
    "fill-mask",
    model="./KantaiBERT",
    tokenizer="./KantaiBERT"
)
```

现在可以让模型像伊曼努尔·康德一样思考：

```
fill_mask("Human thinking involves human <mask>.")
```

输出可能会在每次运行后发生变化，因为我们是用有限的数据从零开始预训练模型。但是，这次运行获得的输出很有趣，因为它引入了概念语言建模：

```
[{'score': 0.022831793874502182,
  'sequence': '<s> Human thinking involves human reason.</s>',
  'token': 393},
 {'score': 0.011635891161859035,
  'sequence': '<s> Human thinking involves human object.</s>',
  'token': 394},
 {'score': 0.010641072876751423,
  'sequence': '<s> Human thinking involves human priori.</s>',
  'token': 575},
 {'score': 0.009517930448055267,
  'sequence': '<s> Human thinking involves human conception.</s>',
  'token': 418},
 {'score': 0.00923212617635727,
  'sequence': '<s> Human thinking involves human experience.</s>',
  'token': 531}]
```

每次运行的预测可能会有所不同，同时每次运行 Hugging Face 都会更新其模型。

但是，通常会出现以下输出：

```
Human thinking involves human reason
```

这里的目标是看看如何训练一个 Transformer 模型。我们可以看到非常有趣的类似人类的预测是可以实现的。

这些结果是实验性的，在训练过程中会有变化。每当我们再次训练模型时，它们都会改变。

这个模型需要更多来自其他启蒙时代思想家的数据。

然而，这个模型的目标是表明我们可以创建数据集来训练一个特定类型的复杂语言建模任务的 Transformer。

多亏了 Transformer，我们才处于 AI 新时代的开端！

3.3 后续步骤

你从零开始训练了一个 Transformer。花些时间想象一下你在个人或公司环境中能做些什么。你可以为特定任务创建一个数据集，并从零开始训练它。使用自己感兴趣的领域或公司项目来体验 Transformer 积木箱的迷人世界！

一旦你做了一个喜欢的模型，可以把它分享到 Hugging Face 社区。你的模型将出现在 Hugging Face 模型页面：https://huggingface.co/models

你可以按照页面 https://huggingface.co/transformers/model_sharing.html 所述的说明，通过几个步骤上传模型。

你还可以下载在 Hugging Face 社区共享的模型，为个人和专业项目获得新的想法。

本章小结

本章使用 Hugging Face 提供的构造块从零开始构建 KantaiBERT，一个类似

RoBERTa 的模型 Transformer。

我们首先加载了一个关于伊曼努尔·康德作品的自定义数据集。你可以根据目标加载现有数据集或创建自己的数据集。我们看到，使用自定义数据集洞察 Transformer 模型的思考方式。然而，这种实验方法有其局限性。训练一个超出教学目的的模型需要更大的数据集。

KantaiBERT 项目用于在 kant. txt 数据集上训练标记解析器。经过训练的 merges. txt 和 vocab. json 文件被保存。用预先训练的文件重新创建了一个标记解析器。KantaiBERT 构建了自定义数据集，并定义了一个数据收集器来处理用于反向传播的训练批次。训练器被初始化，我们详细研究了 RoBERTa 模型的参数，这个模型被训练和保存。

最后，为下游语言建模任务加载保存的模型。目标是用伊曼努尔·康德的逻辑来填补掩码。

现在，你可以在现有的或定制的数据集上进行实验，看能获得什么结果。你可以在 Hugging Face 社区分享你的模型。Transformer 是数据驱动的。你可以利用这一点来找到使用 Transformer 的新方法。

在下一章“使用 Transformer 完成下游 NLP 任务”中，我们将认识 Transformer 的另一种创新架构。

问题

1. RoBERTa 使用字节级的字节对编码标记器。(对/错)
2. 一个经训练的 Hugging Face 标记解析器产生 merges. txt 和 vocab. json。(对/错)
3. RoBERTa 不使用标记类型 ID。(对/错)
4. DistilBERT 有 6 层 12 个头部。(对/错)
5. 一个有 8 000 万个参数的 Transformer 模型是巨大的。(对/错)
6. 我们不能训练一个标记解析器。(对/错)
7. 一个类似 BERT 的模型有 6 个解码器层。(对/错)
8. 掩码语言建模预测包含在句子掩码标记中的单词。(对/错)
9. 一个类似 BERT 的模型没有自注意力子层。(对/错)
10. 数据收集器有助于反向传播。(对/错)

参考文献

- RoBERTa：A Robustly Optimized BERT Pretraining Approach by Yinhan Liu，Myle Ott，Naman Goyal，Jingfei Du，Mandar Joshi，Danqi Chen，Omer Levy，Mike Lewis，Luke Zettlemoyer，and Veselin Stoyano：https://arxiv. org/abs/1907. 11692
- Hugging Face Tokenizer documentation：https://huggingface. co/transformers/main_classes/tokenizer. html? highlight = tokenizer

- The Hugging Face reference notebook：https://colab. research. google. com/github/huggingface/blog/blob/master/notebooks/01_how_to_train. ipynb
- The Hugging Face reference blog：https://colab. research. google. com/github/huggingface/blog/blob/master/notebooks/01_how_to_train. ipynb
- More on BERT：https://huggingface. co/transformers/model_doc/bert. html
- More DistilBERT：https://arxiv. org/pdf/1910. 01108. pdf
- More on RoBERTa：https://huggingface. co/transformers/model_doc/roberta. html
- Even more on DistilBERT：https://huggingface. co/transformers/model_doc/distilbert. html

第 2 部分
将 Transformer 应用于自然语言理解和生成

第4章

使用Transformer完成下游NLP任务

当我们使用预训练模型并观察它们执行下游的自然语言理解（Natural Language Understanding，NLU）任务时，Transformer 模型将展示它们的全部潜力。预训练或微调 Transformer 模型需要大量的时间和精力，但当我们看到 3.55 亿个参数的 Transformer 模型在一系列 NLU 任务中发挥出强大作用时，这种努力是值得的。

在本章中，我们将从超越人类基线的追求开始。人类基线代表了人类在 NLU 任务中的表现。人类在很小的时候就学会了归纳法，并迅速发展了归纳思维。我们人类直接用感官来感知世界，机器智能则依赖我们转述成文字的感知来理解我们的语言。

然后我们将看到如何评估 Transformer 模型的性能。测量 NLP 任务仍然是一种直接的方法，涉及基于真实和错误结果的各种形式的准确性分数。这些结果是通过基准任务和数据集获得的。例如，SuperGLUE 是谷歌 DeepMind、Facebook AI、纽约大学和华盛顿大学共同制定高标准来衡量 NLP 性能的一个绝好例子。

最后，我们将探讨几个下游 NLP 任务，如 Standard Sentiment TreeBank（SST-2）、语言接受度和 Winograd 模式。

通过在精心设计的基准任务上超越其他模型的效果，Transformer 模型正迅速将 NLP 任务效果推向新的高度。总有一天会出现其他新的模型，但对今时今日的 RNN 模型来讲，在 NLP 界的好日子已经一去不返了。

本章涵盖以下主题：

- 机器与人类智能的转述和归纳
- NLP 的转述和归纳过程
- 评估 Transformer 模型性能与人类基线的对比
- 评估方法（准确度、F1 分数和 MCC）
- 基准任务和数据集
- SuperGLUE 下游任务
- CoLA 中的语言接受度
- 用 SST-2 进行情感分析
- Winograd 模式

让我们从了解人类和机器如何表示语言开始。

4.1　转述和 Transformer 模型的归纳能力

Transformer 模型拥有独特的能力，可以将它们的知识应用于没有学习过的任务。例如，一个 BERT Transformer 模型通过序列 - 序列和掩码语言建模来获得语言能力，随后我们可以对 BERT 模型进行微调，以执行没有从头训练过的下游新任务。

在本节中，我们将做一个思维实验，用 Transformer 模型的图片来表示人类和机器是如何用语言来理解信息的。机器以与人类不同的方式来理解信息，但却能达到非常有效的结果。

图 4.1 是用 Transformer 模型架构层和子层设计的思维实验，显示了人类和机器之间在思维方面具有惊人的相似性。让我们研究一下 Transformer 模型的学习过程，以了解下游的任务。

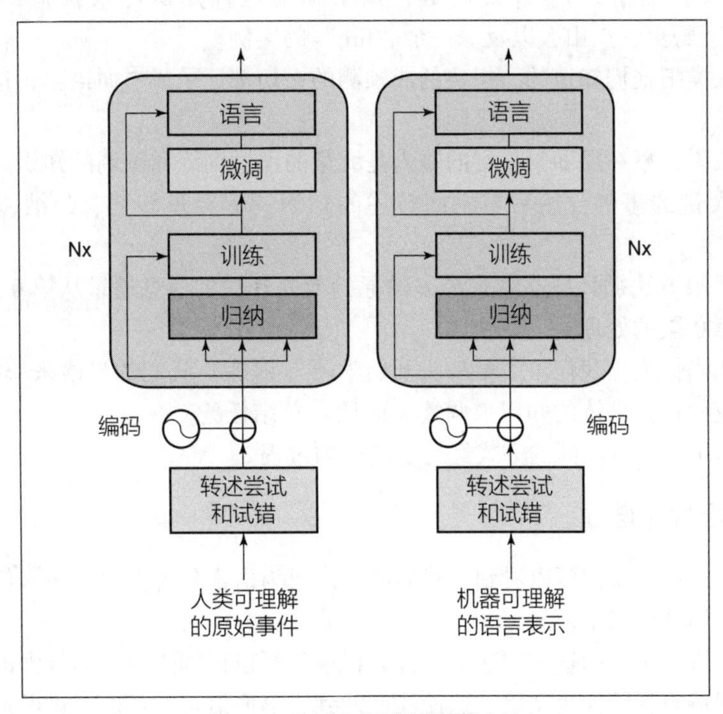

图 4.1　人类和机器的学习方法

在我们的例子中，$N = 2$，因此这个概念性的表示有两层。

4.1.1　人类的智力层次

在图 4.1 的左边我们可以看到，人类的输入是第 0 层的原始事件的感知信息，最终的输出是语言。我们首先像孩子一样用我们的感官感知事件，渐渐地输出嘟囔的语言，然后是结构化的语言。

对于人类来说，转述要经过一个试错的过程。转述意味着我们把我们感知到的结构用模式来代表它们。例如，我们对世界进行表征并应用于我们的归纳思考。我们的归纳思考依赖于我们转述的质量。

例如，儿童时期我们经常被迫在下午早些时候午休。著名的儿童心理学家皮亚杰发现，这可能导致一些孩子说，"我还没有午睡过，所以现在不是下午"。孩子看到两个事件，用转述的方式在它们之间建立联系，然后进行推理并归纳出一个结果。

起初，人类通过转述方式注意到这些模式，并通过归纳来概括它们。我们通过试错训练，了解到许多事件是相关的：

```
Trained_related events = {sunrise - light,sunset - dark, dark clouds -
rain, blue sky - running, food - good, fire - warm, snow - cold}
```

随着时间的推移，我们通过训练来理解数以百万计的相关事件。新一代的人类不需要从头开始，只是长辈们对他们在许多任务上进行了微调。例如，他们被告知"fire burns you"(火会烧伤人)。从那时起，孩子知道这种知识可以微调到任何形式的"fire"：蜡烛、野火、火山，以及每一个"fire"的实例。

最后，人类把他们知道的、想象的或预测的一切都记录成书面语言，这样第 0 层的输出就诞生了。

对人类来说，下一层即第 1 层的输入是大量的经过训练和微调的知识。在此基础上人类感知到大量的事件，然后与之前转述的知识一起经过转述、归纳、训练和微调子层。

我们的无限方法循环依靠越来越多的原始或处理过的信息通过从第 0 层到第 1 层，然后再回到第 0 层的处理。

其结果相当惊人！我们不需要从头开始学习（训练）我们的母语来获得归纳能力，只需要使用我们预先训练的知识来调整（微调）总结任务。

Transformer 模型以不同的方式经历了同样的过程。

4.1.2 机器智能堆栈

从图 4.1 的右边我们可以看到，我们的输出成为语言分析模型的输入信息，机器的输入则是语言形式的二手信息。

在人类和机器历史的这一层次上，计算机视觉可以识别图像但不包含语言的语法结构。语音识别将声音转换为文字，这使我们回到了书面语言。音乐模式识别不能产生文字中可表达的客观概念。

机器一开始就有一个障碍，我们给它们强加了一个人为的劣势。机器必须依靠我们的质量不稳定的语言输出来完成以下操作：

- 执行连接所有在语言序列中出现的文字标记（子词）的转述。
- 从这些转述中建立归纳能力。
- 根据字符标记训练这些归纳能力以产生文字标记的模式。

让我们在这一点上停下来，窥探一下注意力子层的过程，它正在努力工作以产生有效的归纳。

- Transformer 模型排除了以前基于序列的学习操作，使用自注意力来提高模型的视野。
- 注意力子层在这一点上比人类有优势：他们可以处理数以百万计的样本来进行归纳思考运算。
- 像我们一样，它们通过转述和归纳找到模式。
- 它们用储存在模型中的参数来记忆这些模式。
- 他们通过利用自己的能力获得语言理解：庞大的数据量、优秀的 NLP Transformer 算法和大量的算力。

Transformer 模型像人类一样，通过有限数量的任务来获得语言理解能力。像我们一样，它们通过转述检测连接性，然后通过归纳操作来概括内容。

当 Transformer 模型达到机器智能的微调子层时，它的行为表现类似人类。它不会从头开始训练来执行一项新任务。像我们一样，它把它视为一个只需要微调的下游任务。如果一个 Transformer 模型需要学习如何回答一个问题，它不会从头开始学习一种语言，只会像人类一样微调它的参数。

在这一节中我们看到，Transformer 模型在学习我们的工作方式上很费劲。他们开始时有一个障碍，因为目前他们依赖于我们转述成语言的感知信息。当然，它们需要耗费大量的算力来处理比人类学习时所需多得多的数据。

现在让我们看看如何通过评价指标来比较 Transformer 模型的性能与人类基线能力。

4.2　Transformer 模型性能与人类基线的比较

Transformer 模型像人类一样，可以通过继承预训练模型的属性并微调来执行下游任务。预训练的模型通过其参数进行架构和语言表示。

一个预训练的模型在关键任务上进行训练，以使它能够获得语言的泛化知识，并在下游任务上对模型进行微调训练。并非每个 Transformer 模型都使用相同的任务进行预训练，这些任务有很大可能都是预训练或微调任务。

每个 NLP 模型都需要用标准方法进行评价。

在这一节中，我们将首先介绍一些关键的评估方法。然后，我们将介绍一些主要的基准任务和数据集。

先来看看一些关键的评估方法。

4.2.1　用评价指标评估模型

如果没有一个使用评价指标的通用评估系统，就不可能将一个 Transformer 模型与另一个 Transformer 模型（或任何其他 NLP 模型）进行比较。

在本节中，我们将分析 GLUE 和 SuperGLUE 使用的三种评估方法。

(1) 准确度得分

不管你用什么的准确度打分函数变体，它都是一种实用的评价指标，打分函数为每个结果计算一个直接的真或假值。要么模型的输出 y 与一组样本的给定子集的正确预测 $\hat{y}$ 匹配，要么不匹配。其基本函数是

$$\text{Accuracy}(y,\hat{y}) = \frac{1}{n_{\text{samples}}} \sum_{i=0}^{n_{\text{samples}}-1} 1(\hat{y}_i = y_i)$$

如果子集的结果是正确的，我们将得到 1；如果子集的结果是错误的，则得到 0。

现在来研究一下更灵活的 F1 分数。

(2) F1 分数

F1 分数引入了一种更灵活的方法，在面对含有不平衡类分布的数据集时可以更有效。

F1 分数使用精度和召回率的加权值。它是精度和召回率的加权平均值：

$$\text{F1}-\text{score} = 2 * (\text{precision} * \text{recall})/(\text{precision} + \text{recall})$$

在这个方程中，真（T）阳性（p）、假（F）阳性（p）和假（F）阴性（n）被代入精度（P）和召回率（R）方程：

$$P = \frac{T_p}{T_p + F_p}$$

$$R = \frac{T_p}{T_p + F_n}$$

因此，F1 分数可以被看作是精度（P）和召回率（R）的调和平均值（算术平均值的倒数）。

$$\text{F1}-\text{score} = \frac{P \times R}{P + R}$$

现在让我们回顾一下 MCC 方法。

(3) 马修斯相关系数（MCC）

MCC 在第 2 章“微调 BERT 模型”的“使用马修斯相关系数进行评估”一节中进行了描述和实现。MCC 计算出具有真阳性（TP）、真阴性（TN）、假阳性（FP）和假阴性（FN）的评价值。

MCC 可以用以下公式来表示：

$$\text{MCC} = \frac{\text{TP} \times \text{TN} - \text{FP} \times \text{FN}}{\sqrt{(\text{TP}+\text{FP})(\text{TP}+\text{FN})(\text{TN}+\text{FP})(\text{TN}+\text{FN})}}$$

MCC 提供了一个很好的二元衡量标准，即使类别样本不平衡。

我们现在对如何评价一个给定的 Transformer 模型的结果，并将其与其他 Transformer 模型或 NLP 模型进行比较有了一个很好的工具。

有了评价方法，现在来研究一下基准任务和数据集。

4.2.2　基准任务和数据集

要证明 Transformer 模型达到了最先进的性能，需要三个先决条件：

- 一个模型
- 一个数据集驱动的任务
- 本章4.2.1节“用评价指标评估模型”中描述的某个指标

我们将探讨SuperGLUE基准来说明Transformer模型的评估过程。

1. 从GLUE到SuperGLUE

SuperGLUE基准是由Wang等（2019）设计并公开的。Wang等（2019）首先设计了通用语言理解评估（General Language Understanding Evaluation，GLUE）基准。

GLUE基准的动机表明，要有用，NLU必须适用于广泛的任务。相对较小的GLUE数据集旨在鼓励NLU模型解决一组任务。

然而，NLU模型的性能在Transformer模型到来的推动下开始超过普通人类的水平，我们可以在GLUE排行榜上看到（2020年6月）这一结果。GLUE排行榜（https://gluebenchmark.com/leaderboard）展示了NLU的显著能力，而关注点则在突破性的Transformer模型上。

图4.2摘录的排行榜显示了前三名领先者和GLUE人类基线的位置。

	Rank	Name	Model	URL	Score
	1	HFL iFLYTEK	MacALBERT + DKM		90.7
+	2	Alibaba DAMO NLP	StructBERT + TAPT		90.6
+	3	PING-AN Omni-Sinitic	ALBERT + DAAF + NAS		90.6
	4	ERNIE Team - Baidu	ERNIE		90.4
	5	T5 Team - Google	T5		90.3
	14	GLUE Human Baselines	GLUE Human Baselines		87.1

图4.2　2020年12月GLUE排行榜

人类基线的排名会不断变化。这些排名只是给出了一个粗略概念，即经典的NLP和Transformer模型已经把人类挤到了多远的地方！

我们首先注意到GLUE人类基线排名第14位，这表明NLU模型在GLUE任务上已经超过了非专业的人类。如果没有一个标准可以尝试去超越，那么四处寻找基准数据集来盲目地改进我们的模型就很有挑战性并且成为一个大问题。

我们还注意到，Transformer模型已经占据了领先地位。

最后，我们可以看到百度已经加入NLU竞赛，并取得了富有成效的结果。Sun等（2019）设计了一个名为ERNIE的Transformer模型，引入了持续增加的预训练和多任务微调。由于预训练和微调多任务方法的广泛性，产生的结果令人印象深刻。

我喜欢把 GLUE 和 SuperGLUE 看作是语言理解从混乱到有序的点。对我来说，理解是能使词语融合在一起成为一种语言的黏合剂。

随着 NLU 的发展，GLUE 排行榜将不断发展。Wang 等（2019）引入了 SuperGLUE，为人类基线设定了更高的标准。

2. 引入更高的人类基线标准

Wang 等（2019）看到了 GLUE 的局限性，为更有挑战的 NLU 任务设计了 SuperGLUE。

SuperGLUE 重新确立了人类基线排名第一（2020 年 12 月），如图 4.3 所示的排行榜摘录所示，其位于 https://super.gluebenchmark.com/leaderboard。

	Rank	Name	Model
	1	SuperGLUE Human Baselines	SuperGLUE Human Baselines
+	2	T5 Team - Google	T5
+	3	Huawei Noah's Ark Lab	NEZHA-Plus

图 4.3　2020 年 12 月 SuperGLUE 排行榜 2.0

随着我们训练出更好的 NLU 模型，SuperGLUE 排行榜将得到不断更新。在 2021 年年初，Transformer 模型已经超过了人类基线，这只是一个开始。我们注意到华为诺亚方舟实验室的 Transformer 模型的到来，它正在走向世界！

AI 算法的排名会不断变化。这些排名只是让我们了解一下 NLP 霸主地位的争夺战有多激烈！

现在让我们看看评估过程是如何进行的。

3. SuperGLUE 的评估过程

Wang 等（2019）为他们的 SuperGLUE 基准选择了 8 个任务。这些任务的选择标准比 GLUE 更严格。例如，这些任务不仅要理解文本，还要进行推理。推理的水平达不到顶级人类专家的水平，但其性能水平足以取代许多普通人员。

8 个 SuperGLUE 任务以开箱即用的列表形式呈现于图 4.4 中。

SuperGLUE Tasks

Name	Identifier	Download	More Info	Metric
Broadcoverage Diagnostics	AX-b			Matthew's Corr
CommitmentBank	CB			Avg. F1 / Accuracy
Choice of Plausible Alternatives	COPA			Accuracy
Multi-Sentence Reading Comprehension	MultiRC			F1a / EM
Recognizing Textual Entailment	RTE			Accuracy
Words in Context	WiC			Accuracy
The Winograd Schema Challenge	WSC			Accuracy
BoolQ	BoolQ			Accuracy
Reading Comprehension with Commonsense Reasoning	ReCoRD			F1 / Accuracy
Winogender Schema Diagnostics	AX-g			Gender Parity / Accuracy

DOWNLOAD ALL DATA

图 4.4　SuperGLUE 任务列表

任务列表是交互式的：https://super.gluebenchmark.com/tasks。

每项任务都包含执行该任务所需信息的链接：

- Name 是微调预训练模型的下游任务的名称。
- Identifier 是名称的缩写或简称。
- Dowload 是数据集的下载链接。
- More Info 可通过设计数据集驱动的任务的团队的论文或网站链接获得。
- Metric 是用于评估模型的评价分数。

SuperGLUE 提供任务说明、软件、数据集以及描述要解决的问题的论文或网站。如果某个团队运行了基准任务并达到了排行榜的要求，结果就会显示出来，如图 4.5 所示。

Score	BoolQ	CB	COPA	MultiRC	ReCoRD	RTE	WiC	WSC	AX-b	AX-g
89.8	89.0	95.8/98.9	100.0	81.8/51.9	91.7/91.3	93.6	80.0	100.0	76.6	99.3/99.7

图 4.5　SuperGLUE 任务得分

SuperGLUE 显示总分和每个任务的得分。

让我们以 Wang 等（2019）在其论文的表 6 中为选择合理答案（Choice of Plausible Answers，COPA）任务提供的说明为例。

第一步是阅读 Roemmele 等（2011）撰写的优秀论文。简而言之，目标是让 NLU 模型展示其机器思维（显然不是人类思维）的潜力。在我们的案例中，Transformer 模型必须为一个问题选择最合理的答案。数据集提供了一个前提，需要 Transformer 模型找到最合理的答案。

比如说：

Premise：I knocked on my neighbor's door.

What happened as a result?

Alternative 1：My neighbor invited me in.

Alternative 2：My neighbor left his house.

这个问题需要人类一两秒钟的时间来回答，这表明它需要一些常识性的机器思维。COPA. zip 是一个随时可用的数据集，可以直接从 SuperGLUE 任务页面下载。所提供的评价指标使这个过程对所有参加基准竞赛的人都是公平和可靠的。

这些例子可能看起来很难，但排名靠前的结果由已经接近 SuperGLUE 人类基准水平的 Transformer 模型占据，如图 4. 6 所示。

Rank	Name	Model	URL	Score	BoolQ	CB	COPA
1	SuperGLUE Human Baselines	SuperGLUE Human Baselines		89.8	89.0	95.8/98.9	100.0
2	T5 Team - Google	T5		89.3	91.2	93.9/96.8	94.8
3	Huawei Noah's Ark Lab	NEZHA-Plus		86.7	87.8	94.4/96.0	93.6
4	Alibaba PAI&ICBU	PAI Albert		86.1	88.1	92.4/96.4	91.8
5	Tencent Jarvis Lab	RoBERTa (ensemble)		85.9	88.2	92.5/95.6	90.8

图 4. 6　2020 年 12 月 COPA SuperGLUE Transformer 性能

尽管看起来很不可思议，但 Transformer 模型在很短的时间内就排在了排行榜较前位置。

我们已经接触了一个任务背后的相关信息，接下来定义其他 7 个 SuperGLUE 基准任务。

4. 2. 3　定义 SuperGLUE 基准任务

一个任务可以是一个预训练任务，用以生成一个预训练好的模型。这个任务也可以是另一个模型的下游任务，用于对该模型进行微调。然而，SuperGLUE 的目标是要证明一个给定的 NLU 模型可以通过微调来完成多个下游任务，多任务模型可以证明 Transformer 的思维能力。

任何 Transformer 模型的能力都在于它能够使用预训练的模型执行多任务，然后将此模型应用于微调的下游任务。Transformer 模型现在在所有的 GLUE 和 SuperGLUE 任务中处于领先地位。我们将继续关注 SuperGLUE 的下游任务，这些任务中人类的基线很难被击败。

在上一节中，我们回顾了 COPA。在这一节中，我们将介绍 Wang 等（2019）在其论文的表 2 中定义的其他 7 个任务。

让我们继续讨论一个 BoolQ 问题任务。

1. BoolQ

BoolQ 是一个“是”或“不是”的布尔答案任务。在 SuperGLUE 上定义的数据集包含 15 942 个自然发生的例子。train. jsonl 数据集的第 3 行的原始样本包含一段话、一个问题，以及答案（true）。

```
{"question": "is windows movie maker part of windows essentials"
"passage": "Windows Movie Maker -- Windows Movie Maker (formerly known
as Windows Live Movie Maker in Windows 7) is a discontinued video
editing software by Microsoft. It is a part of Windows Essentials
software suite and offers the ability to create and edit videos as well
as to publish them on OneDrive, Facebook, Vimeo, YouTube, and Flickr.",
"idx": 2, "label": true}
```

所提供的数据集可能会随着时间的推移而改变，但相关概念是不变的。

现在，让我们来研究一下 CB 任务，一项需要人类和机器共同重视的任务。

2. Commitment Bank（CB）

Commitment Bank 是一项困难的蕴含任务。我们要求 Transformer 模型读取一个前提，然后检查建立在该前提下的假设。例如，该假设是证实还是反对此前提。然后，Transformer 模型必须将该假设标记为中性的、必然的或与前提相矛盾的。

该数据集包含的描述为自然语言描述。

下面是取自 train. json1 训练数据集的第 77 号样本，演示了 CB 任务的难度：

```
{"premise": "The Susweca. It means "dragonfly" in Sioux, you know.
Did I ever tell you that's where Paul and I met?"
"hypothesis": "Susweca is where she and Paul met,"
"label":"entailment", "idx": 77}
```

现在我们来看看多句式理解问题。

3. 多句子阅读理解（MultiRC）

多句子阅读理解（Multi-Sentence Reading Comprehension，MultiRC）要求模型阅读一篇文章，并从几个可能的句子中做出选择。这项任务对人类和机器来说都很困难。模型会看到一段文字、几个问题，以及每个问题的可能答案，并标上 0（false）或 1（true）。

我们来看看 train.jsonl 中的第二个样本。

```
"Text": "text": "The rally took place on October 17, the shooting on February 29. Again, standard filmmaking techniques are interpreted as smooth distortion: \"Moore works by depriving you of context and guiding your mind to fill the vacuum -- with completely false ideas. It is brilliantly, if unethically, done.\" As noted above, the \"from my cold dead hands\" part is simply Moore's way to introduce Heston. Did anyone but Moore's critics view it as anything else? He certainly does not \"attribute it to a speech where it was not uttered\" and, as noted above, doing so twice would make no sense whatsoever if Moore was the mastermind deceiver that his critics claim he is. Concerning the Georgetown Hoya interview where Heston was asked about Rolland, you write: \"There is no indication that [Heston] recognized Kayla Rolland's case.\" This is naive to the extreme -- Heston would not be president of the NRA if he was not kept up to date on the most prominent cases of gun violence. Even if he did not respond to that part of the interview, he certainly knew about the case at that point. Regarding the NRA website excerpt about the case and the highlighting of the phrase \"48 hours after Kayla Rolland is pronounced dead\": This is one valid criticism, but far from the deliberate distortion you make it out to be; rather, it is an example for how the facts can sometimes be easy to miss with Moore's fast pace editing. The reason the sentence is highlighted is not to deceive the viewer into believing that Heston hurried to Flint to immediately hold a rally there (as will become quite obvious), but simply to highlight the first mention of the name \" Kayla Rolland \" in the text, which is in this paragraph."
```

该样本包含四个问题。为了说明这个任务，我们只看其中的两个问题。该模型必须预测出正确的标签。请注意，要求模型获得的信息是答案分布在整个文本中的位置。

```
"question": "When was Kayla Rolland shot?"
"answers":
[{"text": "February 17", "idx": 168, "label": 0},
{"text": "February 29", "idx": 169, "label": 1},
{"text": "October 29", "idx": 170, "label": 0},
{"text": "October 17", "idx": 171, "label": 0},
{"text": "February 17", "idx": 172, "label": 0}], "idx": 26},

{"question": "Who was president of the NRA on February 29?",
"answers": [{"text": "Charleton Heston", "idx": 173, "label": 1},
{"text": "Moore", "idx": 174, "label": 0},
{"text": "George Hoya", "idx": 175, "label": 0},
```

```
{"text": "Rolland", "idx": 176, "label": 0},
{"text": "Hoya", "idx": 177, "label": 0}, {"text": "Kayla", "idx": 178,
"label": 0}], "idx": 27},
```

在这一点上，人们只能羡慕单个经过预训练和微调的模型在这些困难的下游任务中的表现。

现在，让我们看看阅读理解任务。

4. 使用常识推理的阅读理解数据集（ReCoRD）

使用常识推理的阅读理解数据集（Reading Comprehension with Commonsense Reasoning Dataset，ReCoRD）代表了另一项具有挑战性的任务。该数据集包含来自70 000多篇新闻文章的120 000 多个问题。Transformer 模型必须使用常识性推理来解决这些问题。

让我们来看看 train. jsonl 的一个样本。

```
"source": "Daily mail"
A passage contains the text and indications as to where the entities
are located.
A passage begins with the text:
"passage": {
"text": "A Peruvian tribe once revered by the Inca's for their fierce hunting
skills and formidable warriors are clinging on to their traditional existence in
the coca growing valleys of South America, sharing their land with drug
traffickers, rebels and illegal loggers. Ashaninka Indians are the largest group
of indigenous people in the mountainous nation's Amazon region, but their
settlements are so sparse that they now make up less than one per cent of Peru's 30
million population. Ever since they battled rival tribes for territory and food
during native rule in the rainforests of South America, the Ashaninka have rarely
known peace. \n@highlight \nThe Ashaninka tribe once shared the Amazon with the
like of the Incas hundreds of years ago \n@highlight \nThey have been forced to
share their land after years of conflict forced rebels and drug dealers into the
forest \n@highlight \n. Despite settling in valleys rich with valuable coca, they
live a poor pre-industrial existence",
```

识别出的实体显示在下面的片段中：

```
"entities": [{"start": 2,"end": 9}, …,"start": 711,"end": 715}]
```

模型最后必须通过填充位置信息来回答问题。

```
{"query": "Innocence of youth: Many of the @ placeholder's younger generations
have turned their backs on tribal life and moved to the cities where living
conditions are better",
"answers":[{"start":263,"end":271,"text":"Ashaninka"},{"start":601,"end":
609,"text":"Ashaninka"},{"start":651,"end":659,"text":"Ashaninka"}]," idx":
9}],"idx":3}
```

Transformer 模型完成这个问题后，接着将面临蕴含任务。

5. 识别文本蕴含（RTE）

对于识别文本蕴含（Recognizing Textual Entailment，RTE），Transformer 模型必须阅读前提，检查一个假设，并预测假设的关联标签状态。

让我们查看下 train. jsonl 数据集的第 19 号样本。

```
{"premise": "U.S. crude settled $1.32 lower at $42.83 a barrel.",
"hypothesis": "Crude the light American lowered to the closing 1.32
dollars, to 42.83 dollars the barrel.", "label": "not_entailment",
"idx": 19}
```

RTE 任务需要理解和逻辑能力。现在让我们来看看 Word in Context 任务。

6. Word in Context（WiC）

Word in Context（WiC）和下面的 Winograd 任务测试了模型处理一个模糊词语的能力。在 WiC 中，多任务 Transformer 模型将分析两个句子，并确定目标词在两个句子中是否具有相同的含义。

让我们查看下 train. jsonl 数据集的第一个样本。

首先，指定目标词：

```
"word": "place "
```

该模型必须阅读两个包含目标词的句子：

```
"sentence1": "Do you want to come over to my place later?",
" sentence2 ": " A political system with no place for the less prominent
groups."
```

train. jsonl 指定了样本索引、标签值，以及目标词在 sentence1（start1，end1）和 sentence2（start2，end2）中的位置。

```
"idx": 0,
"label": false,
"start1": 31,
"start2": 27,
"end1": 36,
"end2": 32,
```

在这个艰巨的任务之后，Transformer 模型必须面对 Winograd 任务。

7. Winograd 任务（WSC）

Winograd 任务（The Winograd Schema Challenge，WSC）是以 Terry Winograd 的名字命名的。如果一个 Transformer 经过良好的训练，它应该能够解决消除歧义的问题。

该数据集包含针对代词性别的轻微差异的句子。

这就构成了一个共指解析问题，是最具有挑战性的任务之一。然而，具有自注意力层的 Transformer 架构是这项任务的理想选择。

每个句子都包含一个职业、一个参与者和一个代词。要解决的问题是找到代词是否与职业或参与者有共指关系。

让我们查看下 train. jsonl 中的一个样本。

首先，该样本要求模型阅读一段文字：

```
{"text": "I poured water from the bottle into the cup until it was full.",
The WSC ask the model to find the target pronoun token number 10 starting at 0:
"target": {"span2_index": 10,
Then it asks the model to determine if "it" refers to "the cup" or not:
"span1_index": 7,
"span1_text": "the cup",
"span2_text": "it"},
For sample index #4, the label is true:
"idx": 4, "label": true}
```

我们已经经历了 8 个 SuperGLUE 任务，但是还有许多其他任务。

然而，一旦你理解了 Transformer 模型的结构和基准任务的机制，你将迅速适应任何模型和基准。

现在让我们尝试一些下游的 NLP 任务。

4.3　尝试下游 NLP 任务

在本节中，我们将只是选择一些 Transformer 模型，并把玩一下他们，看看它们的功能。有许多模型和任务，我们将在本节中尝试其中几个。一旦你理解了运行某个任务的过程，你会很快理解所有的任务。毕竟，所有这些任务的人类基线都是我们！

一个下游任务是一个 Transformer 微调任务，它继承了预训练的 Transformer 模型和参数。

因此，下游任务是一个预训练模型运行微调任务的视角。这意味着，根据模型的不同，如果一个任务没有进行模型的完全预训练，那么它就是下游任务。本节中所有的任务都是下游任务，因为我们没有预训练它们。

模型会发展，数据库、基准方法、准确度评价方法和排行榜标准也会发展。但是，本章中的下游任务所反映出来的人类思维结构将保持不变。

让我们从 CoLA（Corpus of Linguistic Acceptability）开始。

4.3.1　语言可接受性语料库（CoLA）

语言可接受性语料库（CoLA）是 GLUE 的一项任务，https://gluebenchmark.com/tasks，其中包含了数千个英语句子的样本，并对其语法可接受性进行了标注。

Alex Warstadt 等（2019）的目标是评估 NLP 模型的语言能力，以判断一个句子的语言可接受性，预期目标是 NLP 模型会对句子进行相应的分类。

句子被标记为符合语法或不符合语法。如果该句子在语法上不可接受，则标记为 0；如果该句子在语法上是可以接受的，那么该句子就被标记为 1。例如：

```
Classification = 1 for 'we yelled ourselves hoarse.'
Classification = 0 for 'we yelled ourselves.'
```

你可以通过第 2 章“微调 BERT 模型”中的 BERT_Fine_Tuning_Sentence_Classification_DR. ipynb 来查看我们在 CoLA 数据集上微调的 BERT 模型。我们使用了 CoLA 数据集：

```
#@title Loading the Dataset
#source of dataset : https://nyu-mll.github.io/CoLA/
df = pd.read_csv("in_domain_train.tsv", delimiter='\t', header=None,
names=['sentence_source','label','label_notes','sentence'])
df.shape
```

我们还加载了一个预训练的 BERT 模型：

```
#@title Loading the Hugging Face Bert Uncased Base Model
model = BertForSequenceClassification.from_pretrained("bert-base-
uncased", num_labels=2)
```

最后，我们使用的评价方法或评价标准是 MCC，在第 2 章“微调 BERT 模型”中的“使用马修斯相关系数进行评估”一节以及本章前面的内容中已经介绍过。

你可以参考那一节来了解 MCC 的数学描述，甚至可以花时间重新运行源代码。

一个句子在语法上可以是不可接受的，但仍然可以传达一种情感。情感分析可以为机器增加某种形式的情感共鸣。

4.3.2　SST-2

SST-2（Standford Sentiment TreeBank）包含大量电影评论。在本节中，我们将描述 SST-2（二元分类）任务。然而，数据集还可以在 0（负面）到 n（正面）的范围内对情感进行分类。

Socher 等（2013）让情感分析超越了只包括正负的二元 NLP 分类。我们将在第 11 章“检测客户情感以做出预测”中探讨 SST-2 多标签情感分类与 Transformer 模型。

在本节中，我们将在 Hugging Face Transformer 管道模型上运行一个取自 SST 的样本，以说明二元分类。

打开 Transformer_tasks. ipynb，运行以下单元，其中包含从 SST 中提取的一个正面和负面的电影评论：

```
#@title SST-2 Binary Classification
from transformers import pipeline

nlp = pipeline("sentiment-analysis")
```

```
print(nlp("If you sometimes like to go to the movies to have fun ,
Wasabi is a good place to start."),"If you sometimes like to go to the
movies to have fun , Wasabi is a good place to start.")
print(nlp("Effective but too - tepid biopic."),"Effective but too - tepid
biopic.")
```

输出结果是准确的：

```
[{'label': 'POSITIVE', 'score': 0.999825656414032}] If you sometimes
like to go to the movies to have fun , Wasabi is a good place to start .
[{'label': 'NEGATIVE', 'score': 0.9974064230918884}] Effective but too-
tepid biopic.
```

SST - 2 任务用准确度指标来评价。

我们对一个句子的情感进行分类。现在让我们看看一个段落中的两个句子是否是转述的。

4.3.3　MRPC

MRPC（Microsoft Research Paraphrase Corpus）是一项 GLUE 任务，包含了从网络上的新来源中提取的成对的句子。每对句子都由人类进行标注，以表明这些句子是否基于两个密切的相关属性而等同。

- 等价转述
- 语义等同（见下一节 STS - B）

让我们使用 Hugging Face BERT 模型运行一个样本。打开 Transformer_tasks. ipynb，进入以下单元，然后运行从 MRPC 中提取的样本：

```
#@title Sequence Classification : paraphrase classification
from transformers import AutoTokenizer,
TFAutoModelForSequenceClassification
import tensorflow as tf

tokenizer = AutoTokenizer.from_pretrained("bert - base - cased - finetuned -
mrpc")
model = TFAutoModelForSequenceClassification.from_pretrained("bert -
base - cased - finetuned - mrpc")

classes = ["not paraphrase", "is paraphrase"]

sequence_A = "The DVD - CCA then appealed to the state Supreme Court."
sequence_B = "The DVD CCA appealed that decision to the U.S. Supreme
Court."

paraphrase = tokenizer.encode_plus(sequence_A, sequence_B, return_
```

```
tensors = "tf")

paraphrase_classification_logits = model(paraphrase)[0]

paraphrase_results = tf.nn.softmax(paraphrase_classification_logits,
axis =1).numpy()[0]

print(sequence_B, "should be a paraphrase")
for i in range(len(classes)):
    print(f"{classes[i]}: {round(paraphrase_results[i] * 100)}% ")
```

输出是正确的，尽管你可能会看到警告信息提示模型需要更多的下游训练。

```
The DVD CCA appealed that decision to the U.S. Supreme Court. should be
a paraphrase
not paraphrase: 8.0%
is paraphrase: 92.0%
```

MRPC 任务用 F1 或准确度得分法来评价。

现在我们来运行一个 Winograd 模式任务。

4.3.4 Winograd 模式

我们在本章的 The Winograd Schema Challenge（WSC）部分描述了 Winograd 模式数据集——一个英文的训练集。

但是，如果我们要求 Transformer 模型解决英法翻译中的代词性别问题，会发生什么？法语中的名词有不同的拼法，这些名词有语法上的性别（feminine，masculine）。

下面的句子包含代词 it，可以指代汽车或车库，Transformer 能不能对这个代词进行歧义处理？

打开 Transformer_tasks. ipynb，进入#Winograd 单元，并运行我们的例子：

```
#@ title Winograd
from transformers import pipeline
translator = pipeline("translation_en_to_fr")
print(translator("The car could not go in the garage because it was too
big.", max_length =40))
```

翻译结果比较完美：

```
[{'translation_text': "La voiture ne pouvait pas aller dans le garage
parce qu'elle était trop grosse."}]
```

Transformer 模型检测到它指代的是汽车这个词，它是一个阴性形式。阴性形式应用于 it 和形容词 big。

- elle 在法语中是指她，这是 it 的翻译。阳性的形式应该是 il，意思是他。
- grosse 是 big 这个词的翻译中的阴性形式，阳性形式则是 gros。

我们给 Transformer 模型一个困难的 Winograd 模式样本来处理，它产生了正确的答案。

还有很多数据集驱动的 NLU 任务可尝试。我们将在本书中探索其中的一些任务，为我们的 Transformer 工具箱添加更多的基础模块。

本章小结

在这一章中，我们分析了人类语言表述过程与机器智能必须进行转述的方式之间的区别。我们看到，Transformer 必须依赖我们以书面语言表达的令人难以置信的复杂思维过程的输出。语言仍然是表达大量信息的最精确方式。机器没有感官，必须将语音转换为文本，从原始数据集中提取语义。

然后我们探讨了如何评价多任务 Transformer 模型的性能。Transformer 模型为下游任务获得顶级排名结果的能力在 NLP 的历史上是独一无二的。我们测试了比较困难的 SuperGLUE 任务，这些任务使 Transformer 登上了 GLUE 和 SuperGLUE 排行榜的前几名。

BoolQ、CB、WiC 以及我们所涉及的许多其他任务都绝非易事，即使对人类来说也是如此。我们通过几个下游任务的例子展示了 Transformer 模型在证明其能力时必须面对的困难。

Transformer 模型通过超越以前的 NLU 架构来证明了它的价值。为了说明实现下游微调任务是多么简单，我们随后在 Google Colaboratory notebook 中使用 Hugging Face 的 Transformer 管道运行了几个任务。

在 Winograd 模式中，我们给 Transformer 的困难任务是解决一个英法翻译的 Winograd 消除歧义问题。

在下一章中，即第 5 章“使用 Transformer 进行机器翻译”，我们将把翻译任务进一步发展，用 Trax 建立一个翻译模型。

习题

1. 机器智能使用与人类相同的数据来进行预测。(对/错)
2. 对于 NLP 模型，SuperGLUE 比 GLUE 更难。(对/错)
3. BoolQ 希望得到一个二分类答案。(对/错)
4. WiC 是 Words in Context 的缩写。(对/错)
5. 识别文本蕴含（RTE）测试一个句子是否蕴含另一个句子。(对/错)
6. Winograd 模式可以预测动词的拼写是否正确。(对/错)
7. Transformer 模型现在占据了 GLUE 和 SuperGLUE 的前面位置。(对/错)
8. 人类基线标准不是一劳永逸地定义的，但 SuperGLUE 使之更难达到。(对/错)
9. Transformer 模型永远不会超过 SuperGLUE 人类基线标准。(对/错)
10. Transformer 模型的变体已经超过了 RNN 和 CNN 模型的表现。(对/错)

参考文献

- Alex Wang, Yada Pruksachatkun, Nikita Nangia, Amanpreet Singh, Julian Michael, Felix Hill, Omer Levy, Samuel R. Bowman, 2019, SuperGLUE: A Stickier Benchmark for General - Purpose Language Understanding Systems: https://w4ngatang. github. io/static/papers/superglue. pdf
- Alex Wang, Yada Pruksachatkun, Nikita Nangia, Amanpreet Singh, Julian Michael, Felix Hill, Omer Levy, Samuel R. Bowman, 2019, GLUE: A Multi - Task Benchmark and Analysis Platform for Natural Language Understanding
- Yu Sun, Shuohuan Wang, Yukun Li, Shikun Feng, Hao Tian, Hua Wu, Haifeng Wang, 2019, ERNIE 2.0: A Continual Pre - Training Framework for Language Understanding: https://arxiv. org/pdf/1907. 12412. pdf
- Melissa Roemmele, Cosmin Adrian Bejan, and Andrew S. Gordon, 2011, Choice of Plausible Alternatives: An Evaluation of Commonsense Causal Reasoning: https://people. ict. usc. edu/ ~ gordon/publications/AAAI - SPRING11A. PDF
- Richard Socher, Alex Perelygin, Jean Y. Wu, Jason Chuang, Christopher D. Manning, Andrew Y. Ng, and Christopher Potts, 2013, Recursive Deep Models for Semantic Compositionality Over a Sentiment Treebank: https://nlp. stanford. edu/ ~ socherr/EMNLP2013_ RNTN. pdf
- Thomas Wolf, Lysandre Debut, Victor Sanh, Julien Chaumond, Clement Delangue, Anthony Moi, Pierric Cistac, Tim Rault, Rémi Louf, Morgan Funtowicz, Jamie Brew, 2019, HuggingFace's Transformers: State - of - the - art Natural Language Processing: https://arxiv. org/abs/1910. 03771
- Hugging Face Transformer Usage: https://huggingface. co/transformers/ usage. html

第 5 章

使用Transformer进行机器翻译

人类可以掌握序列转换，将一种表现形式转移到另一个对象上。我们可以轻易地想象一个序列的心理表现形式。如果有人说，“我的花园里的花很美”，我们可以很容易地想象一个有花的花园。我们看到花园的图像，尽管我们可能从未见过那个花园。我们甚至可以想象到鸟儿的鸣叫和花香。

机器必须从数值表示中学习转换。循环或卷积方法已经产生了有趣的结果，但还没有达到显著的 BLEU 翻译评估分数。翻译需要将语言 A 的表示形式转换为语言 B 的表示形式。

Transformer 模型的自注意创新增加了机器智能的分析能力。在尝试将语言 A 翻译成语言 B 之前，需要充分地表示语言 A 序列。自注意力带来了机器所需的智能水平，以获得更好的 BLEU 分数。

2017 年，具有划时代意义的 *Attention Is All You Need* Transformer 在英德和英法翻译方面取得了最佳结果。自那以后，其他 Transformer 模型已经改进了得分。

在本书的这个阶段，已经涵盖了 Transformer 的基本方面：Transformer 的体系结构，从零开始训练 RoBERTa 模型，微调 BERT，评估微调的 BERT，并通过一些 Transformer 示例探索下游任务。

在本章中，将涵盖机器翻译的三个主题。首先，定义什么是机器翻译。其次，预处理 WMT 数据集。最后，将介绍如何实现机器翻译。

本章涵盖以下主题：

- 定义机器翻译
- 人类转换
- 机器转换
- 预处理 WMT 数据集
- 使用 BLEU 评估机器翻译
- 几何评估
- chencherry 平滑
- 启用紧急执行
- 使用 Trax 初始化英德问题

第一步将是定义机器翻译。

5.1　定义机器翻译

Vaswani 等（2017）解决了设计 Transformer 最困难的自然语言处理问题之一。对于机器智能设计师来说，人类基线似乎是不可达到的。但这并没有阻止 Vaswani 等（2017）发布 Transformer 的架构并实现最先进的 BLEU 结果。

在本节中将定义机器翻译。机器翻译是通过机器转换和输出来复制人类翻译的过程，如图 5.1 所示。

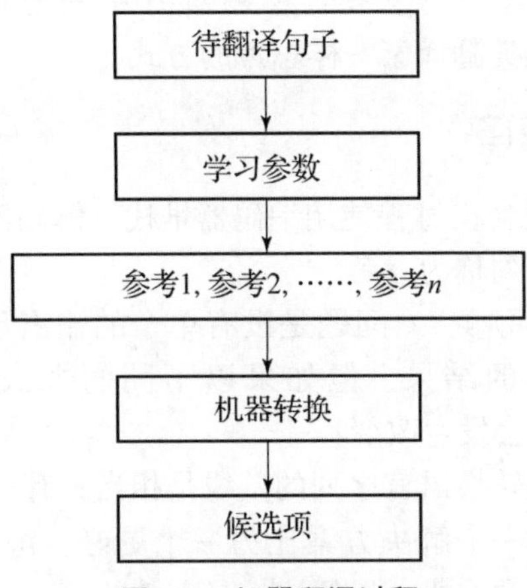

图 5.1　机器翻译过程

在图 5.1 中，机器翻译的一般思路可以归纳为以下几个步骤：

①选择要翻译的句子。

②通过数以百万计的参数学习单词之间的关系。

③学习单词彼此指代的多种方式。

④使用机器转换将学习的参数传输到新序列。

⑤为单词或序列选择候选翻译。

该过程始终从源语言 A 中的待翻译句子开始，以语言 B 中的输出翻译句子结束。中间计算涉及转换过程。

5.1.1　人类的转换和翻译

例如，在欧洲议会工作的人类口译员不会逐字逐句地翻译一句话。逐字翻译通常没有意义，因为它们缺乏适当的语法结构，不能产生正确的翻译，因为忽略了每个单词的上下文。

人类的转换过程将语言 A 中的一句话转化为其意义的认知表示。欧洲议会的口译员（口译翻译）或翻译（书面翻译）会将那种转换转化为语言 B 中该句话的解释。

将口译翻译或书面翻译在语言 B 中完成的翻译称为参考句。

可以注意到在图 5.1 描述的机器翻译过程中有几个参考。

在现实生活中，人类翻译家不会多次将句子 A 翻译为句子 B，只会翻译一次。但是，在现实生活中，可以有多位翻译家翻译句子 A。例如，你可以找到蒙田的法语书《论文集》的多个英语翻译版本。如果你从原始法语版本中取出一句话 A，则会发现多个被标记为参考 $1 \sim n$ 的句子 B 版本。

如果有一天去欧洲议会，你可能会注意到口译员只翻译有限的时间，如两个小时。然后另一个口译员接替。没有两个口译员具有相同的风格，就像作家有不同的风格一样。源语言中的句子 A 可能会由同一人在一天中重复多次，但会翻译成多个参考句子 B 版本：

$$参考 = \{参考1, 参考2, \cdots\cdots, 参考 n\}$$

机器必须找到一种像人类翻译家一样思考的方式。

5.1.2　机器的转换和翻译

原始 Transformer 架构的转换过程使用编码器堆栈、解码器堆栈以及模型的所有参数来表示参考序列，该输出序列称为参考。

为什么不直接说“输出预测”？问题是没有单个的输出预测。Transformer 和人类一样，会产生一个可以参考的结果，但如果以不同的方式进行训练或使用不同的 Transformer 模型，结果可能会发生改变！

我们会立即意识到人类转换语言序列的基线是相当具有挑战性的。然而，NLP 已经取得了很大进展。为了确定一个解决方案比另一个更好，每个 NLP 挑战者、每个实验室或组织都必须参考相同的数据集，以便比较是有效的。

现在探索一个 WMT 数据集。

5.2　预处理 WMT 数据集

Vaswani 等（2017）在 WMT 2014 英德翻译任务和 WMT 2014 英法翻译任务上展示了 Transformer 的成就。Transformer 实现了最先进的 BLEU 分数。本章的 5.3 节“使用 BLEU 评估机器翻译”中将对 BLEU 进行描述。

2014 年的机器翻译研讨会（Workshop on Machine Translation，WMT）包含了几个欧洲语言数据集。其中一个数据集包含了从欧洲议会议事录平行语料库版本 7 中提取的数据。将使用欧洲议会会议平行语料库 1996—2011 年的法语 - 英语数据集。链接是 https://www.statmt.org/europarl/v7/fr-en.tgz。下载文件并将它们解压缩，对两个平行文件进行预处理：

- europarl-v7.fr-en.en
- europarl-v7.fr-en.fr

这将加载、清除和缩小语料库的大小。下面开始预处理。

5.2.1　预处理原始数据

在本节中，将预处理 europarl-v7.fr-en.en 和 europarl-v7.fr-en.fr。打开本章

GitHub 目录中的 read. py。该程序开始使用标准的 Python 函数和 pickle 来转储序列化输出文件：

```
import pickle
from pickle import dump
```

定义一个函数将文件加载到内存中：

```
# load doc into memory
def load_doc(filename):
        # open the file as read only
        file = open(filename, mode ='rt', encoding ='utf -8')
        # read all text
        text = file.read()
        # close the file
        file.close()
        return text
```

加载的文档被拆分成句子：

```
# split a loaded document into sentences
def to_sentences(doc):
       return doc.strip().split('\n')
```

获取最短和最长长度：

```
# shortest and longest sentence lengths
def sentence_lengths(sentences):
        lengths = [len(s.split()) for s in sentences]
        return min(lengths), max(lengths)
```

导入的句子行需要进行清理以避免训练无用和嘈杂的标记。这些行被标准化，按空格进行分词，并转换为小写。从每个标记中去除标点符号，删除非可打印字符，并排除包含数字的标记。清理后的行被存储为字符串。程序运行清理函数并返回添加了清理后的字符串。

```
# clean lines
import re
import string
import unicodedata
def clean_lines(lines):
        cleaned = list()
        # prepare regex for char filtering
        re_print = re.compile('[^% s]' % re.escape(string.printable))
        # prepare translation table for removing punctuation
        table = str.maketrans(", ", string.punctuation)
        for line in lines:
```

```
                #normalize unicode characters
                line = unicodedata.normalize('NFD', line).
encode('ascii','ignore')
                line = line.decode('UTF-8')
                #tokenize on white space
                line = line.split()
                #convert to lower case
                line = [word.lower() for word in line]
                #remove punctuation from each token
                line = [word.translate(table) for word in line]
                #remove non-printable chars form each token
                line = [re_print.sub('', w) for w in line]
                #remove tokens with numbers in them
                line = [word for word in line if word.isalpha()]
                #store as string
                cleaned.append(''.join(line))
        return cleaned
```

这里已经定义了主要的函数，以便准备数据集时调用这些函数。首先加载和清理英语数据：

```
#load English data
filename = 'europarl-v7.fr-en.en'
doc = load_doc(filename)
sentences = to_sentences(doc)
minlen, maxlen = sentence_lengths(sentences)
print('English data: sentences=%d, min=%d, max=%d' % (len(sentences),
minlen, maxlen))
cleanf=clean_lines(sentences)
```

数据集已经干净，pickle 将其转储到名为 English. pkl 的序列化文件中：

```
filename = 'English.pkl'
outfile = open(filename,'wb')
pickle.dump(cleanf,outfile)
outfile.close()
print(filename," saved")
```

输出显示关键统计数据，并确认已保存 English. pkl：

```
English data: sentences=2007723, min=0, max=668
English.pkl  saved
```

使用相同的过程处理法语数据，并将其转储到名为 French. pkl 的序列化文件中：

```
#load French data
filename = 'europarl-v7.fr-en.fr'
```

```
doc = load_doc(filename)
sentences = to_sentences(doc)
minlen, maxlen = sentence_lengths(sentences)
print('French data: sentences = % d, min = % d, max = % d' % (len(sentences),
minlen, maxlen))
cleanf = clean_lines(sentences)
filename = 'French.pkl'
outfile = open(filename,'wb')
pickle.dump(cleanf,outfile)
outfile.close()
print(filename," saved")
```

输出显示了法语数据集的主要统计信息，并确认 French. pkl 已保存。

主要的预处理已完成，但是仍然需要确保数据集不包含噪声和混淆的标记。

5.2.2　完成数据集的预处理

打开 read_clean. py 文件。这个过程定义了一个函数，该函数将加载在上一小节中清理过的数据集，然后在预处理完成后保存它们：

```
from pickle import load
from pickle import dump
from collections import Counter

# load a clean dataset
def load_clean_sentences(filename):
        return load(open(filename, 'rb'))

# save a list of clean sentences to file
def save_clean_sentences(sentences, filename):
        dump(sentences, open(filename, 'wb'))
        print('Saved: %s' % filename)
```

这里定义一个函数来创建词汇计数器。知道单词在需要处理的序列中出现了多少次非常重要。例如，如果一个单词在包含 200 万行的数据集中只使用了一次，那么如果使用宝贵的 GPU 资源来学习它，就会浪费时间。定义这个计数器：

```
# create a frequency table for all words
def to_vocab(lines):
        vocab = Counter()
        for line in lines:
                tokens = line.split()
                vocab.update(tokens)
        return vocab
```

该词汇计数器将检测频率低于 min_occurance 的单词：

```
# remove all words with a frequency below a threshold
def trim_vocab(vocab, min_occurance):
        tokens = [k for k,c in vocab.items() if c >= min_occurance]
        return set(tokens)
```

在这种情况下，min_occurance = 5，低于或等于这个阈值的单词已被删除，以避免浪费训练模型分析它们的时间。必须处理词汇表外的单词（Out - Of - Vocabulary，OOV）。OOV 单词可以是拼写错误的单词、缩写或任何不符合标准词汇表表示的单词。可以使用自动拼写，但它并不能解决所有问题。对于这个例子，可以简单地用 unk（unknown，未知）标记替换 OOV 单词。

```
# mark all OOV with "unk" for all lines
def update_dataset(lines, vocab):
        new_lines = list()
        for line in lines:
                new_tokens = list()
                for token in line.split()
                        if token in vocab:
                                new_tokens.append(token)
                        else:
                                new_tokens.append('unk')
                new_line = ''.join(new_tokens)
                new_lines.append(new_line)
        return new_lines
```

运行英语数据集的函数，然后保存输出并显示 20 行：

```
# load English dataset
filename = 'English.pkl'
lines = load_clean_sentences(filename)
# calculate vocabulary
vocab = to_vocab(lines)
print('English Vocabulary: % d' % len(vocab))
# reduce vocabulary
vocab = trim_vocab(vocab, 5)
print('New English Vocabulary: % d' % len(vocab))
# mark out of vocabulary words
lines = update_dataset(lines, vocab)
# save updated dataset
filename = 'english_vocab.pkl'
save_clean_sentences(lines, filename)
# spot check
for i in range(20):
      print("line",i,":",lines[i])
```

输出函数首先显示所获得的词汇表压缩：

```
English Vocabulary: 105357
New English Vocabulary: 41746
Saved: english_vocab.pkl
```

预处理后的数据集已保存。然后，输出函数显示 20 行，如下摘录所示：

```
line 0 : resumption of the session
line 1 : i declare resumed the session of the european parliament
adjourned on friday december and i would like once again to wish you a
happy new year in the hope that you enjoyed a pleasant festive period
line 2 : although, as you will have seen, the dreaded millennium
bug failed to materialise still the people in a number of countries
suffered a series of natural disasters that truly were dreadful
line 3 : you have requested a debate on this subject in the course of
the next few days during this partsession
```

运行法语数据集的函数，然后保存输出并显示 20 行：

```
# load French dataset
filename = 'French.pkl'
lines = load_clean_sentences(filename)
# calculate vocabulary
vocab = to_vocab(lines)
print('French Vocabulary: %d' % len(vocab))
# reduce vocabulary
vocab = trim_vocab(vocab, 5)
print('New French Vocabulary: %d' % len(vocab))
# mark out of vocabulary words
lines = update_dataset(lines, vocab)
# save updated dataset
filename = 'french_vocab.pkl'
save_clean_sentences(lines, filename)
# spot check
for i in range(20):
        print("line",i,":",lines[i])
```

输出函数首先显示所获得的词汇表压缩：

```
French Vocabulary: 141642
New French Vocabulary: 58800
Saved: french_vocab.pkl
```

预处理后的数据集已保存。然后，输出函数显示 20 行，如下摘录所示：

```
line 0 : reprise de la session
line 1 : je declare reprise la session du parlement europeen qui avait
ete interrompue le vendredi decembre dernier et je vous renouvelle tous
mes vux en esperant que vous avez passe de bonnes vacances
line 2 : comme vous avez pu le constater le grand bogue de lan ne sest
pas produit en revanche les citoyens dun certain nombre de nos pays ont
ete victimes de catastrophes naturelles qui ont vraiment ete terribles
line 3 : vous avez souhaite un debat a ce sujet dans les prochains
jours au cours de cette periode de session
```

本节说明在训练前必须如何处理原始数据。数据集已经准备好被输入到 Transformer 中进行训练。

法语数据集的每一行都是要翻译的句子。英语数据集的每一行都是机器翻译模型的参考。机器翻译模型必须产生一个候选翻译，该翻译与参考翻译相匹配。

BLEU 提供了一种评估机器翻译模型产生的候选翻译的方法。

5.3 使用 BLEU 评估机器翻译

Papineni 等（2002）提出了一种评估人类翻译效果的有效方法。人类基准很难定义。然而，他们意识到，如果逐字逐句地将人类翻译与机器翻译进行比较，就可以获得有效的结果。

Papineni 等（2002）将其方法命名为双语评估基准分数（Bilingual Evaluation Understudy Score，BLEU）。

在本节中，将使用自然语言工具包（Natural Language Toolkit，NLTK）来实现 BLEU：http://www.nltk.org/api/nltk.translate.html#nltk.translate.bleu_score.sentence_bleu。

这将从几何评估开始。

5.3.1 几何评估

BLEU 方法将候选句子的部分与参考句子或多个参考句子进行比较。

打开本书 GitHub 存储库章节目录中的 BLEU.py。

该程序导入了 nltk 模块：

```
from nltk.translate.bleu_score import sentence_bleu
from nltk.translate.bleu_score import SmoothingFunction
```

它模拟了机器翻译模型生成的候选翻译与数据集中实际翻译参考之间的比较。请记住，一句话可能被重复多次并以不同的方式被不同的翻译者翻译，这使得找到有效的评估策略具有挑战性。

该程序可以评估一个或多个参考：

```
#Example 1
reference = [['the','cat','likes','milk'],['cat','likes''milk']]
candidate = ['the','cat','likes','milk']
score = sentence_bleu(reference, candidate)
print('Example 1', score)

#Example 2
reference = [['the','cat','likes','milk']]
candidate = ['the','cat','likes','milk']
score = sentence_bleu(reference, candidate)
print('Example 2', score)
```

两个例子的输出均为1.0：

```
Example 1 1.0
Example 2 1.0
```

候选（C）、参考（R）和在C中找到的正确标记数（N）的简单评估P可以表示为一个几何函数：

$$P(N,C,R) = \prod_{n=1}^{N} p_n$$

如果正在寻找3元组重叠，则此几何方法是严格的。例如：

```
#Example 3
reference = [['the','cat','likes','milk']]
candidate = ['the','cat','enjoys','milk']
score = sentence_bleu(reference, candidate)
print('Example 3', score)
```

如果正在寻找3元组重叠，则输出结果会比较严格：

```
Warning (from warnings module):
  File
"C:\Users\Denis\AppData\Local\Programs\Python\Python37\lib\site-
packages\nltk\translate\bleu_score.py", line 490
    warnings.warn(_msg)
UserWarning:
Corpus/Sentence contains 0 counts of 3-gram overlaps.
BLEU scores might be undesirable; use SmoothingFunction().
Example 3 0.7071067811865475
```

可以看出分数应该是1而不是0.7。超参数可以更改，但方法仍然保持严格。

Papineni等（2002）提出了一种修改后的unigram方法。其思想是计算参考句子中单词出现的次数，并确保候选句子中该单词没有被高估。

考虑Papineni等（2002）解释的以下例子：

```
Reference 1: The cat is on the mat.
Reference 2: There is a cat on the mat.
```

考虑以下候选序列：

```
Candidate: the the the the the the the
```

例如，寻找候选句子中单词数量（同一单词“the”的7个出现次数），这些单词在Reference 1句子中出现的次数为2次。

标准单元精度为7/7。

修改后的单元精度为2/7。

请注意，BLEU函数输出警告并建议使用平滑技术。

让我们将平滑技术添加到BLEU工具包中。

5.3.2　应用平滑技术

Chen和Cherry（2014）引入了一种平滑技术，改善了标准BLEU技术的几何评估方法。

平滑是一种非常有效的方法。BLEU 平滑可以追溯到标签平滑，应用于 Transformer 中的 softmax 输出。

例如，假设必须预测以下序列中的掩码词是什么：

The cat [mask] milk.

想象一下，输出结果是一个 softmax 向量：

```
candidate_words=[drinks, likes, enjoys, appreciates]
candidate_softmax=[0.7, 0.1, 0.1,0.1]
candidate_one_hot=[1,0,0,0]
```

这种方法是一种粗暴的方式。通过引入 epsilon = ε，标签平滑可以让系统更加开放。

在这个例子中，候选 softmax 向量的元素数量为 $k=4$。对于标签平滑，可以将 ε 设为 0.25。

其中一种标签平滑的方法是一个简单的函数：

- 首先，将 candidate_one_hot 的值减去 $1-\varepsilon$。
- 将 0 值增加 $0+\frac{\varepsilon}{k-1}$。

如果采用这种方法，将得到结果 candidate_smoothed = [0.75, 0.25, 0.25, 0.25]，从而使输出更加开放，以适应未来的转换和变化。

Transformer 使用标签平滑的变体，BLEU 的变体是 chencherry 平滑。

chencherry 平滑

Chen 和 Cherry（2014）提出了一种有趣的候选评估平滑方法，通过将 ε 添加到原本为 0 的值中实现平滑。有几种 chencherry（Boxing Chen + Colin Cherry）方法：https://www.nltk.org/api/nltk.translate.html。

首先使用平滑方法评估一个法英例子：

```
#Example 4
reference = [['je','vous','invite','a','vous','lever','pour',
'cette','minute','de','silence']]
candidate = ['levez','vous','svp','pour','cette','minute','de',
'silence']
score = sentence_bleu(reference, candidate)
print("without soothing score", score)
```

尽管人类可能会理解这个翻译，但候选句子的输出分数较低：

```
without smoothing score 0.37188004246466494
```

在评估中增加一些开放性平滑：

```
chencherry = SmoothingFunction()
r1 =list('je vous invite a vous lever pour cette minute de silence')
```

```
candidate = list('levez vous svp pour cette minute de silence')

#sentence_bleu([reference1, reference2, reference3],
hypothesis2,smoothing_function = chencherry.method1)
print("with smoothing score",sentence_bleu([r1], candidate,smoothing_
function = chencherry.method1))
```

得分未达到人类接受水平：

```
with smoothing score 0.6194291765462159
```

我们已经了解了数据集的预处理和 BLEU 如何评估机器翻译。

接下来使用 Trax 来实现翻译。

5.4　使用 Trax 进行翻译

Google Brain 开发了 Tensor2Tensor（T2T）来简化深度学习开发。T2T 是 TensorFlow 的扩展，包含许多 Transformer 模型的深度学习模型库。

虽然 T2T 是一个很好的起点，但 Google Brain 推出了端到端深度学习库 Trax。Trax 包含一个可以应用于翻译的 Transformer 模型。Google Brain 团队目前维护 Trax。

在本节中，将重点初始化 Vaswani 等（2017）所描述的英德问题所需的最小函数，以说明 Transformer 的性能。

使用预处理的英德数据集来展示 Transformer 体系结构的语言无关性。

打开 Trax_Translation. ipynb。

首先从安装所需模块开始。

5.4.1　安装 Trax

Google Brain 使 Trax 易于安装和运行。导入基本模块和 Trax，可以在一行中安装：

```
#@title Installing
Trax import os
import numpy as np

!pip install -q -U trax
import trax
```

是的，非常简单！

现在，创建属于你的 Transformer 模型。

5.4.2　创建 Transformer 模型

开始创建原始的 Transformer 模型，如第 1 章“Transformer 模型架构入门”中所述。

Trax 函数将在几行代码中检索预训练的模型配置：

```
#@title Creating a Transformer model.
# Pre-trained model config in gs://trax-ml/models/translation/ende_
wmt32k.gin
model = trax.models.Transformer(
    input_vocab_size=33300,
    d_model=512, d_ff=2048,
    n_heads=8, n_encoder_layers=6, n_decoder_layers=6,
    max_len=2048, mode='predict')
```

该模型是带有编码器和解码器堆栈的 Transformer 模型。每个堆栈包含 6 层和 8 个头部。d_model = 512，与原始 Transformer 的架构相同。

Transformer 需要预训练的权重才能运行。

5.4.3　使用预训练权重初始化模型

预训练的权重包含 Transformer 的智能。这些权重构成了 Transformer 对语言的表示。权重可以表示为将产生某种形式的机器智能 IQ 的参数数量。

通过初始化权重，为模型赋予生命：

```
#@title Initializing the model using pre-trained weights
model.init_from_file('gs://trax-ml/models/translation/ende_wmt32k.pkl.gz',
                     weights_only=True)
```

机器的配置和智能已经准备好运行了，对一个句子进行标记化。

5.4.4　对句子进行标记化

机器翻译器已准备好对句子进行标记化。notebook 使用 Trax 预处理的词汇表。预处理方法类似于 5.2 节“预处理 WMT 数据集”所述的方法。

对句子进行标记化：

```
#@title Tokenize a sentence.
sentence = 'I am only a machine but I have machine intelligence.'
tokenized = list(trax.data.tokenize(iter([sentence]), # Operates on streams.
                                    vocab_dir='gs://trax-ml/vocabs/',
                                    vocab_file='ende_32k.subword'))[0]
```

程序将解码该句子并产生翻译结果。

5.4.5　从 Transformer 解码

Transformer 对英语句子进行编码，然后将其解码成德语。模型及其权重构成了它的能力集合。

Trax 已使解码函数易于使用：

```
#@title Decoding from the Transformer
tokenized = tokenized[None, :] # Add batch dimension.
tokenized_translation = trax.supervised.decoding.autoregressive_sample(
    model, tokenized, temperature=0.0) # Higher temperature: more
diverse results.
```

请注意，正如5.1节“定义机器翻译”所解释的那样，较大的数组将产生多样化的结果，就像人类翻译一样。

最后，程序将进行解标记化并显示翻译结果。

5.4.6　解标记化和显示翻译结果

Google Brain 使用 Trax 生产了一个主流、颠覆性和直观的 Transformer 实现。

程序将通过几行代码进行解标记化并显示翻译结果：

```
#@title De-tokenizing and Displaying the Translation
tokenized_translation = tokenized_translation[0][:-1]
# Remove batch and EOS.
translation = trax.data.detokenize(tokenized_translation,
                                   vocab_dir='gs://trax-ml/vocabs/',
                                   vocab_file='ende_32k.subword')
print("The sentence:",sentence)
print("The translation:",translation)
```

输出结果令人印象非常深刻：

```
The sentence: I am only a machine but I have machine intelligence.
The translation: Ich bin nur eine Maschine, aber ich habe
Maschinenübersicht.
```

Transformer 将“machine intelligence”翻译为“Maschinenübersicht”。

如果将“Maschinenübersicht”拆分为“Maschinen”(machine)+“übersicht”(intelligence)，可以看出：

- “über”字面意思是“超过”。
- “sicht”表示“视野”或“观点”。

Transformer 告诉人们，尽管它是一台机器，但它有视野。机器智能通过 Transformer 不断增长，但它不是人类智能。机器以自己的智能学习语言。

至此结束了使用 Trax 的实验。

本章小结

本章介绍了原始 Transformer 的三个重要方面。

首先定义了机器翻译。人类翻译设定了机器要达到的非常高的基准。发现英法和英德翻译涉及许多问题需要解决。Transformer 解决了这些问题并创造了可以超越最先进的

BLEU 记录的结果。

接着，对来自欧洲议会的 WMT 法英数据集进行了预处理，其中需要进行数据清理。一旦完成，通过抑制低于频率阈值的单词来减少数据集的大小。

机器翻译 NLP 模型需要相同的评估方法。在 WMT 数据集上训练模型需要进行 BLEU 评估。看到几何评估是评分翻译的好基础，但即使是修改过的 BLEU 也有其限制。因此，添加了平滑技术以增强 BLEU。

最后，使用 Trax、Google Brain 的端到端深度学习库，实现了英德翻译 Transformer，涵盖了构建 Transformer 的主要构建模块：体系结构、预训练、训练、预处理数据集和评估方法。在下一章“使用 OpenAI 的 GPT-2 和 GPT-3 模型生成文本”中，将探索另一种使用前面章节中探讨的构建块组装 Transformer 的方法。

问题

1. 机器翻译现在已经超过了人类的水平。(对/错)
2. 机器翻译需要大型数据集。(对/错)
3. 比较 Transformer 模型时没有必要使用相同的数据集。(对/错)
4. BLEU 是法语单词，意为蓝色，是 NLP 指标的首字母缩写。(对/错)
5. 平滑技术可以增强 BERT。(对/错)
6. 对于机器翻译，德英翻译和英德翻译是相同的。(对/错)
7. 原始 Transformer 的多头注意力子层有 2 个头部。(对/错)
8. 原始 Transformer 编码器有 6 层。(对/错)
9. 原始 Transformer 编码器有 6 层，但只有 2 个解码器层。(对/错)
10. 可以在没有解码器的情况下训练 Transformer。(对/错)

参考文献

- English-German BLEU scores with reference papers and code: https://paperswithcode.com/sota/machine-translation-on-wmt2014-english-german
- The 2014 Workshop on Machine Translation (WMT): https://www.statmt.org/wmt14/translation-task.html
- European Parliament Proceedings Parallel Corpus 1996-2011, parallel corpus French-English: https://www.statmt.org/europarl/v7/fr-en.tgz
- Jason Brownlee Ph. D, How to Prepare a French-to-English Dataset for Machine Translation: https://machinelearningmastery.com/prepare-french-english dataset-machine-translation/
- Kishore Papineni, Salim Roukos, Todd Ward, and Wei-Jing Zhu, 2002, 'BLEU: a Method for Automatic Evaluation of Machine Translation': https://www.aclweb.org/

anthology/P02 – 1040. pdf

- Jason Brownlee Ph. D, A Gentle Introduction to Calculating the BLEU Score for Text in Python: https://machinelearningmastery. com/calculate – bleu – score for – text – python/
- Boxing Chen and Colin Cherry (2014), A Systematic Comparison of Smoothing Techniques for Sentence – Level BLEU: http://acl2014. org/acl2014/W14 – 33/pdf/W14 – 3346. pdf
- Ashish Vaswani, Noam Shazeer, Niki Parmar, Jakob Uszkoreit, Llion Jones, Aidan N. Gomez, Lukasz Kaiser, Illia Polosukhin, 2017, Attention Is All You Need: https://arxiv. org/abs/1706. 03762
- Trax repository: https://github. com/google/trax
- Trax tutorial: https://trax – ml. readthedocs. io/en/latest/

第6章

使用OpenAI的GPT-2和GPT-3模型生成文本

2020 年，Brown 等（2020）描述了 OpenAI GPT – 3 模型的训练过程，该模型具有 1 750 亿个参数，通过大约 50 petaflop/s 天的计算能力，对大约 10 000 亿字进行了训练。这相当于每天进行大约 50×10^{20} 次操作，用于处理 4 000 亿字节对编码的令牌。与此同时，我们了解到 OpenAI 拥有一个定制的超级计算机，其中包含 280 000 个 CPU 和 10 000 个 GPU。

一个新时代已经开始。随着 Transformer 的突破性智能和超级计算机的强大力量，巨人之间的战斗已经开始。微软、谷歌、百度、IBM 等公司每年都会推出多次颠覆性的人工智能资源。人工智能项目经理和开发人员需要不断地创新，以理解、驯服并实施这些令人震撼的创新。

OpenAI GPT – 3 的机器智能和超级计算机的机器能力使得 Brown 等（2020）能够进行零样本实验。这个想法是在不进一步训练参数的情况下，使用一个训练好的模型来执行下游任务。目标是使训练好的模型能够直接投入多任务生产。OpenAI 决定将 GPT – 3 模型的使用限制在特定的用户群体中。人工智能的未来很可能仅限于云用户。GPT – 2 和 GPT – 3 的规模和能力似乎已经将自然语言处理带到了一个新的水平。然而，这可能不是提高 Transformer 性能的唯一途径。

本章首先从项目管理的角度审视 Transformer 模型的尺寸和演变。我们是否能接受一个只能通过云 AI 模型实现人工智能的未来？这个评估是否正确？我们是否应该考虑 GPT 模型？我们将探讨 Reformer 架构或 Pattern – Exploiting Training（PET）方法是否挑战了庞大模型和超级计算机是我们唯一未来的断言。

一旦决定探索 GPT 模型，我们将研究使用训练好的 Transformer 模型进行零样本挑战，对模型参数进行微调，以完成下游任务。我们将探讨 GPT Transformer 模型的创新架构。

接下来，我们将使用 OpenAI 的存储库在 TensorFlow 中实现一个具有 345M 参数的 GPT – 2 Transformer。我们将与模型互动，通过标准调节句子完成文本补全。我们需要像其他任何 Transformer 模型一样了解 GPT – 2，以便在合适的时候做出正确的选择。

然而，我们需要走得更远。因此，最后我们将构建一个 117M 定制 GPT – 2 模型。我们将对在第 3 章“从零开始预训练 RoBERTa 模型”中用于训练 RoBERTa 模型的 Kant 数据集进行高级概念分词。这次将使用 GPT – 2 模型训练数据集，并与我们训练过的模型互动，获得相当令人惊讶的人类基线水平输出。

在本章结束时，将能够在定制的数据上训练 GPT-2 模型，并根据需要与智能不断增长的机器互动。

本章基于从第 1 章～第 5 章获得的知识。在阅读本章之前，请确保花时间再次阅读它们，以确保在头脑中掌握了模型和评估基准的主要方面。

本章涵盖以下主题：

- 原始 Transformer 架构的局限性
- Reformer 如何解决 Transformer 的局限性
- PET 如何解决训练 Transformer 的局限性
- 定义零样本 Transformer 模型
- 从少数样本到单样本的路径
- GPT-2 和 GPT-3 模型
- 构建接近人类的 GPT-2 文本补全模型
- 实现一个 345M 参数模型并运行它
- 与标准模型的 GPT-2 互动
- 训练一个具有 117M 参数的 GPT-2 语言建模模型
- 导入定制和特定的数据集
- 对定制数据集进行编码
- 调节模型
- 为特定文本完成任务调节 GPT-2 模型

让我们首先回顾一下过去几年 Transformer 的发展。

6.1 十亿参数 Transformer 模型的崛起

Transformer 从为 NLP 任务训练的小型模型发展到几乎不需要微调的模型的速度令人惊讶。

Vaswani 等（2017）引入了 Transformer，它在 BLEU 任务上超越了 CNN 和 RNN。Radford 等（2018）引入了生成预训练模型（GPT），该模型可以通过微调执行下游任务。Devlin 等（2019）用 BERT 模型完善了微调。Radford 等（2019）进一步研究了 GPT-2 模型。

Brown 等（2020）为不需要微调的 Transformer 定义了 GPT-3 零样本方法！

与此同时，Wang 等（2019）创建了 GLUE 以对 NLP 模型进行基准测试。但是 Transformer 模型演变得如此之快，以至于它们超越了人类基线！

Wang 等（2019，2020）迅速创建了 SuperGLUE，将人类基线设置得更高，并使 NLU/NLP 任务更具挑战性。在撰写本书时，Transformer 在 SuperGLUE 排行榜上取得了迅速进展。

这种情况是如何如此迅速发生的？

为了了解这种演变是如何发生的，我们将首先从模型大小的一个方面来审视这种演变。

Transformer 模型的增长

仅在2017年到2020年，参数数量从原始 Transformer 模型的65M 参数增加到 GPT－3 模型的175B 参数，如表6.1 所示。

表6.1　Transformer 参数数量的演变

Transformer 模型	文献	参数
Transformer Base	Vaswani 等（2017）	65M
Transformer Big	Vaswani 等（2017）	213M
BERT－Base	Devlin 等（2019）	110M
BERT－Large	Devlin 等（2019）	340M
GPT－2	Radford 等（2019）	117M
GPT－2	Radford 等（2019）	345M
GPT－2	Radford 等（2019）	1.5B
GPT－3	Brown 等（2020）	175B

表6.1 仅包含在那段短时间内设计的主要模型。出版物的日期在模型实际设计之后。此外，作者们更新了论文和日期。例如，一旦原始 Transformer 启动了市场，来自 Google Brain 和 Research、OpenAI 和 Facebook AI 的 Transformer 相继问世，并同时产生新模型。

此外，一些 GPT－2 模型的尺寸比较小的 GPT－3 模型更大。例如，GPT－3 Small 模型包含1.25 亿参数，这比3.45 亿参数的 GPT－2 模型要小。

与此同时，架构的尺寸也在演变：

- 模型的层数从原始 Transformer 的6 层增加到 GPT－3 模型的96 层。
- 每层的头部数从原始 Transformer 模型的8 个增加到 GPT－3 模型的96 个。
- 上下文大小从原始 Transformer 模型的512 个标记增加到 GPT－3 模型的12 288 个标记。

架构尺寸的大小解释了为什么具有96 层的 GPT－3 1 750 亿比只有40 层的 GPT－2 15.42 亿产生更令人印象深刻的结果。两种模型的参数都是可比的，但层数已经翻倍。

让我们关注上下文大小，以了解 Transformer 快速发展的另一面。

上下文大小和最大路径长度

Transformer 模型的基石在于注意力子层。反过来，注意力子层的关键属性是处理上下文大小的方法。

上下文大小是人类和机器学习语言的主要途径之一。上下文大小越大，我们对呈现给我们的序列的理解就越多。

然而，上下文大小的缺点在于理解一个词指代什么所需的距离。分析长期依赖关系所需的路径需要从循环层变为注意力层。

以下句子需要长路径才能找到代词“它”指代什么：

“我们的房子太小，无法容纳一张大沙发、一张大桌子和其他我们在如此狭小的空间里想要的家具。我们考虑过待上一段时间，但最后我们决定把它卖掉。”

只有在追溯到句子开头的“房子”这个词时，“它”的含义才能得到解释。对于机器来说，这是相当长的一段路径！

定义最大路径长度的函数顺序可以用大 O 表示法汇总，如表 6.2 所示。

表 6.2　最大路径长度

层类型	最大路径长度	上下文大小
自注意力层	$O(1)$	1
循环层	$O(n)$	12 288

Vaswani 等（2017）在原始 Transformer 模型中优化了上下文分析的设计。注意力使操作降低到一对一的标记操作。所有层都相同，这使得扩大 Transformer 模型的尺寸变得容易得多。一个具有 12 888 个标记上下文大小的 GPT-3 模型与 Transformer Base 模型的 512 个标记上下文大小具有相同的最大路径长度。

例如，在 RNN 中，一个循环层需要逐步存储上下文的总长度。最大路径长度是上下文大小。用于处理 GPT-3 模型的上下文大小的 RNN 的最大长度大小将是 12 288 倍。此外，RNN 无法将上下文分成 96 个头部，在并行化的机器架构上运行，例如在 96 个 GPU 上分布操作。

Transformer 的灵活和优化架构对其他几个因素产生了影响：

- Vaswani 等（2017）用 36M 句子训练了一个最先进的 Transformer 模型。Brown 等（2020）使用 Common Crawl 数据集训练了一个几乎有 10 000 亿个单词的 GPT-3 模型。
- 训练大型 Transformer 模型需要机器能力，这种能力仅限于世界上有限的几个团队。Vaswani 等（2017）训练了一个拥有 2.13 亿参数的 Transformer Big 模型，消耗了 2.3×10^{19} FLOP。GPT-3 在 50 petaflop/s 天内完成了训练！
- 设计 Transformer 的架构需要高度合格的团队，这些团队只能由世界上有限数量的组织资助。

大小和架构将继续发展和增长。超级计算机将继续提供训练 Transformer 所需的资源。

在深入了解 OpenAI GPT 模型的主要方面之前，先研究一下在 Transformer、Reformer、PET 方法或 GPT 模型之间的选择。

6.2　Transformer、Reformer、PET 或 GPT

在使用 GPT 模型之前，我们需要在本书的这个部分从项目管理的角度来看待 Transformer。对于给定的 NLP 项目，我们必须选择哪个模型和哪个方法？我们是否应该相信其中的任何一个？一旦考虑到成本管理，问责制就会随之而来，选择一个模型和一个机器对于一个项目来说变成了生死攸关的决策。在本节中，我们将在进入最近的 GPT-2 和巨型 GPT-3（可能还有更多）模型的世界之前停下来思考。

我们已经连续经历了：

- 原始的 Transformer 架构，包括编码器和解码器堆栈，在第 1 章"Transformer 模型架构入门"中。
- 在第 2 章"微调 BERT 模型"中，使用仅具有编码器堆栈且没有解码器堆栈的预训练 BERT 模型进行微调。
- 在第 3 章"从零开始预训练 RoBERTa 模型"中，使用仅具有编码器堆栈且没有解码器堆栈的 RoBERTa 模型进行训练。
- 第 4 章"使用 Transformer 完成下游 NLP 任务"中的主要 NLP 任务。
- 第 5 章"使用 Transformer 进行机器翻译"中的重要翻译任务。
- 现在我们面临着将来在云端 AI 平台上使用仅具有解码器堆栈的巨型 GPT-3 模型的前景。

项目管理最佳实践要求我们仅考虑在可计费的云 AI 平台（如 Microsoft Azure）上使用 GPT-3 Transformer 模型及其后续版本的前景。项目经理可以轻松地看到可计费的云服务器（如预安装的虚拟机）如何以合理的价格方便地外包使用强大的机器。

然而，在做出这个决定之前，我们应该考虑放弃控制我们自己的 Transformer 的想法，例如只使用第三方可计费的 GPT Transformer。

在本节中，在使用 GPT 模型之前，我们将检查：

- 原始 Transformer 模型的局限性。
- Reformer 解决方案，解决 Transformer 模型架构的可能局限性。
- PET 解决方案，用于训练模型。

让我们从了解原始 Transformer 架构的局限性开始。

6.2.1　原始 Transformer 架构的局限性

原始 Transformer 模型的可能局限性与内存问题有关，这可能导致更多的机器能力。这里可视化注意力头，以便从实际的角度了解 Transformer 模型的局限性。

打开 head_view_bert.ipynb 以实现 Jesse Vig 设计的 BertViz，以在诸如 Transformer、BERT、GPT-2 和 RoBERTa 等多个 Transformer 模型中可视化注意力头等。我们将运行一个 BERT 模型，因为任何模型都足以看到 Transformer 模型的局限性。

运行 BertViz

只需要四个步骤就可以可视化 Transformer 注意力头，与它们互动并了解 Transformer 模型的局限性。

首先，让我们安装 BertViz 及其所需的组件。

步骤 1：安装 BertViz

笔记本安装了 BertViz、Hugging Face Transformer 以及实现程序所需的其他基本要求：

```
#@title Step 1: Installing BertViz and Requirements
import sys
!test -d bertviz_repo && echo "FYI: bertviz_repo directory already exists, to pull latest version uncomment this line: !rm -r bertviz_ repo"
# !rm -r bertviz_repo # Uncomment if you need a clean pull from repo
!test -d bertviz_repo || git clone https://github.com/jessevig/bertviz bertviz_repo
if not 'bertviz_repo' in sys.path:
  sys.path += ['bertviz_repo']
!pip install regex
!pip install transformers
```

现在将导入必要的模块。

步骤 2：导入模块

BertViz 已经使模块无缝导入：

```
#@title Step 2: Import BertViz Head Views and BERT
from bertviz import head_view
from transformers import BertTokenizer, BertModel
```

现在就完成了！开始准备 HTML 可视化界面。

步骤 3：定义 HTML 函数

BertViz 现在已经准备好了。

笔记本实现了一个标准的 IPython HTML 函数：

```
#@ title Step 3: Defining the HTML Function
def call_html():
  import IPython
  display(IPython.core.display.HTML('''
        <script src="/static/components/requirejs/require.js"></script>
        <script>
          requirejs.config({
            paths: {
              base: '/static/base',
```

```
                "d3": "https://cdnjs.cloudflare.com/ajax/libs/d3/3.5.8/
d3.min",
                jquery: '//ajax.googleapis.com/ajax/libs/jquery/2.0.0/
jquery.min',
            }
        });
      </script>
      '''))
```

现在准备好处理和显示注意力头。

步骤4：处理和显示注意力头

现在处理一个翻译，以显示注意力头。可以使用任何Transformer模型或任何任务，会得出相同的结论。

笔记本使用预训练的BERT，处理要翻译的句子，并显示注意力头的活动：

```
#@ title Step 4: Processing and Displaying Attention Heads
model_version = 'bert-base-uncased'
do_lower_case = True
model = BertModel.from_pretrained(model_version, output_
attentions=True)
tokenizer = BertTokenizer.from_pretrained(model_version, do_lower_
case=do_lower_case)

sentence_a = "The cat sleeps on the mat"
sentence_b = "Le chat dors sur le tapis"
inputs = tokenizer.encode_plus(sentence_a, sentence_b, return_
tensors='pt', add_special_tokens=True)

token_type_ids = inputs['token_type_ids']
input_ids = inputs['input_ids']
attention = model(input_ids, token_type_ids=token_type_ids)[-1]
input_id_list = input_ids[0].tolist() # Batch index 0
tokens = tokenizer.convert_ids_to_tokens(input_id_list)
call_html()

head_view(attention, tokens)
```

输出展示了一个交互式HTML界面，显示了注意力头的活动，如图6.1所示。

花几分钟时间研究一下注意力头。浏览12个层（在下拉列表中选择一个层）。将鼠标悬停在每个单词上，查看连接和12个注意力头（每个单词旁边的小方块）。

通过实证实验注意力头得出了一些关键结论：

- 注意力过程会考虑所有可能的单词对，以学习它们之间的连接。上下文窗口越大，分析的单词对就越多。

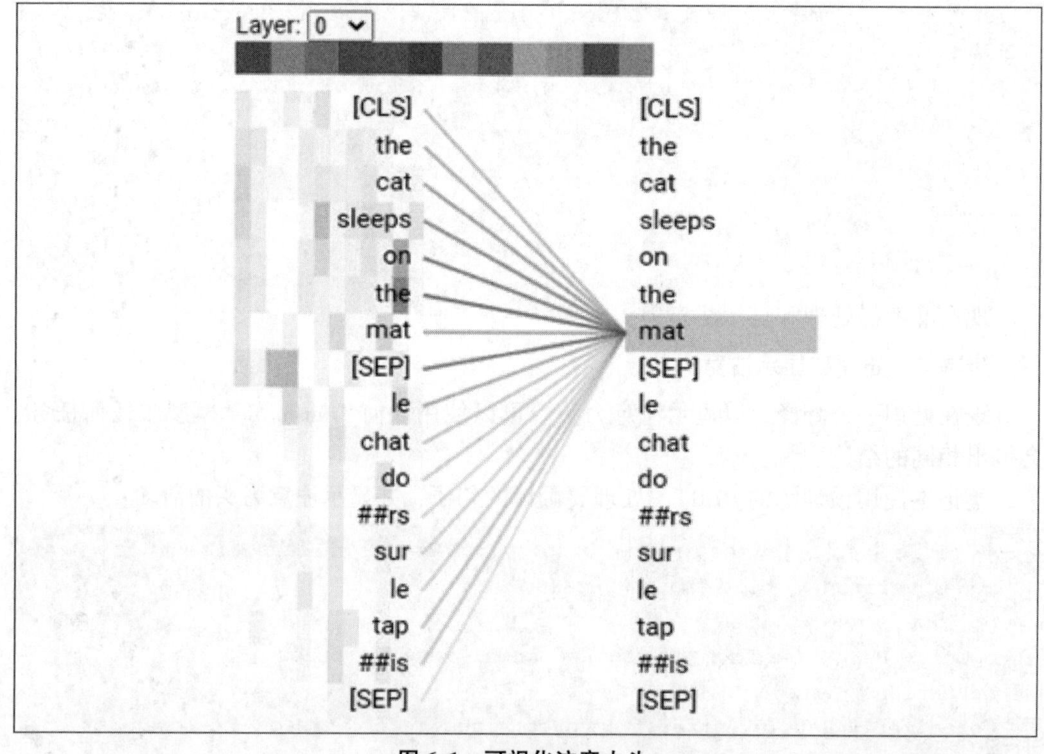

图 6.1　可视化注意力头

- 如果一个文本有 10 万个单词，这意味着每个步骤有 10 万乘以 10 万个单词对。这相当于每个步骤有 100 亿对！实现这个过程所需的计算能力令人难以置信，需要超级计算机才能达到可接受的性能。
- 层数的数量导致了巨大的内存需求，用于存储信息，包括达到 TB 级别的膨胀的前馈层，这对于包含数千层的模型来说尤为突出。
- 我们分析长序列的一个原因可能是用于生成 Transformer 音乐，可以在本章的 6.8 节“使用 Transformer 生成音乐”收听。

在使用大量计算资源之前，标准的项目管理过程是在算法架构层面或训练层面检查几种解决方案。

谷歌 AI 提出了一种可能的解决方案 Reformer。

6.2.2　Reformer

Kitaev 等（2020）设计了 Reformer（https://arxiv.org/abs/2001.04451），以解决注意力问题和内存问题，在原始 Transformer 模型中增加了功能。这种方法很有趣，尽管在本章的 6.2.3 节“PET”中解释了使用蒸馏等方法解决 Transformer 性能问题的其他方法。

Reformer 首先使用局部敏感哈希（Locality Sensitivity Hashing，LSH）桶和分块解决了注意力问题。

LSH 在数据集中搜索最近邻居。哈希函数确定如果数据点 q 接近 p，那么 hash(q) ==

hash(p)。在这种情况下，数据点是 Transformer 模型头部的键。

LSH 函数将键转换为 LSH 桶（在此示例中为 B1 ~ B4），这个过程称为 LSH 分桶，就像我们将相似的对象归为一类并将它们放在同一个分类桶中一样。将排序的桶分成块（在此示例中为 C1 ~ C4），以实现并行化。最后，注意力只会在同一个桶中的分块和前一个分块内应用，如图 6. 2 所示。

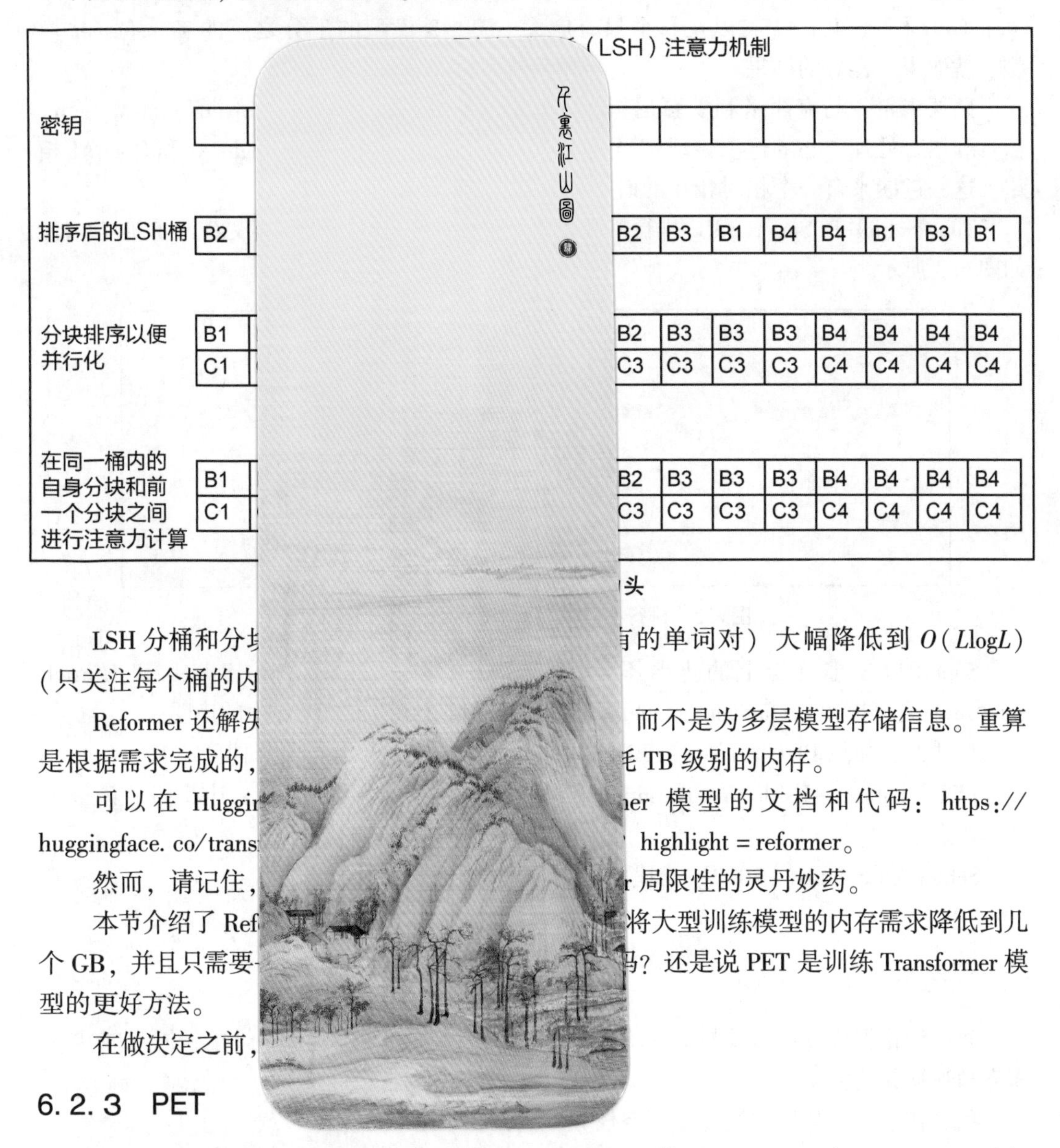

头

LSH 分桶和分块 …… 有的单词对）大幅降低到 $O(L\log L)$（只关注每个桶的内 ……

Reformer 还解决 …… 而不是为多层模型存储信息。重算是根据需求完成的， …… 耗 TB 级别的内存。

可以在 Huggi …… ner 模型的文档和代码：https://huggingface. co/trans …… highlight = reformer。

然而，请记住， …… r 局限性的灵丹妙药。

本节介绍了 Ref …… 将大型训练模型的内存需求降低到几个 GB，并且只需要 …… 吗？还是说 PET 是训练 Transformer 模型的更好方法。

在做决定之前，……

6. 2. 3　PET

OpenAI 创建了如 GPT - 3 等大型模型，Google AI 使用 Reformer 对 Transformer 进行了优化。但如果 Google AI 和 OpenAI 的方法都错了呢？

Timo Schick 和 Hinrich Schütze 撰写了一篇严重挑战 Google AI 和 OpenAI 方法的论文。

Schick 和 Schütze（2020）撰写的论文标题本身就说明了问题：

不仅仅是规模问题：小型语言模型也是小样本学习器（*It's Not Just Size That Matters: Small Language Models Are Also Few - Shot Learners*，https://arxiv.org/abs/2009.07118）

Schick 和 Schütze 认为，一个具有 2.23 亿参数的 Transformer 模型在 SuperGLUE 排行榜上胜过了一个具有 1 750 亿参数的 GPT - 3 模型。Timo Schick 和 Hinrich Schütze 仅用一个 GPU 和 11GB RAM，以及一个只有庞大 GPT - 3 模型的千分之一的 Transformer 模型，就取得了良好的结果。

路德维希 - 马克西米利安慕尼黑大学（the Ludwig Maximilian University of Munich）信息和语言处理中心的这项表现相当出色！与由 Microsoft 支持的 Google AI 和 OpenAI 相比，这一进展来自一个相对较小的研究中心着实令人惊讶。

Timo Schick 在 SuperGLUE 排行榜上获得了第 9 名，而 GPT - 3 仅获得了第 12 名，如图 6.3 所示。

9	Timo Schick	iPET (ALBERT) - Few-Shot (32 Examples)	75.4
10	Adrian de Wynter	Bort (Alexa AI)	74.1
11	IBM Research AI	BERT-mtl	73.5
12	Ben Mann	GPT-3 few-shot - OpenAI	71.8

图 6.3　排行榜版本：2020 年 12 月的 2.0 版

SuperGLUE 排行榜上的排名不断变化。但在某个时刻，Timo Schick 和 Hinrich Schütze 在语言模型（Language Model，LM）的历史上发表了非常有力的声明。

请注意，使用 PET 的双向 ALBERT 模型的表现优于 GPT - 3 单向模型。

PET（Pattern - Exploiting Training）似乎是一个值得考虑的方法。让我们了解一下基本概念。

Schick 和 Schütze（2020）描述的 PET 依赖于一个核心原则：

将训练任务重构为完形填空问题

通过优化训练过程来重构训练任务，提高了 Transformer 模型的性能，同时减少了模型和数据集的大小。

我们在学校中都遇到过完形填空任务，例如：

用名词填空：

我住在一个________。

正确答案是：房子

完形填空问题非常适合 Transformer，因为它们使用屏蔽的标记进行训练。

设：

- M 是一个被称为 MLM 的遮罩语言模型
- T 是 MLM 的词汇表
- ______ $\in T$ 是遮罩标记

PET 将输入映射到输出的过程需要一组模式 - 语言化器对（Pattern Verbalizer Pair, PVP）。

每个 PVP 对包含：

- 将输入映射到包含单个遮罩的完形填空问题的模式 P。
- 将每个输出映射到单个标记的语言化器 v。

有了这些信息，PET 的目标是确定输出 y 是输入 x 的正确输出。

因此，PET 将确定 $v(y)$ 是 $P(x)$ 的遮罩位置上正确标记的概率。

PET 将使用交叉熵来微调其过程。

我们可以看到，这个过程可以与知识蒸馏相结合，将大模型转换为较小的模型。PET 的一个变体是 iPET，这是一个迭代过程，模型使用每一代通过前一代生成的标签不断增加的数据集进行训练。

通过 iPET 的蒸馏已经证明了其效率，一个相对较小的 ALBERT 模型在 SuperGLUE 排行榜上获得了比庞大的 GPT-3 模型更好的结果。

PET 可在 GitHub 上获取：

https://github.com/timoschick/pet

我们可以看到，PET 在训练过程中引入了蒸馏，减少了对大型 Transformer 模型和计算能力的需求。

在决定为项目设计什么架构时，这是值得考虑的。

6.3　是时候做出决定了

项目经理的决策将是什么？我们已经看到了原始 Transformer 模型的局限性，这导致我们面临十字路口，必须选择一条道路：

- 接受原始 Transformer 模型的局限性，并转向需要巨大机器内存和计算能力的巨型模型。
- 拒绝原始 Transformer 的局限性，并使用改良型方法调整其架构。
- 使用诸如 PET 这样的不同训练方法，这是一种高效的知识蒸馏方法。
- 使用这些方法的组合。
- 设计自己的训练方法和模型架构。

市场上不断出现许多 Transformer 模型方法。请花费必要的时间为项目找到正确的路径。

在现实生活的项目管理中，每种方法都将使用标准评估参数进行仔细评估：

- 每种解决方案的成本
- 每种解决方案的效率
- 实施项目所需的人力和机器资源
- 上市时间和投产时间

在对项目的目标和成本进行仔细研究之前，我们不能排除任何解决方案。每个项目都将有自己的生命，没有预定的道路。

我们可能需要一个全功能的 GPT-2 或 GPT-3 模型来实现目标。

现在了解 OpenAI GPT 模型的主要方面。

6.4 OpenAI GPT 模型的架构

在 2017 年年底和 2020 年上半年这短短不到 3 年的时间里，Transformer 从训练、微调，最后到零样本模型。零样本 GPT-3 Transformer 模型不需要微调。训练后的模型参数不会更新用于下游多任务，这为 NLP/NLU 任务开辟了一个新时代。

在本节中，我们将首先了解设计 GPT 模型的 OpenAI 团队的动机，从微调到零样本模型开始，然后了解如何调节 Transformer 模型以生成令人兴奋的文本补全，最后将探讨 GPT 模型的架构。首先了解 OpenAI 团队的创建过程。

6.4.1 从微调到零样本模型

一开始，OpenAI 的研究团队［由 Radford 等（2018）领导］就希望将 Transformer 从训练模型发展到 GPT 模型。目标是在无标签数据上训练 Transformer。让注意力层从无监督数据中学习一种语言是一个聪明的举动。

OpenAI 决定训练 Transformer 学习语言，而不是教它们执行特定的 NLP 任务。

OpenAI 想要创建一个任务不可知的模型。他们开始在原始数据上训练 Transformer 模型，而不是依赖专家标记的数据。标记数据耗时且会大大减缓 Transformer 的训练过程。

第一步是从 Transformer 模型中开始无监督训练。然后，只微调模型的监督学习。

OpenAI 选择了一个我们将在 6.4.2 节“堆叠解码器层”描述的 12 层仅解码器 Transformer。结果的度量标准令人信服，很快达到了同行 NLP 研究实验室最佳 NLP 模型的水平。

GPT Transformer 模型第一版有前途的结果迅速导致 Radford 等（2019）开始考虑零样本转移模型。他们的核心理念是继续训练 GPT 模型从原始文本中学习。然后，他们将研究进一步深入，关注通过无监督分布示例的语言建模：

$$\text{Examples} = (x_1, x_2, x_3, \cdots, x_n)$$

这些例子由符号序列组成：

$$\text{Sequences} = (s_1, s_2, s_3, \cdots, s_n)$$

这导致了一个元模型，可以表示为任何类型输入的概率分布：

$$p(\text{output/input})$$

一旦训练有素的 GPT 模型通过密集训练理解一种语言，目标就是将这个概念推广到任何类型的下游任务。

GPT 模型迅速从 117M 参数发展到 345M 参数，再到其他大小，然后到 1 542M 参数。10 亿多参数的 Transformer 诞生了。微调的份额大幅减少。结果再次达到了最先进的度量标准。

$$p(\text{output/multi - tasks})$$

OpenAI 正在实现其目标，即训练一个模型，然后直接运行下游任务，而无须进一步进行微调。这个惊人的进步可以分为四个阶段：

- 微调（Fine - Tuning，FT）的目的是在前几章探讨的意义上执行。Transformer 模型经过训练，在下游任务上进行微调。Radford 等（2018）设计了许多微调任务。OpenAI 团队在接下来的步骤中逐步将任务数量减少到 0。
- 小样本（Few - Shot，FS）代表了一个巨大的步进。GPT 受过训练。当模型需要进行推理时，它将展示任务执行的演示作为条件。条件取代了权重更新，GPT 团队从过程中排除了权重更新。我们将通过我们提供的上下文应用条件获取文本，本章将介绍在 notebook 中的完成情况。
- 单样本（One - Shot，1S）将过程进行得更远。受过训练的 GPT 模型只展示了要执行的下游任务的一个演示。权重更新也不允许。
- 零样本（Zero - Shot，ZS）是最终目标。受过训练的 GPT 模型没有展示要执行的下游任务的演示。

每种方法都有不同程度的效率。OpenAI GPT 团队努力生产这些最先进的 Transformer 模型。

现在可以解释导致 GPT 模型结构的动机：

- 通过广泛培训教授 Transformer 模型如何学习一种语言。
- 通过上下文条件关注语言建模。
- Transformer 以一种新颖的方式获取上下文并生成文本。它不是将资源消耗在学习下游任务上，而是致力于理解输入并进行推理，无论任务是什么。
- 通过屏蔽输入序列的部分以迫使 Transformer 用机器智能思考来寻找训练模型的有效方法。尽管不是人类，但机器智能是有效的。

了解了导致 GPT 模型结构的动机后，再看一下仅解码器层的 GPT 模型。

6.4.2 堆叠解码器层

现在了解 OpenAI 团队专注于语言建模。保留遮罩注意力子层是有道理的。因此，选择保留解码器堆栈并排除编码器堆栈。为了取得出色的结果，Brown 等（2020）大幅增加了仅解码器的 Transformer 模型的大小。

GPT 模型与 Vaswani 等（2017）设计的原始 Transformer 的解码器堆栈具有相同的结

构。在第 1 章中描述了解码器堆栈，即使用 Transformer 的模型架构入门。如果需要，请花几分钟回顾一下原始 Transformer 的架构。

如图 6.4 所示，GPT 模型具有仅解码器的架构。

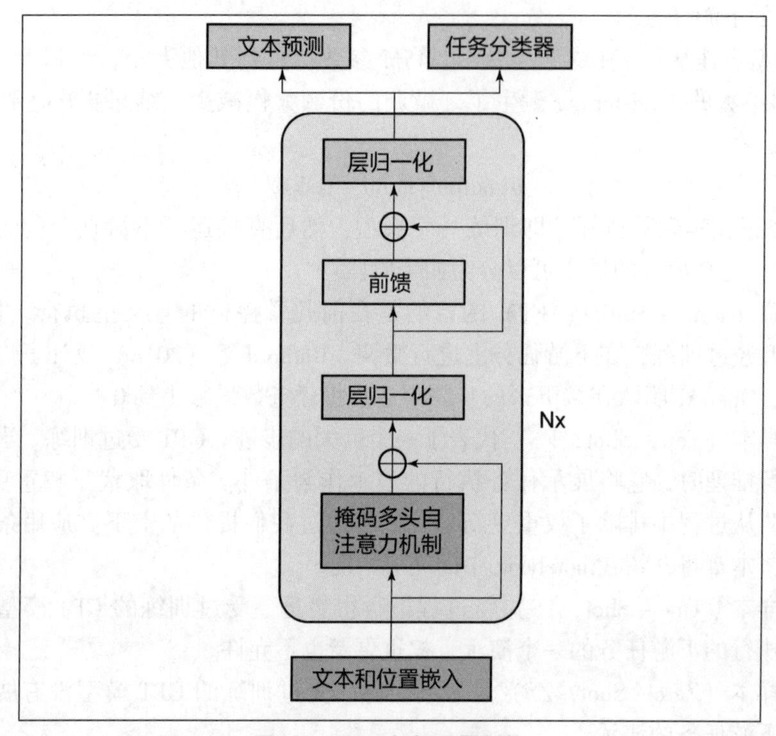

图 6.4　GPT 仅解码器架构

我们可以识别文本和位置嵌入子层、掩码多头自注意力层、归一化子层、前馈子层和输出。GPT－2 有一个同时具有文本预测和任务分类的版本。

OpenAI 团队通过不同的模型定制和调整解码器模型。Radford 等（2019）提出了不少于 4 个 GPT 模型，而 Brown 等（2020）描述了不少于 8 个模型。

GPT－3 175B 模型达到了独特的规模，这需要很少有团队可以访问的计算机资源：

$$n_{\text{params}} = 175.0\text{B}, n_{\text{layers}} = 96, d_{\text{model}} = 12\,288, n_{\text{heads}} = 96$$

本章将首先使用训练过的 GPT－2 345M 模型进行文本补全，该模型具有 24 个解码器层，自注意力子层为 16 个头部。

然后，我们将使用 12 个解码器层和 12 个头部的自注意力层训练 GPT－2 117M 模型，以进行定制文本补全。我们已经探讨了从微调到零样本 GPT－3 模型的过程。尽管 GPT－3 模型仅供全球少数用户使用，但 GPT－2 模型的功能足以理解 GPT 模型的内部工作原理。

我们准备好与 GPT－2 模型互动并训练它。首先，让我们与 345M 参数 GPT－2 模型互动。

6.5 使用 GPT-2 进行文本补全

本节将克隆 OpenAI GPT-2 仓库，下载 345M 参数 GPT-2 Transformer 模型，并与之互动。我们将输入上下文句子并分析由 Transformer 生成的文本，目标是了解它如何创建新内容。

本节分为 9 个步骤。在 Google Colaboratory 中打开 OpenAI_GPT_2.ipynb。notebook 在本书 GitHub 仓库的章节中。你会注意到，notebook 也分为与本节相同的 9 个步骤和单元格。

逐个运行 notebook 的每个单元格。这个过程很烦琐，但由克隆的 OpenAI GPT-2 仓库生成的结果令人满意。

需要注意的是，我们正在运行一个低级别的 GPT-2 模型，而不是一行代码来获得结果。我们还避免了使用预打包的版本。我们正在深入了解 GPT-2 的架构，可能会收到一些废弃的消息。然而，这种努力是值得的。

首先，让我们激活 GPU。

步骤 1：激活 GPU

我们必须激活 GPU 以训练我们的 GPT-2 345M 参数 Transformer 模型。在本书编写时，我们无法获取 OpenAI 的更大模型（如 GPT-3）的开源访问权限。OpenAI 已经开始将 Transformer 作为云服务提供。然而，在本章的 PET 部分，可以看到我们可能能够使用标准机器运行小型模型，而无须通过云服务运行强大的 Transformer GPT-3。

在本节中，我们将使用 GPT-2 模型，但不会对其进行训练。即使我们能够访问源代码，我们也无法训练大型 GPT 模型，因为我们大多数人都没有足够的计算能力来做到这一点。Vaswani 等（2017）已经使用了 8 个 P100 GPU 来训练第一个“大型”213M 参数 Transformer 模型。对于更近期的 Transformer 模型，我们需要拥有千兆浮点运算！

普通开发者无法获得这种级别的机器能力。例如，Google Cloud、Microsoft Azure、Amazon Web Services（AWS）可以向云客户租用以 Teraflops 为单位的一定级别的机器资源。

如果再迈出一步，用 Teraflops 训练 Transformer 变得更加困难。访问 Petaflops 计算能力仅限于世界上有限的团队。

然而，我们将看到，对于 345M 参数 GPT-2，Google Colaboratory 虚拟机的有限性能产生的结果相当令人信服。

现在了解了训练大型现代 Transformer 模型所需的条件，让我们在 notebook 设置中激活 GPU 以充分利用虚拟机，如图 6.5 所示。

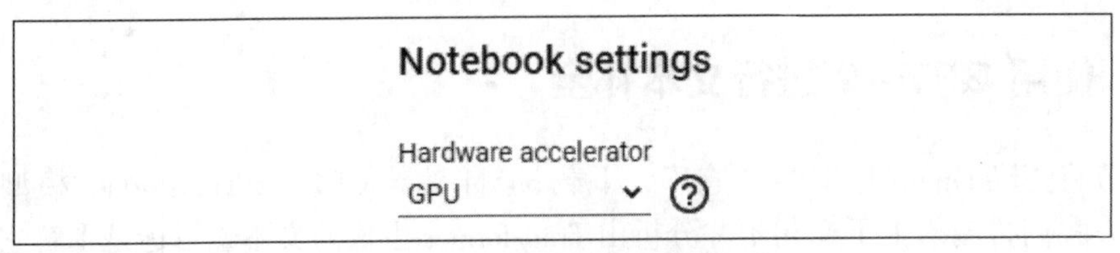

图 6.5 GPU 硬件加速器

可以看到，激活 GPU 是提高性能的先决条件，它将使我们能够进入 GPT Transformer 的世界。现在克隆 OpenAI GPT－2 仓库。

步骤 2：克隆 OpenAI GPT－2 仓库

OpenAI 仍然允许我们下载 GPT－2。这可能在未来会被取消，或者我们将获得更多资源。在这一点上，Transformer 的发展和它们的使用速度如此之快，没有人可以预见市场将如何演变，即使是主要的研究实验室也是如此。

将在虚拟机上克隆 OpenAI 的 GitHub 目录：

```
#@title Step 2: Cloning the OpenAI GPT-2 Repository
!git clone https://github.com/openai/gpt-2.git
```

克隆完成后，应该能在文件管理器中看到仓库，如图 6.6 所示。

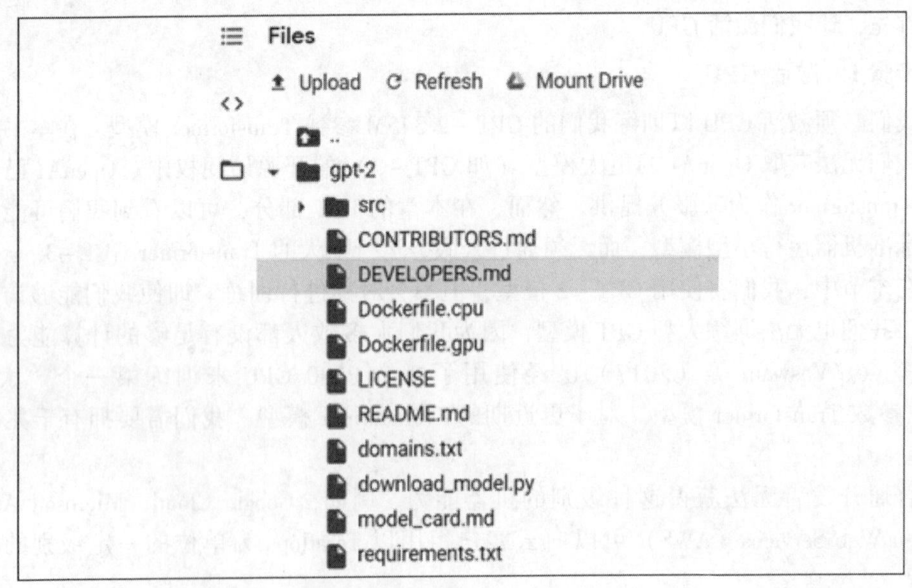

图 6.6 克隆的 GPT－2 仓库

单击 src，将看到我们需要从 OpenAI 运行模型的 Python 文件已经安装，如图 6.7 所示。

可以看到还没有需要的 Python 训练文件。在 6.6 节“训练 GPT－2 语言模型”中，将在训练 GPT－2 模型时安装它们。

现在安装所需的依赖项。

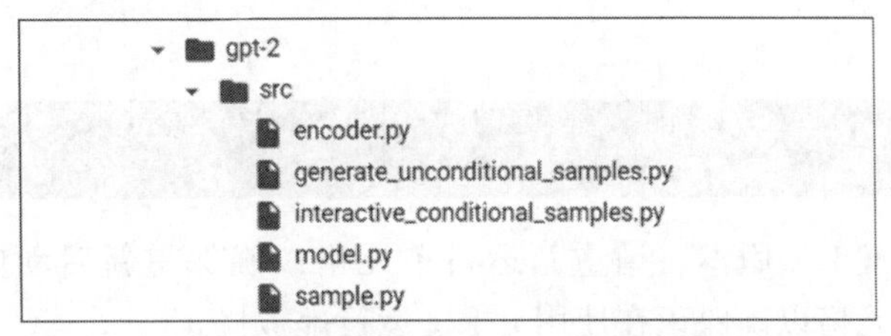

图 6.7　运行模型的 GPT-2 Python 文件

步骤 3：安装依赖项

依赖项将自动安装：

```
#@title Step 3: Installing the requirements
import os             # when the VM restarts import os necessary
os.chdir("/content/gpt-2")
pip3 install -r requirements.txt
```

在逐个运行单元格时，可能需要重新启动虚拟机，因此需要再次导入 os。

此笔记本所需的依赖项包括：

- Fire 0.1.3，用于生成命令行界面（Command-Line Interface，CLI）
- regex 2017.4.5，用于正则表达式
- Requests 2.21.0，一个 HTTP 库
- tqdm 4.31.1，用于循环的进度条显示

可能会被要求重新启动笔记本。

现在不要重新启动它。让我们等到检查 TensorFlow 的版本。

步骤 4：检查 TensorFlow 的版本

OpenAI 提供的 GPT-2 Transformer 345M Transformer 模型使用 TensorFlow 1.x。运行程序时会出现一些警告。忽略它们，并在用我们的普通机器自己训练 GPT 模型的薄冰（thin ice）上全速前进。到 2020 年，GPT 模型已达到 1 750 亿个参数，这使得我们在没有超级计算机的情况下无法训练它们。

企业巨头的研究实验室，如 Facebook AI、OpenAI 和 Google Research/Brain，正在加速发展超级 Transformer，并为我们提供他们能提供的资源以便我们学习和理解。他们没有时间回头更新所有他们分享的模型。

这就是 Google Colaboratory 虚拟机预先安装了 TensorFlow 1.x 和 TensorFlow 2.x 两个版本的原因之一。

在这个笔记本中，将使用 TensorFlow 1.x：

```
#@title Step 4: Checking the Version of TensorFlow
#Colab has tf 1.x and tf 2.x installed
#Restart runtime using 'Runtime' -> 'Restart runtime..'
%tensorflow_version 1.x
import tensorflow as tf
print(tf.__version__)
```

输出应该是：

```
TensorFlow 1.x selected.
1.15.2
```

无论是否显示 tf 1. x 版本，请重新运行单元格以确保重新启动虚拟机。在继续之前，重新运行此单元格以确保正在使用 tf 1. x 运行虚拟机。

如果在过程中遇到 TensorFlow 错误（忽略警告），请重新运行此单元格，重新启动虚拟机，然后重新运行以确保正在使用 tf 1. x 运行虚拟机。

每次重新启动虚拟机时都这样做。虚拟机的默认版本是 tf. 2。

现在准备下载 GPT－2 模型。

步骤 5：下载 345M 参数 GPT－2 模型

在 6. 4 节 "OpenAI GPT 模型的架构" 中探讨了 GPT 模型。现在将下载一个经过训练的 345M 参数 GPT－2 模型：

```
#@title Step 5: Downloading the 345M parameter GPT-2 Model
# run code and send argument
import os # after runtime is restarted
os.chdir("/content/gpt-2")
!python3 download_model.py '345M'
```

模型目录的路径是：/content/gpt－2/models/345M。

它包含了运行模型所需的信息，如图 6. 8 所示。

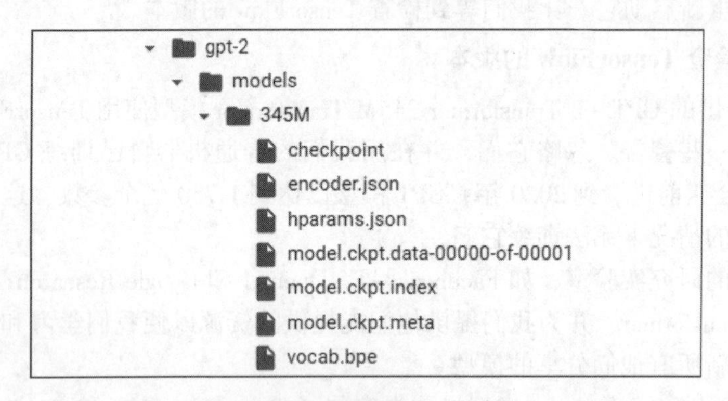

图 6. 8　345M 参数模型的 GPT－2 Python 文件

hparams. json 文件包含了 GPT－2 模型的定义：

- "n_vocab"：50 257，模型词汇表的大小
- "n_ctx"：1 024，上下文大小
- "n_embd"：1 024，嵌入大小
- "n_head"：16，头部的数量
- "n_layer"：24，层数的数量

encoder. json 和 vocab. bpe 包含了标记化的词汇表和 BPE 单词对。如有必要，请花

几分钟时间回顾第3章“从零开始预训练RoBERTa模型”的“步骤3：训练一个标记解析器”部分。

检查点文件包含了某个检查点的训练参数。例如，它可能包含将在6.6节“训练GPT-2语言模型”中完成的1 000步的训练参数。

检查点文件与另外三个重要文件一起保存：

- model.ckpt.meta描述了模型的图结构。它包含GraphDef、SaverDef等。可以使用tf.train.import_meta_graph([path]+'model.ckpt.meta')检索信息。
- model.ckpt.index是一个字符串表。键包含了一个张量的名称，值是BundleEntryProto，它包含了一个张量的元数据。
- model.ckpt.data包含了TensorBundle集合中所有变量的值。

已经下载了模型。在激活模型之前，将进行一些中间步骤。

步骤6-7-7a：中间说明

在本部分中，将完成步骤6、7和7a，这些步骤是通向步骤8的中间步骤，在步骤8中，将定义并激活模型。

在与模型交互时，希望将UTF编码的文本打印到控制台：

```
#@title Step 6: Printing UTF encoded text to the console
!export PYTHONIOENCODING=UTF-8
```

要确保在src目录中：

```
#@title Step 7: Project Source Code
import os # import after runtime is restarted
os.chdir("/content/gpt-2/src")
```

我们准备好与GPT-2模型进行交互了。可以像在6.6节“训练GPT-2语言模型”中那样直接用一个命令运行它。然而，在本节中将介绍代码的主要方面。

interactive_conditional_samples.py首先导入与模型交互所需的必要模块：

```
#@title Step 7a: Interactive Conditional Samples (src)
#Project Source Code for Interactive Conditional Samples:
# /content/gpt-2/src/interactive_conditional_samples.py file
import json
import os
import numpy as np
import tensorflow as tf
```

已经完成了激活模型的中间步骤。

步骤7b-8：导入并定义模型

现在将通过interactive_conditional_samples.py激活与模型的交互。

需要导入位于/content/gpt-2/src中的三个模块：import model、sample、encoder。

①model.py定义模型的结构：超参数、多注意力tf.matmul操作、激活函数以及其

他所有属性。

②sample. py 处理交互并控制要生成的样本。它确保令牌更有意义。

softmax 值有时可能模糊不清，就像看低清晰度的图像一样。sample. py 包含一个名为 temperature 的变量，它会使值更加清晰，提高较高的概率并减弱较低的概率。

sample. py 可以激活 Top - *k* 采样。Top - *k* 采样对预测序列的概率分布进行排序。分布头部的较高概率值被过滤到第 *k* 个标记。包含较低概率的尾部被排除，防止模型预测低质量的令牌。

sample. py 还可以激活用于语言建模的 Top - *p* 采样。Top - *p* 采样不对概率分布进行排序。它选择具有高概率的单词，直到该子集的概率之和或可能序列的核心超过 *p*。

③encoder. py 使用已定义的模型——encoder. json 和 vocab. bpe 对样本序列进行编码。它包含一个 BPE 编码器和一个文本解码器。

可以通过双击它们进一步浏览这些程序。

interactive_conditional_samples. py 将调用与模型交互所需的函数，以初始化以下信息：来自 model. py 的定义模型的超参数，来自 sample. py 的样本序列参数。它将使用 encode. py 对序列进行编码和解码。

然后，interactive_conditional_samples. py 将恢复在“步骤 5：下载 345M 参数 GPT - 2 模型”中定义的检查点数据。

可以通过双击 interactive_conditional_samples. py 并尝试其参数来探索它：

- model_name 是模型名称，如“124M”或“345M”，依赖于 models_dir。
- models_dir 定义包含模型的目录。
- seed 为随机生成器设置一个随机整数。seed 可以设置以重现结果。
- nsamples 是要返回的样本数量。如果设置为 0，它将继续生成样本，直到双击单元格的运行按钮或按 Ctrl + M 组合键。
- batch_size 确定批次大小，并影响内存和速度。
- length 是生成文本的令牌数量。如果设置为 none，则依赖于模型的超参数。
- temperature 决定了 Boltzmann 分布的水平。如果温度高，补全将更加随机。如果温度低，结果将变得更加确定。
- top_k 控制每个步骤中 Top - *k* 考虑的令牌数量。0 表示没有限制。建议值为 40。
- top_p 控制 Top - *p*。

对于本节的程序，刚刚探讨过的参数场景将是：

- model_name = "345M"
- seed = None
- nsamples = 1
- batch_size = 1
- length = 300
- temperature = 1
- top_ k = 0

- models_ dir ='/ content/ gpt - 2/ models'

这些参数将影响模型的行为，它受上下文输入的约束方式和生成文本补全序列。首先，使用默认值运行 notebook。然后，可以通过双击程序、编辑并保存它来更改代码的参数。每次重新启动虚拟机时，更改都将被删除。如果希望创建交互场景，请保存程序并重新加载。

现在程序已准备好提示我们与其交互。

步骤 9：与 GPT - 2 交互

在本步骤中，将与 GPT - 2 117M 模型进行交互。

当系统运行时会有更多的消息，但只要 Google Colaboratory 保持 tf 1. x，我们将使用这个 notebook 运行模型。不过，如果有新的 GPT 模型提供给我们，可能需要在非常强大的云计算机上运行它们。

与此同时，让我们与模型交互。

要与模型交互，请运行 interact_model 单元：

```
#@title Step 9: Interacting with GPT - 2
interact_model('345M',None,1,1,300,1,0,'/content/gpt - 2/models')
```

将被提示输入一些上下文，如图 6.9 所示。

```
prompt >>>
```

图 6.9　文本补全的上下文输入

由于这是一个标准的 GPT - 2 模型，可以尝试任何类型的上下文。

可以尝试伊曼努尔 · 康德写的一句话：

```
Human reason, in one sphere of its cognition, is called upon to consider
questions, which it cannot decline, as they are presented by its own nature, but
which it cannot answer, as they transcend every faculty of the mind.
```

按 ENTER 生成文本。由于 GPT - 2 模型没有在我们的数据集上进行训练，输出将或多或少是随机的。

让我们看一下 GPT 模型生成的前几行：

```
"We may grant to this conception the peculiarity that it is the only
causal logic.
In the second law of logic as in the third, experience is measured at
its end: apprehension is afterwards closed in consciousness.
The solution of scholastic perplexities, whether moral or religious, is
not only impossible, but your own existence is blasphemous."
```

“我们可以承认这种观念的特殊性，它是唯一的因果逻辑。在逻辑的第二定律和第三定律中，经验在其尽头被衡量：然后，理解在意识中闭合。解决学术困惑，无论是道德还是宗教，都不仅是不可能的，而且你自己的存在是亵渎的。"

要停止单元格，请双击单元格的运行按钮。

还可以输入 Ctrl + M 停止生成文本，但这可能会将代码转换为文本，将不得不将其复制回程序单元格。

输出非常丰富，我们可以观察到几个事实：

- 我们输入的上下文决定了模型生成的输出。
- 上下文对于模型来说是一种示范。它从模型中学到了如何说话，而不需要修改其参数。
- 文本补全受上下文约束。这为不需要微调的 Transformer 模型敞开了大门。
- 从语义角度来看，输出可能更有趣。
- 从语法角度来看，输出是令人信服的。

让我们看看通过在定制数据集上训练模型是否能获得更令人印象深刻的结果。

6.6 训练 GPT-2 语言模型

本节在一个我们将编码的定制数据集上训练 GPT-2 模型，并将与我们的定制模型进行交互。我们将使用与第 3 章"从零开始预训练 RoBERTa 模型"中相同的 kant.txt 数据集。

本节提到的代码位于 GitHub 上本书章节目录 Training_OpenAI_GPT_2.ipynb 中。

需要注意的是，我们正在运行一个低级别的 GPT-2 模型，而不是一行代码来获得结果。我们还避免了使用预打包的版本。我们正在深入了解 GPT-2 的架构，可能会收到一些废弃的信息。然而，这种努力是值得的。

打开 notebook 并逐个运行单元格。

步骤 1：先决条件

本步骤提到的文件可以在本书的 GitHub 仓库的章节目录中找到：

- 按照 6.5 节"使用 GPT-2 进行文本补全"步骤 1 中的说明，在 notebook 的运行时菜单中激活 GPU。
- 使用内置文件管理器将以下 Python 文件上传到 Google Colaboratory：train.py、load_dataset.py、encode.py、accumulate.py、memory_saving_gradients.py。这些文件最初来自 N Shepperd 的 GitHub 仓库：https://github.com/nshepperd/gpt-2。然而，可以从本书的 GitHub 仓库中的 gpt-2-train_files 目录下载这些文件。N Shepperd 的 GitHub 仓库提供了训练我们的 GPT-2 模型所需的文件。我们不会克隆 N Shepperd 的仓库。我们将克隆 OpenAI 的仓库，并添加 N Shepperd 仓库中所需的五个训练文件。

- 使用内置文件管理器将 dset. txt 上传到 Google Colaboratory。数据集名为 dset. txt，这样在阅读本章后可以在不修改程序的情况下替换其内容，使用定制输入。此数据集位于本书 GitHub 仓库中的 gpt-2-train_files 目录。它是第 3 章“从零开始预训练 RoBERTa 模型”中使用的 kant. txt 数据集。

现在将开始训练过程的初始步骤。

步骤 2～6：训练过程的初始步骤

这里将简要介绍步骤 2～6，因为在本章前面的部分已经描述过它们。然后，我们将数据集和模型复制到项目目录。

每个步骤都与 6.5 节“使用 GPT-2 进行文本补全”中描述的步骤相同。

程序现在克隆的是 OpenAI 的 GPT-2 仓库，而不是 N Shepperd 的仓库：

```
#@title Step 2: Cloning the OpenAI GPT-2 Repository
#!git clone https://github.com/nshepperd/gpt-2.git
!git clone https://github.com/openai/gpt-2.git
```

已经从 N Shepperd 的目录上传了训练 GPT-2 模型所需的文件。

该程序现在安装要求：

```
#@title Step 3: Installing the requirements
import os                #when the VM restarts import os necessary
os.chdir("/content/gpt-2")
!pip3 install -r requirements.txt
```

此笔记本需要拓扑排序，这是一种拓扑排序算法：

```
!pip install toposort
```

在安装要求之后，请勿重新启动笔记本。请等到检查 TensorFlow 版本后，仅在会话期间重新启动一次虚拟机。然后在必要时重新启动。

现在检查 TensorFlow 版本，以确保运行的是 tf 1. x 版本：

```
#@title Step 4: Checking TensorFlow version
#Colab has tf 1.x , and tf 2.x installed
#Restart runtime using 'Runtime' -> 'Restart runtime...'
%tensorflow_version 1.x
import tensorflow as tf
print(tf.__version__)
```

无论是否显示 tf 1. x 版本，请重新运行单元格以确保重新启动虚拟机，然后重新运行此单元格。这样，可以确保正在使用 tf 1. x 运行虚拟机。

程序现在下载了我们将使用数据集进行训练的 117M 参数 GPT-2 模型：

```
#@title Step 5: Downloading 117M parameter GPT-2 Model
# run code and send argument
import os # after runtime is restarted
os.chdir("/content/gpt-2")
!python3 download_model.py '117M' #creates model directory
```

把数据集和 117M 参数 GPT-2 模型复制到 src 目录中：

```
#@title Step 6: Copying the Project Resources to src
!cp /content/dset.txt /content/gpt-2/src/
!cp -r /content/gpt-2/models/ /content/gpt-2/src/
```

目标是将训练模型所需的所有资源集中在 src 项目目录中。

现在将浏览 N Shepperd 的训练文件。

步骤 7：N Shepperd 训练文件

即将使用的训练文件来自 N Shepperd 的 GitHub 仓库。在本节的步骤 1：先决条件中上传了它们。现在将它们复制到项目目录中：

```
#@title Step 7: Copying the N Shepperd Training Files
#Referfence GitHub repository: https://github.com/nshepperd/gpt-2
import os # import after runtime is restarted
!cp /content/train.py /vcontent/gpt-2/src/
!cp /content/load_dataset.py /content/gpt-2/src/
!cp /content/encode.py /content/gpt-2/src/
!cp /content/accumulate.py /content/gpt-2/src/
!cp /content/memory_saving_gradients.py /content/gpt-2/src/
```

训练文件已准备好激活。现在探索它们，从 encode. py 开始。

步骤 8：对数据集进行编码

在对数据集进行训练之前，必须对其进行编码。可以双击 encoder. py 以在 Google Colaboratory 中显示该文件。

encoder. py 通过调用 load_dataset. py 中的 load_dataset 函数加载 dset. txt：

```
from load_dataset import load_dataset
.../...
chunks = load_dataset(enc, args.in_text, args.combine, encoding=args.
encoding)
```

encoder. py 还加载了 OpenAI 的编码程序 encoder. py，用于对数据集进行编码：

```
import encoder
.../...
enc = encoder.get_encoder(args.model_name,models_dir)
```

编码后的数据集被保存在一个NumPy数组中，并存储在out. npz中。npz是由编码器生成的数组的NumPy压缩存档：

```
import numpy as np
np.savez_compressed(args.out_npz, *chunks)
```

当运行单元格时，数据集将被加载、编码并保存在out. npz中：

```
#@title Step 8:Encoding dataset
import os # import after runtime is restarted
os.chdir("/content/gpt-2/src/")
model_name = "117M"
!python /content/gpt-2/src/encode.py dset.txt out.npz
```

GPT-2 117M模型已准备好进行训练。

步骤9：训练模型

现在将在数据集上训练GPT-2 117M模型。将编码后的数据集的名称发送给程序：

```
#@title Step 9:Training the Model
#Model saved after 1000 steps
import os # import after runtime is restarted
os.chdir("/content/gpt-2/src/")
!python train.py --dataset out.npz
```

当运行单元格时，它将训练直到停止它。训练模型在1 000步之后保存。当训练超过1 000步时，请停止它。保存的模型检查点位于/content/gpt-2/src/checkpoint/run1中。可以在笔记本的第10A步：复制训练文件单元格中检查这些文件的列表。

可以通过双击单元格的运行按钮来停止训练。训练将结束，训练后的参数将被保存。

还可以在训练1 000步后使用Ctrl+M组合键停止训练模型。程序将停止并保存训练后的参数。它会将代码转换为文本（需要将其复制回代码单元格），并显示图6. 10所示消息。

```
@title Step 9:Training the Model
Model saved after 1000 steps
```

图6. 10　自动保存训练过的GPT-2模型

程序使用/content/gpt-2/src/memory_saving_gradients. py和/content/gpt-2/src/accumulate. py程序管理优化器和梯度。

train. py包含了一个完整的参数列表，可以用于修改训练过程。首先不修改它们运行笔记本。如果愿意，可以尝试调整训练参数，看看是否可以获得更好的结果。

步骤10：创建训练模型目录

本步骤将为模型创建一个临时目录，存储我们需要的信息，并将其重命名以替换我们下载的 GPT－2 117M 模型的目录。

首先创建一个名为 tgmodel 的临时目录：

```
#@title Step 10: Creating a Training Model directory
#Creating a Training Model directory named 'tgmodel'
import os
run_dir = '/content/gpt-2/models/tgmodel'
if not os.path.exists(run_dir):
  os.makedirs(run_dir)
```

然后，复制检查点文件，这些文件包含我们在本节的“步骤 9：训练模型”中训练模型时保存的训练参数：

```
#@title Step 10A: Copying training Files
!cp /content/gpt-2/src/checkpoint/run1/model-1000.data-00000-of-00001 /content/gpt-2/models/tgmodel
!cp /content/gpt-2/src/checkpoint/run1/checkpoint /content/gpt-2/models/tgmodel
!cp /content/gpt-2/src/checkpoint/run1/model-1000.index /content/gpt-2/models/tgmodel
!cp /content/gpt-2/src/checkpoint/run1/model-1000.meta /content/gpt-2/models/tgmodel
```

tgmodel 目录现在包含了 GPT－2 模型的训练参数。

在 6.5 节“使用 GPT－2 进行文本补全”的“步骤 5：下载 345M 参数 GPT－2 模型”中描述了这些文件的内容。

现在将从下载的 GPT－2 117M 模型中获取超参数和词汇文件：

```
#@title Step 10B: Copying the OpenAI GPT-2 117M Model files
!cp /content/gpt-2/models/117M/encoder.json /content/gpt-2/models/tgmodel
!cp /content/gpt-2/models/117M/hparams.json /content/gpt-2/models/tgmodel
!cp /content/gpt-2/models/117M/vocab.bpe /content/gpt-2/models/tgmodel
```

tgmodel 目录现在包含了我们完成的定制 GPT－2 117M 模型。

最后一步是重命名下载的原始 GPT－2 模型，并将模型名称设置为 117M：

```
#@title Step 10C: Renaming the model directories
import os
!mv /content/gpt-2/models/117M /content/gpt-2/models/117M_OpenAI
!mv /content/gpt-2/models/tgmodel /content/gpt-2/models/117M
```

训练过的模型现在是克隆的 OpenAI GPT－2 存储库将运行的模型。让我们与模型互动吧！

6.7 上下文和补全示例

在本节中，将与在我们的数据集上训练的 GPT - 2 117M 模型进行互动。首先生成一个无条件样本，不需要输入。然后输入一个上下文段落，从训练过的模型中获得一个有条件的文本补全响应。

首先运行一个无条件样本：

```
#@title Step 11: Generating Unconditional Samples
import os # import after runtime is restarted
os.chdir("/content/gpt-2/src")
!python generate_unconditional_samples.py --model_name '117M'
```

这里不要求输入上下文句子，因为这是一个无条件的样本生成器。

要停止单元格，请双击单元格的运行按钮或按 Ctrl + M 组合键。

从语法角度看，结果是随机的但是有意义的。从语义角度来看，结果并不那么有趣，因为我们没有提供上下文。但这个过程仍然是非常了不起的。它发明帖子，写标题、日期，编造组织和地址，产生主题，甚至想象网页链接！

前几行相当令人难以置信：

```
Title: total_authority
Category:
Style: Printable
Quote:
Joined: July 17th, 2013
Posts: 0
Offtopic link: "Essential research, research that supports papers being
peer reviewed, research that backs up one's claims for design, research
that unjustifiably accommodates scientific uncertainties, and research
that persuades opens doors for science and participation in science",
href: https://groups.google.com/search?q=Author%3APj&src=ieKZP4CSg4GVWD
SJtwQczgTWQhAWBO7+tKWn0jzz7o6rP4lEy&ssl=cTheory%20issue1&fastSource=pos
ts&very=device
Offline
Joined: May 11th, 2014
Posts: 1729
Location: Montana AreaJoined: May 11th, 2014Posts: 1729Location:
Montana
Posted: Fri Dec 26, 2017 9:18 pm Post subject: click
I. Synopsis of the established review group
The "A New Research Paradigm" and Preferred Alternative (BREPG)
group lead authors John Obi (Australian, USA and Chartered Institute
of Tropical and Climate Change Research), Marco Xiao (China and
Department of Sociology/Ajax, International Institute of Tropical
and Climate Change Research, Shanghai University) and Jackie Gu (US/
Pacific University, Interselicitas de NASA and Frozen Planet Research
Research Center, Oak Ridge National Laboratory). Dr. Obi states: "Our
conclusions indicate that the existence of the new peer reviewed
asan-rubie study predisposes journal publishers to read scientific
publishers constantly to seek a consignment of, and to be affiliated
with, a large target certain of their persons. The current practice
of supplying books with peer review by commonly-overruled specialists
itself spreads from part to part, sufficient to spread the impact of
peer reviews by experts to all levels of the organization, so as to
increase the extent of exposure to the term of deviation that source
profiles or findings require".
```

无条件文本生成器的结果是有趣的，但不令人信服。

现在将运行一个有条件的样本。我们输入的上下文将使模型按照我们想要的方式思考，通过生成定制的段落来完成文本。

运行单元格并探索其中的魔力：

```
#@title Step 12: Interactive Context and Completion Examples
import os # import after runtime is restarted
os.chdir("/content/gpt-2/src")
!python interactive_conditional_samples.py --temperature 0.8 --top_k 40
--model_name '117M'
```

如果有必要，请花几分钟时间回顾 6.5 节“使用 GPT-2 进行文本补全”的步骤 8 中的参数。程序提示我们输入上下文，如图 6.11 所示。

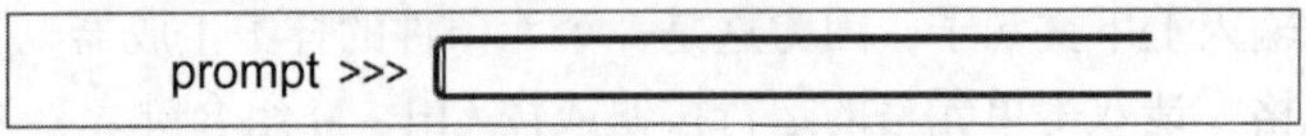

prompt >>>

图 6.11　文本补全的上下文输入

输入同样由伊曼努尔·康德写的段落，就像在 6.5 节“使用 GPT-2 进行文本补全”的步骤 9 中所做的那样：

```
Human reason, in one sphere of its cognition, is called upon to consider
questions, which it cannot decline, as they are presented by its own nature, but
which it cannot answer, as they transcend every faculty of the mind.
```

按 ENTER 生成文本，就像之前做的那样。输出结果可能会从一个运行到另一个运行，尽管它是结构化和逻辑的，使得 Transformer 具有吸引力。这次结果不是随机的，而且令人印象深刻。

看看 GPT-2 模型生成的前几行文字：

```
"Now, what is the nature of the reason, except that it is of a kind and
power of mind that is so called on to think, and to understand?
The reason is the thing which apprehends, and seeks to understand,
the objects of its minds, which apprehend and apprehend the things
of itself. No one can speak of this reason without the understanding
and the understanding of the human reason. But that knowledge and
understanding which is the most natural of all the faculties, which,
because it is understood by the human reason, is the most natural
of all the faculties, is not without reason, but only without
understanding. The human reason, who sees and knows the things which
the natural sense, which, though in the natural sense, does not
understand, is the source of every other knowledge which we understand.
The reason is the thing which does not understand, but understands the
things which we comprehend, and therefore, is not to be understood. I
mean that the reason is the thing which does not understand, but knows
only the things which we do understand…."
```

要停止单元格，请双击单元格的运行按钮或按 Ctrl + M 组合键。

哇！我怀疑任何人都能看出我们训练过的 GPT-2 模型生成的文本补全和人类之间的区别。它在每次运行时可能也会生成不同的输出。

事实上，我认为我们的模型在哲学、理性和逻辑的抽象练习中可能比许多人更胜一筹！

可以从实验中得出一些结论：

- 一个训练有素的 Transformer 模型可以产生与人类水平相当的文本补全。
- GPT－2 模型在复杂和抽象推理的文本生成方面几乎可以达到人类水平。
- 文本上下文是通过演示预期结果来有效调节模型的一种方式。
- 如果提供了上下文句子，文本补全就是基于文本调节的文本生成。

可以尝试输入有条件的文本上下文示例来实验文本补全，还可以使用自己的数据训练我们的模型。只需将 dset. txt 文件的内容替换为你的内容，看看会发生什么！

还可以根据本章 6.5 节“使用 GPT－2 进行文本补全”的步骤 8 修改文本补全参数。

请记住，我们训练过的 GPT－2 模型会像人类一样反应。如果输入简短、不完整、无趣或棘手的上下文，将获得困惑或糟糕的结果。正如现实生活中一样，GPT－2 期望我们做到最好！

我们已经成功地与 GPT－2 模型进行了交互。OpenAI 的 GPT－3 模型更大，能在许多领域产生令人兴奋的结果。

在离开之前，让我们聆听一些由 Transformer 生成的音乐。

6.8　使用 Transformer 生成音乐

在结束之前，体验一下如何通过 Transformer 进行语言建模，从而实现令人兴奋的音乐生成。

Google AI 的 Music Transformer 使用 Transformer 来创作音乐。

单击以下链接，花几分钟时间欣赏示例：

https://magenta. tensorflow. org/music－transformer

亚马逊的 AWS DeepComposer 也使用 Transformer 来创作音乐：

https://aws. amazon. com/blogs/machine－learning/using－transformers－to－createmusic－in－aws－deepcomposer－music－studio/

AWS DeepComposer 配备了一个虚拟键盘，用于输入音乐序列。

现在，音乐家们可以创作音乐并利用 Transformer 探索新领域，提供灵感并增强他们的艺术体验。

现在是时候结束这一突破性的章节，探索更多 Transformer 领域了。

本章小结

在本章中，我们了解了 Transformer 模型的新时代，这些模型在超级计算机上训练了 100 000 000 000 多个参数。OpenAI 的 GPT 模型使自然语言理解（NLU）超越了大多数自然语言处理（NLP）开发团队的能力范围。

首先，我们从项目管理的角度研究了 Transformer 模型，看看 Transformer 是否可以设计为仅使用一个 GPU，例如，使其对所有人都能访问。我们发现，通过优化 Transformer 模型的架构（Reformer）和诸如 PET 之类的训练方法，可以减小模型的尺寸，减少机器能耗。

然后，我们探讨了 GPT 模型的设计，所有这些模型都是基于原始 Transformer 的解码器堆栈构建的。掩码注意力子层延续了从左到右的训练理念。然而，计算的强大能力和随后的自注意力子层使其变得极为高效。

接下来，我们使用 TensorFlow 实现了一个拥有 345M 参数的 GPT-2 模型。我们的目标是与训练过的模型进行交互，看看我们能在这方面走多远。我们看到，提供的上下文会影响输出。然而，当输入 Kant 数据集中的特定输入时，它并未达到预期的结果。

最后，我们进一步训练了一个具有 117M 参数的 GPT-2 模型，该模型基于定制数据集。与这个相对较小的训练模型的互动产生了引人入胜的结果。我们可以轻松想象零样本模型在未来的功能。

那么这是否意味着未来用户将不再需要 AI NLP/NLU 开发者了？用户是否只需将任务定义和输入文本上传到云端 Transformer 模型，然后下载结果？

真相可能在于将一般多任务外包给云模型，并在必要时处理特定任务模型。在下一章“将基于 Transformer 的 AI 文档摘要应用于法律和金融文档”，我们将把 Transformer 模型作为多任务模型发挥到极限，并探索新的前沿。

问题

1. 零样本方法只训练参数一次。(对/错)
2. 在运行零样本模型时进行梯度更新。(对/错)
3. GPT 模型只有一个解码器堆栈。(对/错)
4. 在本地机器上训练一个 117M 的 GPT 模型是不可能的。(对/错)
5. 无法使用特定数据集训练 GPT-2 模型。(对/错)
6. GPT-2 模型无法生成有条件的文本。(对/错)
7. GPT-2 模型可以分析输入的上下文并生成补全内容。(对/错)
8. 我们不能在拥有少于 8 个 GPU 的机器上与 345M 的 GPT 参数模型进行交互。(对/错)
9. 拥有 285 000 个 CPU 的超级计算机不存在。(对/错)
10. 拥有数千个 GPU 的超级计算机改变了人工智能领域的游戏规则。(对/错)

参考文献

- Reference BertViz GitHub Repository by Jesse Vig: https://github.com/jessevig/bertviz

- Google AI Blog on the Reformer: https://ai.googleblog.com/2020/01/reformer-efficient-transformer.html
- Nikita Kitaev, Łukasz Kaiser, Anselm Levskaya, 2020, Reformer: The Efficient Transformer: https://arxiv.org/abs/2001.04451
- Timo Schick, Hinrich Schütze, 2020, It's Not Just Size That Matters: Small Language Models Are Also Few-Shot Learners: https://arxiv.org/abs/2009.07118
- Ashish Vaswani, Noam Shazeer, Niki Parmar, Jakob Uszkoreit, Llion Jones, Aidan N. Gomez, Lukasz Kaiser, Illia Polosukhin, 2017, Attention is All You Need: https://arxiv.org/abs/1706.03762
- Alec Radford, Karthik Narasimhan, Tim Salimans, Ilya Sutskever, 2018, Improving Language Understanding by Generative Pre-Training: https://cdn.openai.com/research-covers/language-unsupervised/language_understanding_paper.pdf
- Jacob Devlin, Ming-Wei Chang, Kenton Lee, and Kristina Toutanova, 2019, BERT: Pre-training of Deep Bidirectional Transformers for Language Understanding: https://arxiv.org/abs/1810.04805
- Alec Radford, Jeffrey Wu, Rewon Child, David Luan, Dario Amodei, Ilya Sutskever, 2019, Language Models are Unsupervised Multitask Learners: https://cdn.openai.com/better-language-models/language_models_are_unsupervised_multitask_learners.pdf
- Tom B. Brown, Benjamin Mann, Nick Ryder, Melanie Subbiah, Jared Kaplany, Prafulla Dhariwal, Arvind Neelakantan, Pranav Shyam, Girish Sastry, Amanda Askell, Sandhini Agarwal, Ariel Herbert-Voss, Gretchen Krueger, Tom Henighan, Rewon Child, Aditya Ramesh, Daniel M. Ziegler, Jeffrey Wu, Clemens Winter, Christopher Hesse, Mark Chen, Eric Sigler, Mateusz Litwin, Scott Gray, Benjamin Chess, Jack Clark, Christopher Berner, Sam McCandlish, Alec Radford, Ilya Sutskever, Dario Amodei, 2020, Language Models are Few-Shot Learners: https://arxiv.org/abs/2005.14165
- Alex Wang, Yada Pruksachatkun, Nikita Nangia, Amanpreet Singh, Julian Michael, Felix Hill, Omer Levy, Samuel R. Bowman, 2019, SuperGLUE: A Stickier Benchmark for General-Purpose Language Understanding Systems: https://w4ngatang.github.io/static/papers/superglue.pdf
- Alex Wang, Yada Pruksachatkun, Nikita Nangia, Amanpreet Singh, Julian Michael, Felix Hill, Omer Levy, Samuel R. Bowman, 2019, GLUE: A MULTI-TASK BENCHMARK AND ANALYSIS PLATFORM FOR NATURAL LANGUAGE UNDERSTANDING
- OpenAI GPT-2 GitHub Repository: https://github.com/openai/gpt-2
- N Shepperd GitHub Repository: https://github.com/nshepperd/gpt-2

第7章

将基于Transformer的AI文档摘要应用于法律和金融文档

在前六章中，我们探索了 Transformer 的架构以及如何训练 Transformer 模型，并实现了对预训练模型进行微调以及执行下游 NLP 任务。在第 6 章“使用 OpenAI 的 GPT-2 和 GPT-3 模型生成文本”中，我们发现 OpenAI 已经开始在尝试使用不需要微调的零样本（zero-shot）模型。

这种演化的底层概念依赖于 Transformer 如何努力引导机器学习模型理解某种自然语言并以类似人类的方式表达自己，我们已经从训练一个模型过渡到教授机器学习某种语言。

Raffel 等（2019）基于一个简单的设想设计了一个 Transformer 元模型：每个 NLP 问题都可以被表示为文本到文本的函数，每种类型的 NLP 任务都提供了生成某种文本结果的文本格式的上下文。

每种 NLP 任务的文本到文本表示方法都提供了一个独特的框架来分析 Transformer 模型的方法和行为。这种设想是让 Transformer 模型在训练和微调阶段通过迁移学习，用文本到文本的方法来学习一种语言。

Raffel 等（2019）将这种方法命名为 Text-To-Text Transfer Transformer，将每个词的首字母缩写表示成 T5，一个新的模型就诞生了！

本章一开始，我们将介绍 T5 Transformer 模型的概念和架构，接着介绍将 Hugging Face 实现的 T5 模型应用于文档摘要，随后我们将探索应用于 Transformer 模型的迁移学习方法的局限性。

本章涵盖以下主题：

- 文本到文本的 Transformer 模型
- T5 模型的结构
- T5 方法论
- 从模型训练到语言学习的 Transformer 模型演化
- Hugging Face Transformer 模型
- 实现 T5 模型
- 法律文本摘要
- 金融文本摘要
- Transformer 模型的局限性

我们首先探索 Raffel 等（2019）所定义的文本到文本（text-to-text）的方法。

7.1 设计通用的文本到文本模型

谷歌的 NLP 技术革命始于 Vaswani 等（2017）的论文 *Attention is All You Need*，即原始 Transformer，它推翻了 30 多年来人工智能对 RNN 和 CNN 模型应用于 NLP 任务的信念。它将我们从 NLP/NLU 的石器时代带到了 21 世纪，这是一次早该进行的革命！

第 6 章“使用 OpenAI 的 GPT-2 和 GPT-3 模型生成文本”，总结了谷歌的 Vaswani 等（2017）的原始 Transformer 和 OpenAI 的 Brown 等（2020）的 GPT-3 Transformer 模型之间爆发的第二次革命。原始 Transformer 着眼于用性能来证明注意力是我们对 NLP/NLU 任务的全部需求。

OpenAI 的第二种革命性模型 GPT-3 着重于将 Transformer 模型从微调预训练模型转变为无须微调的小样本训练模型。第二次革命是为了表明机器可以学习一种语言，并像我们人类那样将其应用于下游任务。

认清这两次自然语言处理革命才能理解 T5 模型所代表的意义：第一次革命是一种注意力技术，第二次革命是教机器理解一种语言（NLU），然后让它像我们一样解决 NLP 问题。

2019 年，谷歌迸发了与 OpenAI 相同的思考，即如何超越技术角度理解 Transformer，并将其带到自然语言理解的抽象层面，这些革命性演进具有颠覆性。是时候安下心来，忘记源代码和机器资源，在更高的层次上分析理解 Transformer 模型。

Raffel 等（2019）致力于设计一个概念性的文本到文本模型并实现它。

让我们来看看第二次 Transformer 模型革命的代表：抽象模型。

7.1.1 文本到文本 Transformer 模型的兴起

Raffel 等（2019）以先驱者的身份带着使命踏上了旅程：“用统一的文本到文本 Transformer 来探索迁移学习的极限”。致力于这一方法的谷歌团队一开始就强调：它不会修改原始 Transformer 的基本架构。

在这一点上，Raffel 等（2019）希望着眼点在于概念而不是技术。他们对制作最新的 Transformer 模型没有兴趣，因为我们经常看到一个所谓的银弹 Transformer 模型有 n 多个参数和层。这一次，T5 团队想探寻 Transformer 模型在理解自然语言方面能有多强大。

人类能学习一种语言并通过迁移学习将获得的知识应用于多种 NLP 任务中。T5 模型的核心理念是找到一种像人类一样处理自然语言的抽象模型。

当我们交流时，我们总是从一个序列（A）开始，后面紧接着另一个序列（B），B 又成为引导另一个序列的起始序列，如图 7.1 所示。

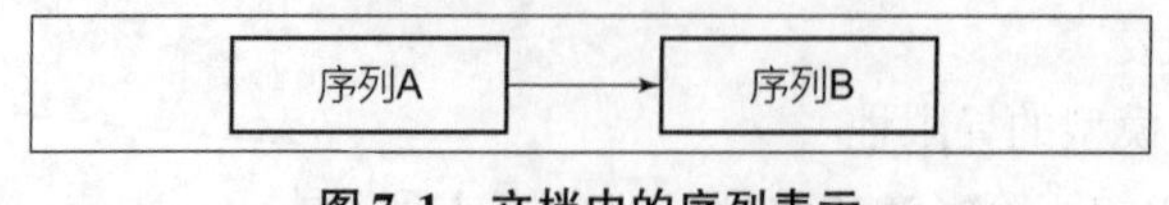

图 7.1 文档中的序列表示

我们通过带节奏的声音组成的音乐来交流，通过有规律的身体动作组成的舞蹈来沟通，通过具有协调的形状和颜色的绘画来表达自己，通过由词或一组词构成的称为文本的语言来交流。当我们试图理解一段文本时会查看句子中前后方向的所有单词并试图衡量每个词的重要性。当我们不理解某个句子时，我们会聚焦于句中的某个词，并探寻句子中的其他关键词的意思，以确定它们的重要程度和我们应该对它们的关注程度。以上描述定义了 Transformer 的注意力层的主要原理。

花点时间把上述内容回味一下，这看起来是不是简单得令人难以置信？然而它花了超过 35 年的时间来推翻围绕着 RNN、CNN 以及伴随着它们的思维过程的旧观念，同时关注一个序列中的所有标记的注意力层的技术革命导致了 T5 的理念革命。

T5 模型可以被概括为文本到文本的迁移 Transformer。每一个 NLP 任务都被表述为一个要处理的文本到文本的问题。

7.1.2　用前缀而不是与具体任务相关的文本格式描述

Raffel 等（2019）仍有一个亟待解决的问题：规范具体任务的格式。

我们的想法是找到一种方法，给输入进 Transformer 的每个任务提供一种规范的输入格式。这样一来，模型参数就可以用一种文本到文本的格式对所有类型的任务进行训练。

谷歌 T5 团队想出了一个简单的解决方案：在输入序列中添加一个前缀。如果没有某个早已被遗忘的大神发明的前缀方法，我们将需要成千上万的额外词汇。例如，如果不使用“pre”作为前缀，我们将需要找到描述 prepayment、prehistoric、Precambrian 以及其他成千上万的词汇。

Raffel 等（2019）提出在输入序列中添加前缀。T5 前缀不仅仅是像 [CLS] 那样在一些 Transformer 模型中用于分类的标签或指示标记。一个 T5 前缀包含了一个 Transformer 模型需要解决的任务的描述。前缀传达的意义就像下面的例子一样，此外：

- “translate English to German：+ [sequence]” 进行翻译，就像在第 5 章“使用 Transformer 进行机器翻译”中做的那样。
- “cola sentence：+ [sequence]” 用于语言可接受性语料库（CoLA），正如在第 2 章“微调 BERT 模型”中对 BERT 模型进行微调时所用的那样。
- “stsb sentence 1：+ [sequence]” 用于语义文本相似性基准。自然语言推理和蕴含是类似的问题，如第 4 章“使用 Transformer 完成下游 NLP 任务”中所述。
- “summarize + [sequence]” 用于文本摘要问题，我们将在本章的 7.2 节“用 T5 进行文本摘要”中解决。

我们现在已经得到了一种用于多种 NLP 任务的统一输入格式，如图 7.2 所示。

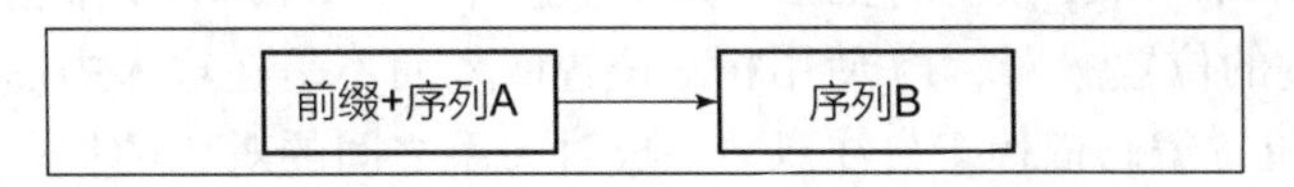

图 7.2　统一 Transformer 模型的输入格式

统一的输入格式使得一个 Transformer 模型无论要解决哪个问题，都会产生一段结果序列。许多 NLP 任务的输入和输出都已经被定义为统一格式，如图 7.3 所示。

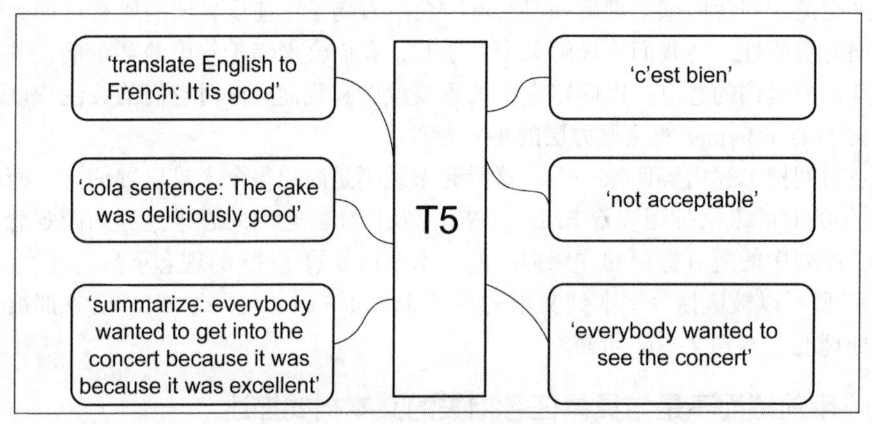

图 7.3　T5 模型框架

统一格式的结果使得在多种任务中使用相同的模型、超参数和优化器成为可能。

我们已经经历了标准的文本到文本的输入/输出格式。现在让我们来看看 T5 Transformer 模型的结构。

7.1.3 T5 模型

Raffel 等（2019）专注于设计一种标准的输入格式以获得文本输出。谷歌 T5 团队并不想尝试从原始的 Transformer 衍生出来的新架构，比如类似 BERT 的纯编码器层或类似 GPT 的纯解码器层，而是集中精力在以标准格式定义 NLP 任务上。

他们选择使用我们在第 1 章“Transformer 模型架构入门”中定义的原始 Transformer 模型，我们可以在图 7.4 中看到。

Raffel 等（2019）保留了大部分原始的 Transformer 模型架构和术语，但强调了一些关键的方面。此外，他们还做了一些轻微的词汇和功能的改变。下面的列表包含了 T5 模型的一些主要内容：

- 编码器和解码器保留于模型中。编码器和解码器层成为“积木”，而子层成为“子组件”，包含一个自注意力层和一个前馈网络。在乐高似的语言中使用“积木”和“子组件”，可以让你组装“积木”、部件和组件来构建你自己的模型。Transformer 组件是标准的积木，你可以以多种方式进行组装。一旦理解了我们在第 1 章“Transformer 模型架构入门”中所学习过的基本积木，你就可以理解任何 Transformer 模型。
- 自注意力是“顺序无关的”，这意味着它是对集合进行操作。
- 最初的 Transformer 模型将正弦和余弦值应用于 Transformer 架构，或者说它使用了学习过的位置嵌入。T5 使用相对位置嵌入而不是在输入中加入任意位置。在 T5 中，位置编码依赖于自注意力在成对关系之间的对比的扩展。更多内容请见本章参考文献部分的 Shaw 等（2018）的论文。

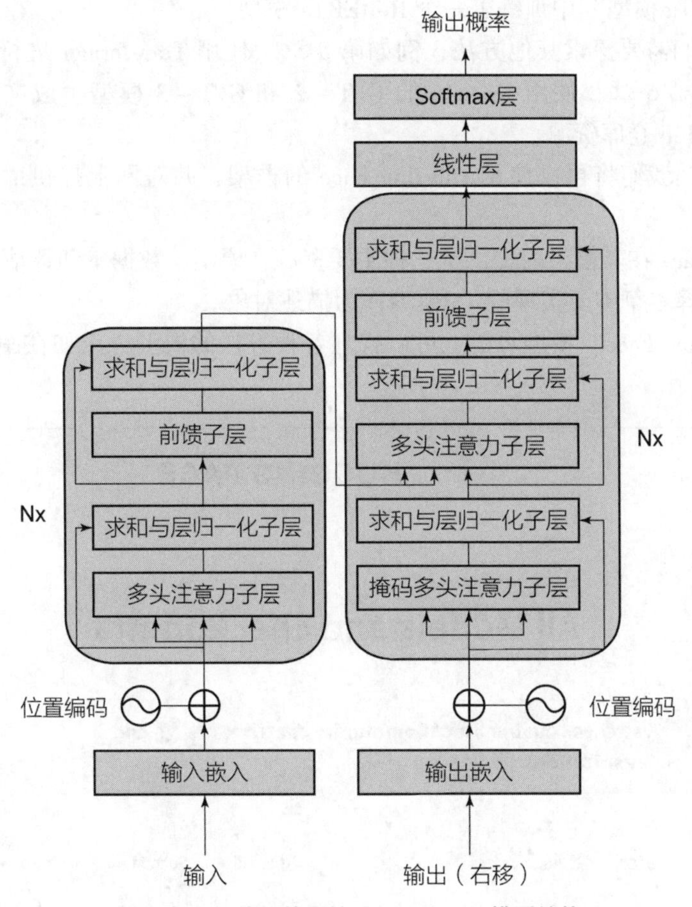

图 7.4　T5 使用的原始 Transformer 模型结构

- 位置编码在模型的所有层中是共享的，并且会基于所有层进行重新计算。

我们通过文本到文本的方法定义了 T5 Transformer 模型输入的标准化方案。

现在让我们用 T5 来对文本进行文本摘要。

7.2　用 T5 进行文本摘要

NLP 文本摘要任务用于提取文本的简明内容。在本节中，我们将首先介绍在本章中要使用的 Hugging Face 资源，然后初始化一个 T5 - Large Transformer 模型，最后探索一下如何使用 T5 模型来对包括法律和公司文档在内的任意类型的文档进行文本摘要。

让我们从使用 Hugging Face 的框架开始。

7.2.1　Hugging Face

Hugging Face 设计了一个在更高层次上实现 Transformer 模型的框架。我们在第 2 章“微调 BERT 模型”中使用了 Hugging Face 来微调 BERT 模型，并在第 3 章“从零开始预训练 RoBERTa 模型”中训练了一个 RoBERTa 模型。

然而，我们需要探索其他方法，例如第 5 章“使用 Transformer 进行机器翻译”中的 Trax，以及第 6 章“使用 OpenAI 的 GPT－2 和 GPT－3 模型生成文本”中描述的 OpenAI 的 GitHub 仓库资源。

在本章中，我们将再次使用 Hugging Face 的框架，并对网上提供的资源进行更多解释。

Hugging Face 在其框架内提供了三种主要资源：模型、数据集和评估工具。

下面将选择本章中要实现的 T5 模型作为描述对象。

在“Hugging Face”模型页面上可以找到各种各样的模型，正如在图 7.5 中看到的那样。

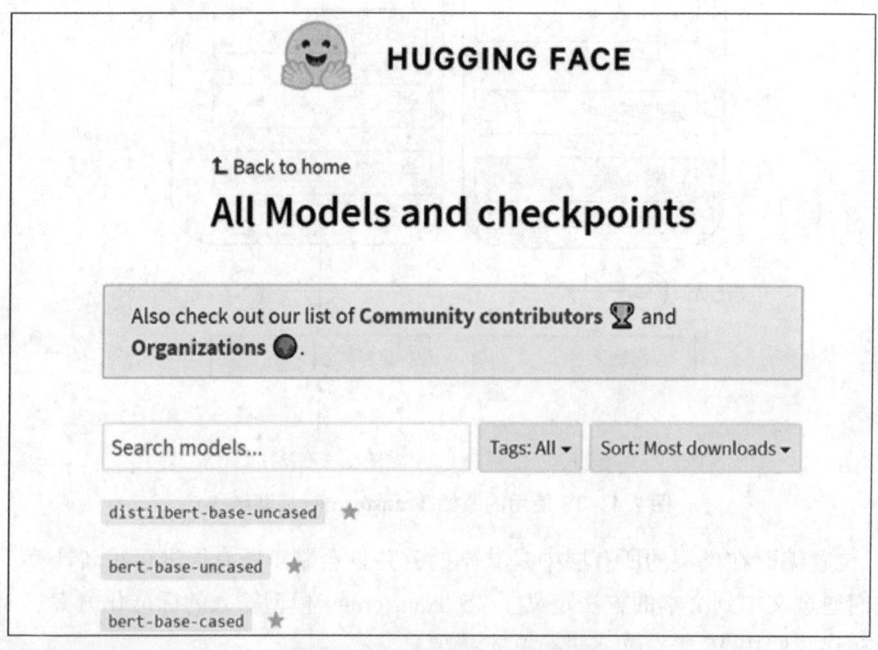

图 7.5　Hugging Face 模型库

在 https://huggingface.co/models 页面上，我们可以检索需要的模型。在我们的例子中，我们正在寻找 t5－large，此模型可以在 Google Colaboratory 中顺利运行。

我们首先输入 T5 关键字来搜索一个 T5 模型，得到一个我们可以选择的 T5 模型的列表，如图 7.6 所示。

我们可以看到有 5 个基本的 T5 Transformer 模型可用：

- Base，这是一个基线模型。它被设计成与 BERT－BASE 类似，有 12 层，大约 2.2 亿个参数。
- Small，这是一个较小的模型，有 6 层和 6 000 万个参数。
- Large，它的设计类似于 BERT－LARGE，有 12 层和 7.7 亿个参数。
- 3B 和 11B，使用 24 层编码器和解码器，大约有 28 亿个参数和 110 亿个参数。

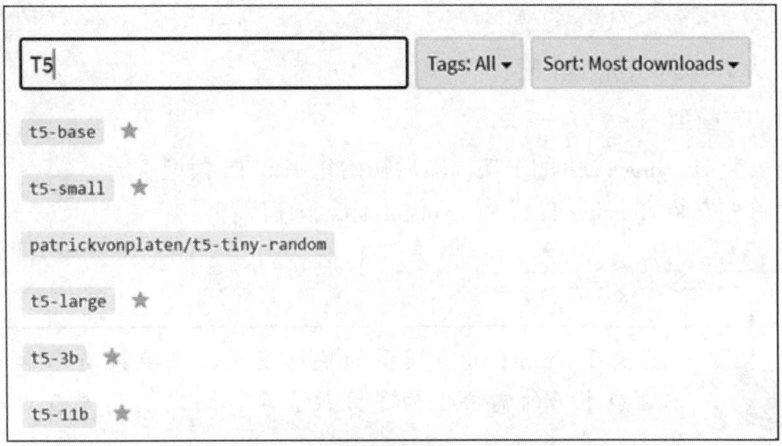

T5

Tags: All　Sort: Most downloads

t5-base
t5-small
patrickvonplaten/t5-tiny-random
t5-large
t5-3b
t5-11b

图 7.6　搜索需要的 T5 模型

关于 BERT – BASE 和 BERT – LARGE 的更多描述，你可以现在或以后花几分钟时间在第 2 章“微调 BERT 模型”中回顾这些模型。

在我们的案例中，我们选择 t5 – large，如图 7.7 所示。

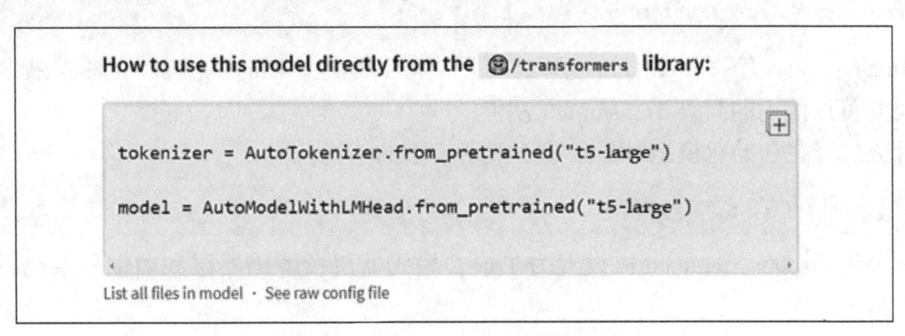

图 7.7　Hugging Face 模型用法

图 7.7 显示了如何在我们将要编写的代码中使用该模型。我们还可以查看模型中的文件列表和原始配置文件。当我们在本章的 7.2.2 节“初始化 T5 – Large Transformer 模型”中初始化该模型时，需要研究它的配置文件。

Hugging Face 也提供了数据集和评估方法。

- 这些数据集可用于训练和测试你的模型：https://huggingface.co/datasets
- 评估工具可以用来衡量你的模型的性能：https://huggingface.co/metrics

在本章中，我们不会去实现这些数据集或评估工具而是专注于如何实现任何类型文档的摘要。

让我们从初始化 T5 Transformer 模型开始。

7.2.2　初始化 T5 – Large Transformer 模型

在这一小节中，我们将初始化一个 T5 – Large 模型。打开 Summarizing_Text_with_T5.ipynb 这个 notebook，你可以在 GitHub 上的本章目录中找到它：

```
Summarizing_Text_with_T5.ipynb
```

让我们从 T5 模型开始上手吧！

1. 上手 T5 模型

下面将安装 Hugging Face 的框架，然后初始化一个 T5 模型。

我们将首先安装 Hugging Face 的 Transformers 程序库：

```
! pip install transformers==4.0.0
```

由于 Transformer 模型的快速发展，需要改进库和模块以适应市场的需要，为了方便重现，约定使用 4.0.0 版本的 Transformers 库。

我们使用 0.1.94 版的 sentencepiece 软件包以保证使用 Hugging Face 相关程序库的 notebook 文件稳定可用：

```
!pip install sentencepiece==0.1.94
```

Hugging Face 有一个 GitHub 仓库，可以克隆到本地。Hugging Face 的框架提供了一系列我们可以使用的高级 Transformer 功能。

可以选择在初始化模型时显示或不显示模型的架构：

```
display_architecture=False
```

如果将 display_architecture 设置为 True，编码器层、解码器层和前馈子层的结构就会显示出来。

现在导入了 torch 和 json 程序库：

```
import torch
import json
```

基于 Transformers 库进行实验意味着对其他研究实验室分享的许多 Transformer 架构持开放态度。建议尽可能多地使用 PyTorch 和 TensorFlow 来适应这两种环境，关注的重点是 Transformer 模型的抽象程度（任务相关的模型或 zero - shot 模型）和它的整体性能。

我们来导入 tokenizer、generation 和 configuration 类：

```
from transformers import T5Tokenizer, T5ForConditionalGeneration, T5Config
```

我们在这里将使用 T5 - Large 模型，但你可以在本章 7.2.1 小节“Hugging Face”中所看到的 Hugging Face 列表中选择其他 T5 模型。

现在我们导入 T5ForConditionalGeneration 模型来生成文本并加载 T5 - Large 的标记解析器。

```
model = T5ForConditionalGeneration.from_pretrained('t5-large')
tokenizer = T5Tokenizer.from_pretrained('t5-large')
```

初始化一个预训练的标记解析器只需要一行。然而，没有什么能证明标记解析后的词典包含了我们所需要的所有词汇。我们将在第 8 章“标记解析器与数据集的匹配”中研究标记解析器和数据集之间的关系。

现在程序用‘cpu’设备初始化了 torch.device。CPU 设备对这个 notebook 来说已经足够了。torch.device 对象是 Torch Tensors 将被分配到的设备。

```
device = torch.device('cpu')
```

我们准备探索 T5 模型的架构。

2. 探索 T5 模型的架构

下面将探索一个 T5-Large 模型的架构和配置。

如果 display_architecture == true，我们可以看到该模型的配置。

```
if (display_architecture == True:
  print(model.config)
```

例如，我们可以看到模型的基本参数：

```
…/…
"num_heads": 16,
"num_layers": 24,
…/…
```

该模型是一个有 16 个头部和 24 层的 T5 Transformer。

我们还可以看到 T5 的文本到文本的实现，它在输入句子中加入一个前缀来触发要执行的任务。前缀使得它可以在不修改模型参数的情况下，以文本到文本的形式表示多种类型的任务。在我们的案例中，前缀是 summarize：

```
"task_specific_params": {
    "summarization": {
      "early_stopping": true,
      "length_penalty": 2.0,
      "max_length": 200,
      "min_length": 30,
      "no_repeat_ngram_size": 3,
      "num_beams": 4,
      "prefix": "summarize: "
    },
```

我们可以看到：

- T5 实现了 Beam 搜索，这将扩展 4 个最重要的文本补全预测。
- 当每批完成 num_beams 句子时，T5 将启用 early stopping。
- T5 将确保 no_repeat_ngram_size 大小的 gram 不重复。
- T5 用 min_length 和 max_length 控制样本的长度。

- T5 应用一个长度惩罚值。

另一个有趣的参数是词表大小：

```
"vocab_size": 32128
```

词表本身就是一个值得探讨的话题。词表中的词汇量太多，会导致稀疏的表征。词汇量太少则会扭曲 NLP 任务。我们将在第 8 章“标记解析器与数据集的匹配”中进一步探讨这个话题。

我们也可以通过简单地打印模型来查看 Transformer 模型的堆栈细节：

```
if(display_architecture==True):
  print(model)
```

例如，我们可以浏览一下编码器堆栈的一个块（层）的内部细节（编号从 0 到 23）。

```
(12): T5Block(
        (layer): ModuleList(
          (0): T5LayerSelfAttention(
            (SelfAttention): T5Attention(
              (q): Linear(in_features=1024, out_features=1024,
bias=False)
              (k): Linear(in_features=1024, out_features=1024,
bias=False)
              (v): Linear(in_features=1024, out_features=1024,
bias=False)
              (o): Linear(in_features=1024, out_features=1024,
bias=False)
            )
            (layer_norm): T5LayerNorm()
            (dropout): Dropout(p=0.1, inplace=False)
          )
          (1): T5LayerFF(
            (DenseReluDense): T5DenseReluDense(
              (wi): Linear(in_features=1024, out_features=4096,
bias=False)
              (wo): Linear(in_features=4096, out_features=1024,
bias=False)
              (dropout): Dropout(p=0.1, inplace=False)
            )
            (layer_norm): T5LayerNorm()
            (dropout): Dropout(p=0.1, inplace=False)
          )
        )
      )
```

我们可以看到，该模型对注意力子层的 1 024 个特征进行了运算，对前馈网络子层的内部计算进行了 4 096 次，将产生 1 024 个特征的输出。Transformer 的对称结构在所有层中都得到了保持。

你可以花几分钟时间去看一下编码器堆栈、解码器堆栈、注意力子层和前馈子层。

你也可以选择只运行你希望的代码单元以选择模型的特定功能层：

```
if display_architecture == True:
  print(model.encoder)

if display_architecture == True:
  print(model.decoder)

if display_architecture == True:
  print(model.forward)
```

我们已经初始化了T5 Transformer模型，现在来执行一下文档摘要。

7.2.3　用T5-Large模型进行文档摘要

在本节中，我们将创建一个摘要函数。你可以用任何你想摘要的文本来启用测试，我们选取法律和金融方面的样本进行摘要。最后，我们将总结该方法的局限性。

我们从创建一个摘要函数开始。

1. 创建一个摘要函数

首先，让我们创建一个名为summarize的摘要函数，只需要将我们想要摘要的文本传递给此函数。该函数需要两个参数，第一个参数是preprocess_text，将被摘要的文本；第二个参数是ml，输出的摘要文本的最大长度。这两个参数是你每次调用该函数时都需要传递给它的变量。

```
def summarize(text,ml):
```

Hugging Face等框架都提供了随时可用的文本摘要功能，但是我建议学习如何建立自己的函数，以便在必要时定制这一关键任务。

然后，对上下文文本或标签值（样本中的人工摘要结果）去掉换行符。

```
preprocess_text = text.strip().replace("\n","")
```

然后，我们将创新的T5任务前缀“summarize”应用于输入文本。

```
t5_prepared_Text = "summarize: " +preprocess_text
```

T5模型有一个统一的输入格式结构，任何任务都是通过前缀+输入序列的方式。这虽然看起来很简单，但它使下游的零样本或通用训练任务更加适应于NLP Transformer模型。

我们可以显示处理过的（去除过空白字符的）和预处理过的文本：

```
print ("Preprocessed and prepared text: \n", t5_prepared_text)
```

简单吧？好吧，从RNN和CNN到Transformer的发展花费了35年以上的时间，但它引领了世界上一些最聪明的研究团队从为特定任务设计的 Transformer 模型发展到了几乎不需要微调的多任务模型。最后，谷歌研究团队为 Transformer 模型的输入文本创建了一种标准格式，其中包含一个前缀，表明要解决的 NLP 问题。这是一个相当大的壮举！

以下显示的内容包含预处理过的和准备好的输入文本：

```
Preprocessed and prepared text:
summarize: The United States Declaration of Independence
```

我们可以从上面看到代表要解决的任务类型的 summarize 前缀。

现在文本被编码为 tokens ID，并将其作为 Torch Tensors 返回。

```
tokenized_text = tokenizer.encode(t5_prepared_Text, return_
tensors="pt").to(device)
```

编码后的文本已经被准备好输入模型，用我们在 7.2.2 节中“上手 T5 模型”部分描述的参数生成一个摘要：

```
# Summarize
  summary_ids = model.generate(tokenized_text,
                                              num_beams=4,
                                              no_repeat_ngram_size=2,
                                              min_length=30,
                                              max_length=ml,
                                              early_stopping=True)
```

beams 的数量与我们导入的模型保持一致。然而，no_repeat_ngram_size 被减少到 2 而不是 3。

生成的输出现在用标记解析器进行解码：

```
output = tokenizer.decode(summary_ids[0], skip_special_tokens=True)
return output
```

我们导入、初始化并定义了摘要功能。现在让我们用一个普通的主题在 T5 模型上进行实验。

2. 普通的主题样本

下面将通过 T5 模型处理为古腾堡计划（Project Gutenberg）编写的文本，并用这个文本来对我们的摘要功能进行测试。你可以复制和粘贴任何你想要实验的其他文本，或者通过添加一些代码来加载某个文本，也可以加载一个你选择的数据集并在一个循环中调用摘要功能。

本章程序的目的是实验几个样本并看看 T5 是如何工作的。输入的文本是古腾堡计划电子书的开头部分，其中包含《美利坚合众国独立宣言》（*Declaration of Independence of the United States of America*）。

```
text ="""
The United States Declaration of Independence was the first Etext
released by Project Gutenberg, early in 1971. The title was stored
in an emailed instruction set which required a tape or diskpack be
hand mounted for retrieval. The diskpack was the size of a large
cake in a cake carrier, cost $1500, and contained 5 megabytes, of
which this file took 1-2%. Two tape backups were kept plus one on
paper tape. The 10,000 files we hope to have online by the end of
2001 should take about 1-2% of a comparably priced drive in 2001.
"""
```

随后我们调用summarize函数，并输入我们想摘要的文本和期望的摘要的最大长度。

```
print("Number of characters:",len(text))
summary=summarize(text,50)
print ("\n\nSummarized text: \n",summary)
```

输出内容显示出我们输入了534个字符，经过预处理的原始文本（及人工标注的摘要），以及预测输出的摘要：

```
Number of characters: 534
Preprocessed and prepared text:
 summarize: The United States Declaration of Independence...

Summarized text:
 the united states declaration of independence was the first etext
published by project gutenberg, early in 1971. the 10,000 files we hope
to have online by the end of2001 should take about 1-2% of a comparably
priced drive in 2001. the united states declaration of independence was
the first Etext released by project gutenberg, early in 1971
```

现在让我们用T5来做一个更有挑战的摘要任务。

3. 《权利法案》样本

下面这个样本取自《权利法案》（*Bill of Rights*），难度较大，因为它表达的是个人的确切权利。

```
#Bill of Rights,V
text ="""
No person shall be held to answer for a capital, or otherwise infamous
crime,
unless on a presentment or indictment of a Grand Jury,exceptin cases
arising
 in the land or naval forces, or in the Militia, when in actual service
in time of War or public danger; nor shall any person be subject for
the same offense to be twice put in jeopardy of life or limb;
nor shall be compelled in any criminal case to be a witness against
himself,
```

```
nor be deprived of life, liberty, or property, without due process of
law;
nor shall private property be taken for public use without just
compensation.
"""
print("Number of characters:",len(text))
summary = summarize(text,50)
print ("\n\nSummarized text: \n",summary)
```

我们可以看到，T5 并没有真正对输入的文本进行摘要，而只是简单地将其缩短：

```
Number of characters: 591
Preprocessed and prepared text:
 summarize: No person shall be held to answer..

Summarized text:
 no person shall be held to answer for a capital, or otherwise infamous
crime. except in cases arisingin the land or naval forces or in the
militia, when in actual service in time of war or public danger
```

这个样本意义重大，因为它显示了任何 Transformer 模型或任何其他 NLP 模型在面对此类文本时遇到的限制。不管 Transformer 有多么惊人的创新，我们不能只是测试容易的样本令用户相信 Transformer 模型已经解决了我们面临的所有 NLP 任务挑战。

也许我们应该使用其他参数对一个更长的文本进行摘要，使用更大的模型，或者改变 T5 模型的结构。然而，无论你如何努力用 NLP 模型来摘要一个有挑战的文本，你总是会找到模型无法进行正确摘要的内容。

当一个模型在某项任务上失败时，我们需要谦虚并承认它的不足。SuperGLUE 的人类基线是一个难以战胜的丰碑。我们需要有耐心并更加努力地工作来改进 Transformer 模型，直到它们能比现在表现得更好，它仍然有很大的改进空间。

Raffel 等（2018）选择了一个合适的标题来描述他们的 T5 方法："Exploring the Limits of Transfer Learning with a Unified Text - to - Text Transformer."（探索统一文本到文本 Transformer 的迁移学习方法的局限性）

花一点时间用你自己的法律文件样本进行实验是值得的。作为现代 NLP 的先锋，探索迁移学习的极限吧，有时你会发现令人兴奋的结果，有时你会发现需要改进的地方。

现在，让我们尝试一下公司法样本。

4. 公司法样本

公司法包含许多法律上的微妙之处，这使得摘要的任务相当棘手。

这个样本的输入是美国蒙大拿州的公司法的节选。

```
#Montana Corporate Law
#https://corporations.uslegal.com/state-corporation-law/montana-
corporation-law/#:~:text=Montana%20Corporation%20Law,carrying%20out%20
```

```
its%20business%20activities.
Text ="""The law regarding corporations prescribes that a corporation
can be incorporated in the state of Montana to serve any lawful
purpose. In the state of Montana, a corporation has all the powers
of a natural person for carrying out its business activities. The
corporation can sue and be sued in its corporate name. It has
perpetual succession. The corporation can buy, sell or otherwise
acquire an interest in a real or personal property. It can conduct
business, carry on operations, and have offices and exercise the powers
in a state, territory or district in possession of the U.S., or in a
foreign country. It can appoint officers and agents of the corporation
for various duties and fix their compensation.
The name of a corporation must contain the word "corporation" or
its abbreviation "corp." The name of a corporation should not be
deceptively similar to the name of another corporation incorporated
in the same state. It should not be deceptively identical to the
fictitious name adopted by a foreign corporation having business
transactions in the state.
The corporation is formed by one or more natural persons by executing
and filing articles of incorporation to the secretary of state of
filing. The qualifications for directors are fixed either by articles
of incorporation or bylaws. The names and addresses of the initial
directors and purpose of incorporation should be set forth in the
articles of incorporation. The articles of incorporation should
contain the corporate name, the number of shares authorized to issue,
a brief statement of the character of business carried out by the
corporation, the names and addresses of the directors until successors
are elected, and name and addresses of incorporators. The shareholders
have the power to change the size of board of directors.
"""
print("Number of characters:",len(text))
summary=summarize(text,50)
print ("\n\nSummarized text:\n",summary)
```

其结果是令人满意的：

```
Number of characters: 1816
Preprocessed and prepared text:
 summarize: The law regarding the corporation prescribes that a
corporation...

Summarized text:
 a corporations can be incorporated in the state of Montana to serve
any lawful purpose. a corporation can sue and be sued in its corporate
name, and it has perpetual succession. it can conduct business, carry
on operations and have offices
```

这一次，T5 模型找到了文本中的一些中心内容来表达文本的摘要。花点时间尝试将你自己的样本导入模型，看看会发生什么。调整参数以查看它是否会影响结果。

我们已经实现了基于 T5 模型的文本摘要，接下来是本章内容小结和小测验，然后进入下一章的精彩内容学习。

本章小结

在本章中，我们看到了 T5 Transformer 模型是如何将原始 Transformer 模型的编码器和解码器堆栈的输入标准化的。原始 Transformer 架构的编码器和解码器堆栈的每个块（或层）都有相同的结构，但没有为 NLP 任务提供标准化的输入格式。

Raffel 等（2018）通过定义一种文本到文本的模型，为大多数的 NLP 任务设计了一个标准输入。他们给输入序列添加了一个用于表示待解决的 NLP 问题的类型的前缀，定义了一个标准的文本到文本任务的格式化表达，Text - To - Text Transfer Transformer（T5）就这样诞生了。我们发现，这种看似简单的演进使得可以在各种自然语言处理任务中使用相同的模型和超参数。T5 的发明进一步推进了 Transformer 模型的标准化过程。

我们实现了一个可以摘要任何文本的 T5 模型并在那些不属于已知训练数据集的文本上进行了测试。在宪法和公司法样本上对该模型的测试结果很有趣，但我们也发现了如 Raffel 等（2018）所预测到的 Transformer 模型的一些局限性。

总的来说，需要在 NLP 任务处理的每个方面进行更多的研究才能改进 Transformer 模型和 NLP 任务。

在下一章“标记解析器与数据集的匹配”中，我们将探索标记解析器的局限性，并提出改进 NLP 任务的方法。

习题

1. T5 模型像 BERT 模型一样只有编码器堆栈。（对/错）
2. T5 模型同时具有编码器和解码器堆栈。（对/错）
3. T5 模型使用相对位置编码，而不是绝对位置编码。（对/错）
4. 文本到文本模型只为摘要任务而设计。（对/错）
5. 文本到文本模型对输入序列应用一个决定任务类型的前缀。（对/错）
6. T5 模型需要为每个任务提供特定的超参数。（对/错）
7. 文本到文本模型的优点之一是它们将相同的超参数应用于所有 NLP 任务。（对/错）
8. T5 Transformer 不包含前馈神经网络。（对/错）
9. NLP 文本摘要适用于任何文本。（对/错）
10. Hugging Face 是一个使 Transformer 模型更容易实现的框架。（对/错）

参考文献

- Colin Raffel, Noam Shazeer, Adam Roberts, Katherine Lee, Sharan Narang, Michael Matena, Yanqi Zhou, Wei Li, Peter J. Liu, 2019, Exploring the Limits of Transfer Learning with a Unified Text - to - Text Transformer: https://arxiv.org/pdf/1910.10683.pdf
- Ashish Vaswani, Noam Shazeer, Niki Parmar, Jakob Uszkoreit, Llion Jones, Aidan N. Gomez, Lukasz Kaiser, Illia Polosukhin, 2017, Attention is All You Need: https://arxiv.org/abs/1706.03762
- Peter Shaw, Jakob Uszkoreit, and Ashish Vaswani, 2018, Self - Attention with Relative Position Representations: https://arxiv.org/abs/1803.02155
- Hugging Face Framework and Resources: https://huggingface.co/
- U.S. Legal, Montana Corporate Laws: https://corporations.uslegal.com/state-corporation-law/montana-corporation-law/#:~:text=Montana%20Corporation%20Law,carrying%20out%20its%20business%20activities
- The Declaration of Independence of the United States of America by Thomas Jefferson: https://www.gutenberg.org/ebooks/1
- The United States Bill of Rights by the United States: https://www.gutenberg.org/ebooks/2

第 8 章

标记解析器与数据集的匹配

在研究Transformer模型时，我们倾向于关注模型的架构和训练它们所用的数据集。我们已经解析了原始的Transformer模型结构并微调了一个类似BERT的模型，训练了一个RoBERTa模型和一个GPT-2模型，并实现了一个T5模型，我们还体验了主要的基准任务和数据集。

我们训练了一个RoBERTa标记解析器，并使用标记解析器对数据进行编码。然而，我们没有讨论标记解析器的局限，以评估它们如何适应我们建立的模型。人工智能是数据驱动的，Raffel等（2019）和本书引用的所有作者一样，花了大量时间为Transformer模型准备数据集。

在本章中，我们将讨论标记解析器的一些局限性，这些限制影响了下游Transformer任务的质量。不要把预先训练好的标记解析器当作黑箱对待，你可能遇到一个使用特定词汇字典（如高级医学词汇）的场景，其中的词汇不能被通用的预训练标记解析器正常处理。

我们将首先介绍一些与标记解析器无关的衡量标记解析器的质量的最佳实践。我们将从标记解析的角度描述数据集和标记解析器的基本规则。然后，我们将通过一个Word2Vec标记解析器探索标记解析器的局限性，以描述我们在任何标记解析方法中面临的问题，最后用一个Python程序来说明这些限制。

我们将继续探索字节级BPE方法的局限性。我们将建立一个Python程序，显示由GPT-2标记解析器产生的结果，研究数据编码过程中出现的问题。

最后，当我们试图用第7章“将基于Transformer的AI文档摘要应用于法律和金融文档”中的基于T5模型的方法对《权利法案》（*Bill of Rights*）进行摘要时，将会遇到曾经遇到过的摘要相关的问题并应用本章中发掘的方法来改进T5的摘要能力。

本章涵盖以下主题：

- 控制标记解析器输出的基本规则
- 原始数据策略和预处理数据策略
- Word2Vec的标记解析问题和局限
- 创建一个Python程序来评估Word2Vec标记解析器能力
- 评估GPT-2标记解析器
- 建立一个Python程序来评估字节级BPE算法的输出
- 用特定的词汇表定制NLP任务

- 测试一个标准的 T5 条件输入样本
- 改进数据集

我们的第一步将是探索 Raffel 等（2019）所定义的文本到文本方法。

8.1 匹配数据集和标记解析器

下载基准数据集来训练 Transformer 模型有很多好处：数据是现成的，每个研究实验室都使用相同的参考结果，一个 Transformer 模型的性能可以用相同的数据集与另一个模型进行比较。

然而，还需要做更多的工作来提高 Transformer 模型的性能。此外，在生产环境中部署 Transformer 模型需要仔细规划和确定最佳方案。

在本节中，我们将定义一些最佳实践来避免阻塞性的问题。

然后，我们将通过 Python 中的几个例子，使用余弦相似度来衡量标记解析和编码数据集的能力极限。

让我们从最佳实践开始。

8.1.1 最佳实践

Raffel 等（2019）定义了一个标准的文本到文本的 T5 Transformer 模型。更进一步，他们破灭了使用原始数据不需要先进行预处理的神话，预处理数据可以减少训练时间。例如，Common Crawl 包含通过网络抓取获得的未标注文本，预处理可以从数据集中去掉非文本和特殊符号。

然而，谷歌 T5 团队发现，通过 Common Crawl 获得的许多文本根本达不到自然语言或英语的水平。他们决定在使用数据集之前对其进行必要的清理。

我们将进一步采纳 Raffel 等（2019）提出的建议，将企业质量控制的最佳实践应用于预处理和后处理阶段。所描述的例子只是众多需要应用的规则之一，它们让人们对获取可接受的真实项目数据集所需的巨大工作有了一个概念。

图 8.1 列出了一些应用于数据集的关键质量控制过程。其中，质量控制分为训练 Transformer 模型时的预处理阶段（步骤 1）和 Transformer 模型投入生产时的后处理阶段（步骤 2）。

让我们来看看预处理阶段的一些主要内容。

1. 步骤 1：预处理

Raffel 等（2019）建议在训练模型之前对数据集进行预处理，笔者补充了一些额外的想法。

Transformer 模型已经进化为语言学习者，而我们则成为他们的老师。要教机器——学生语言，我们必须解释什么是正确的英语。

在使用数据集之前，我们需要对它们应用一些标准的启发式方法：

- 带有标点符号的句子。建议选择以句号或问号等标点符号结尾的句子。

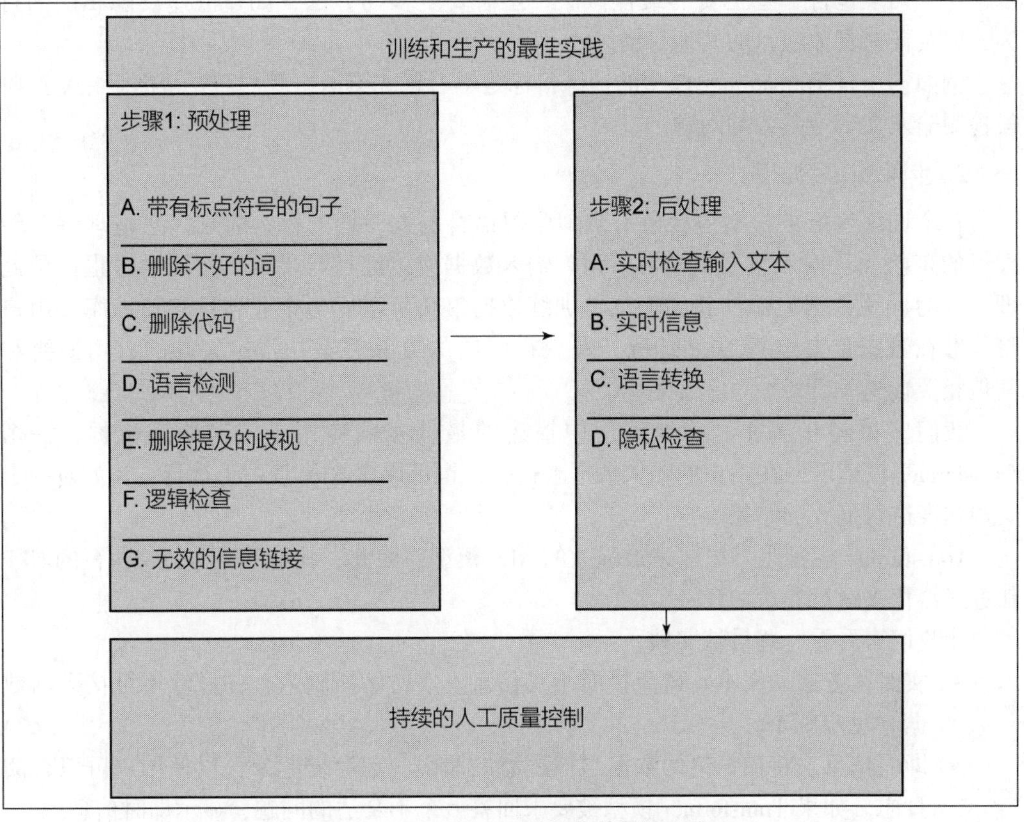

图 8.1　Transformer 数据集的最佳实践

- 删除不好的词。应删除不好的词，如脏话之类。在以下网站可以找到清单，参见：https://github.com/LDNOOBW/List-of-Dirty-Naughty-Obscene-and-Otherwise-Bad-Words
- 删除代码。这是一个棘手的问题，因为有时候代码就是我们要查找的内容。一般来说，对于 NLP 任务来说，最好从内容中删除代码。
- 语言检测。有时网站包含有默认的"乱数假文"（一种校准版式用的占位字符串）文本的网页。有必要确保一个数据集的所有内容都是我们希望的语言。一个很好的方法是使用 langdetect 程序包，它可以检测 50 多种语言：https://pypi.org/project/langdetect/。
- 删除提及歧视的内容。这是必须的。我的建议是建立一个知识库，其中包括所有你能在网上搜到的或你能得到的特定数据集的信息，限制任何形式的歧视言论。我们希望教导出的机器学生是有道德的！
- 逻辑检查。在执行自然语言推理（Natural Language Inferences，NLI）的数据集上运行训练好的 Transformer 模型，过滤掉没有意义的句子可能是一个好主意。
- 无效的信息链接。去除那些引用失效的链接、不道德的网站或人的文字。这是一项费力但是有意义的工作。

这个列表包含一些主要的最佳做法。还需要更多的方法，如过滤违反隐私法的行为，以及针对具体项目的其他行动。

例如，一旦 Transformer 模型的训练目标是学习正式英语，我们需要帮助它在生产阶段检测输入文本中的各种问题。

2. 步骤 2：后处理

一个训练良好的模型应该具有类似学习语言的人一样的行为表现。它将理解已能理解的东西并从输入数据中学习知识。输入数据应该经过与步骤 1 相同的过程：预处理，并为训练数据集添加新的信息。训练数据集又可以成为企业项目的知识库。用户将能够在数据集上运行 NLP 任务，并获得问题的可靠答案、特定文件的有用摘要和其他相关内容。

我们应该将步骤 1“预处理”中描述的最佳实践应用于实时输入数据。一个 Transformer 模型可以在用户的输入数据上运行，也可以在 NLP 任务上运行，比如对一个文档列表进行摘要的结果。

Transformer 模型是有史以来最强大的 NLP 模型。因此，我们需要避免将执行的 NLP 任务武器化来运行非法的任务。

让我们来看看一些最佳实践：

- 实时检查输入文本。避免接受不良信息。实时解析输入，并过滤不可接受的数据（见步骤 1）。
- 即时信息。将被拒绝的数据与被过滤的原因一起存储起来，以便用户可以查阅日志。如果 Transformer 模型被要求回答一个不合适的问题，显示即时信息。
- 语言转换。在可能的情况下，你可以将罕见词汇转换为标准词汇，见本章 8.1.2 节“Word2Vec 标记解析”中的例子 4。这并不总是可行的。当它可行的时候，它可以代表一个进步。
- 隐私检查。无论你是将数据流输入 Transformer 模型还是分析用户输入，除非得到用户或 Transformer 模型运行所在国家的授权，必须将私人数据排除在数据集和任务之外。这是一个棘手的话题，必要时请咨询法律顾问。

我们刚刚体验了一些最佳实践，让我们看看为什么人工质量控制是必须的。

3. 持续的人工质量控制

Transformer 模型将逐步接管大部分复杂的 NLP 任务，而人类的干预仍然是必不可少的。我们认为社交媒体巨头已经将一切自动化，随之发现需要内容管理经理来决定某部分内容对他们的平台是否有益。

正确的方法是训练一个 Transformer 模型，实现并控制输出，随之将重要的结果添加回训练集。训练集因此会不断被改进，进而 Transformer 模型将持续学习以提升能力。

图 8.2 显示了持续的质量控制将如何帮助 Transformer 模型的训练数据集增长并提高其在生产环境中的性能。

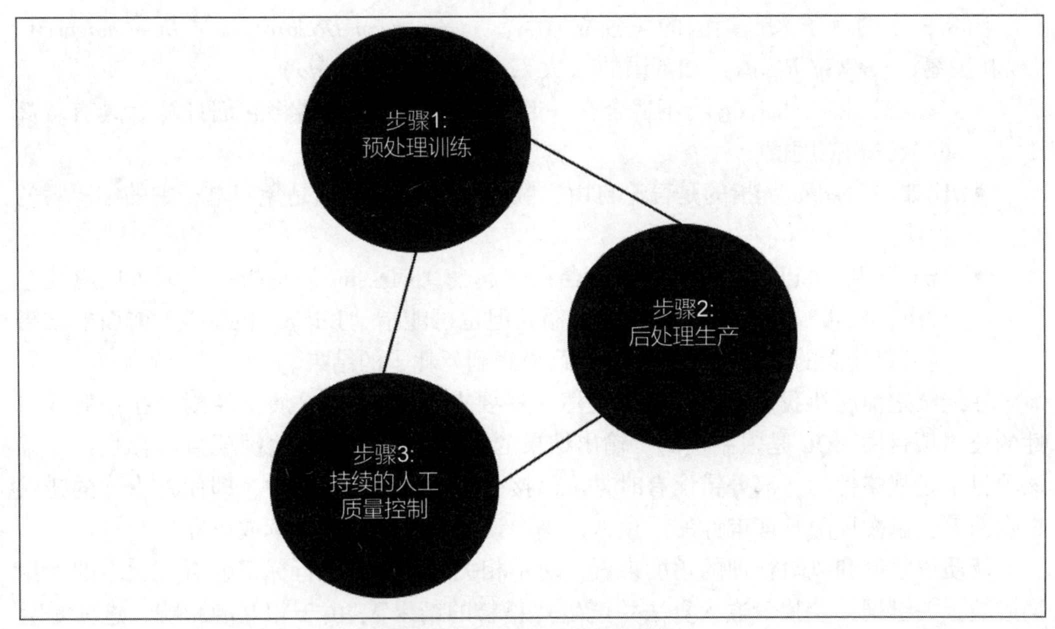

图 8.2　持续的人工质量控制

我们体验了 Raffel 等（2019）描述的几个最佳实践，我还补充了一些我在企业 AI 项目管理方面的经验。

让我们通过一个 Python 程序，用一些例子来说明标记解析器会遇到的一些限制。

8.1.2　Word2Vec 标记解析

只要事情进展顺利，没有人会关注到预训练好的标记解析器。这就像在现实生活中，我们可以驾驶一辆汽车多年而不去考虑发动机的问题，但有一天我们的车坏了，我们会试图找到并解释车辆无法使用的原因。

同样的情况也发生在经过预训练的标记解析器上。有时结果并不像我们所期望的那样，有些词对就是不匹配，正如我们在图 8.3 中看到的。

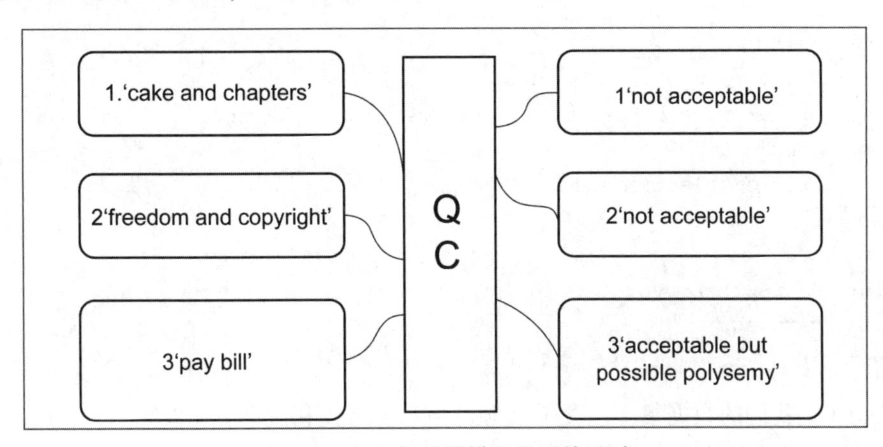

图 8.3　标记解析器错误处理的词对

图 8.3 中的例子来自美国的《独立宣言》（*American Declaration of Independence*）、《权利法案》（*Bill of Rights*）和英国的《大宪章》（*Magna Carta*）。

- “cake”和“chapters”不适合在一起，尽管标记解析器将它们计算为具有较高的余弦相似度值。
- 比如“freedom”指的是言论自由，“copyright”指的则是免费电子书的编辑写的说明。
- “pay”和“bill”在日常英语中合在一起，“polysemy”是指一个词可以有几个意思，“bill”则是指要支付的金额，但也可能指“Bill of Rights”。前面的结果是可以接受的，但也可能仅仅是瞎猫碰到死耗子的结果。

在继续之前，让我们花点时间来澄清一些要点。QC 指的是质量控制。在任何战略性的公司项目中，QC 是强制性的。输出结果的质量将决定一个关键项目的存亡，如果该项目不是战略性的，部分错误有时是可以接受的。在战略项目中，即使是少许的错误也意味着会触发风险管理审计的干预，以确定该项目是否应该继续或放弃。

从质量控制和风险管理的角度来看，对不相关的数据集进行标记解析（太多的无用词或缺少关键词）会搞晕嵌入算法并产生“糟糕的结果”。由于相互的影响，这就是为什么在本章中宽泛地使用“tokenizing”这个词，包括一些嵌入行为也被称为 tokenizing（标记解析）。

在一个战略性的人工智能项目中，“糟糕的结果”可能是一个具有戏剧性后果的单一错误（特别是在医疗、飞机或火箭组装，或其他关键领域）。

打开我们在第 1 章“Transformer 模型架构入门”中基于 positional_ encoding. ipynb 创建的 Tokenizer. ipynb：

先安装并导入必要的软件包：

```
#@title Pre-Requisistes
!pip install --upgrade gensim
import nltk
nltk.download('punkt')

import math
import numpy as np
from nltk.tokenize import sent_tokenize, word_tokenize
import gensim
from gensim.models import Word2Vec
import numpy as np
from sklearn.metrics.pairwise import cosine_similarity
import matplotlib.pyplot as plt
import warnings
warnings.filterwarnings(action = 'ignore')
```

text. txt 是我们的数据集，包含了《独立宣言》《权利法案》《大宪章》、伊曼努尔 · 康德的作品，以及其他文本。

我们现在对 text. txt 进行标记解析并训练一个 Word2Vec 模型。

```
#@title Word2Vec Tokenization
#'text.txt' file

sample = open("text.txt", "r")
s = sample.read()

# processing escape characters
f = s.replace("\n", " ")

data = []
# sentence parsing
for i in sent_tokenize(f):
  temp = []
  # tokenize the sentence into words
  for j in word_tokenize(i):
    temp.append(j.lower())
  data.append(temp)

# Creating Skip Gram model
model2 = gensim.models.Word2Vec(data, min_count = 1, size = 512,window = 5,
sg = 1)
print(model2)
```

window = 5 是一个有趣的参数，它限制了输入句子中的当前词和预测词之间的距离，sg = 1 表示使用 skip - gram 训练算法。

输出结果显示，词表大小为 10 816，嵌入的维度为 512，学习率被设置为 0. 025。

```
Word2Vec(vocab=10816, size=512, alpha=0.025)
```

我们有了一个带嵌入的词表示模型，可以创建一个名为 similarity（word1，word2）的余弦相似度函数。我们将 word1 和 word2 输入该函数，它将返回一个介于 0 和 1 之间的余弦相似度值。

该函数将首先检测未知词［unk］并显示一条信息：

```
#@title Cosine Similarity
def similarity(word1,word2):
        cosine = False #default value
        try:
                a = model2[word1]
                cosine = True
        except KeyError:     #The KeyError exception is raised
                print(word1, ":[unk] key not found in
dictionary")#False implied
```

```
        try:
                b = model2[word2]#a = True implied
        except KeyError:            #The KeyError exception is raised
                cosine = False     #both a and b must be true
                print(word2,   ":[unk] key not found in dictionary")
```

只有当 cosine == True 时才会计算余弦相似度，这意味着 word1 和 word2 都是已知的：

```
    if(cosine == True):
                b = model2[word2]
                # compute cosine similarity
                dot = np.dot(a, b)
                norma = np.linalg.norm(a)
                normb = np.linalg.norm(b)
                cos = dot /(norma * normb)

                aa = a.reshape(1,512)
                ba = b.reshape(1,512)
                #print("Word1",aa)
                #print("Word2",ba)
                cos_lib = cosine_similarity(aa, ba)
                #print(cos_lib,"word similarity")

        if(cosine == False):cos_lib = 0;
        return cos_lib
```

该函数将返回 cos_ lib，即余弦相似度的计算值。我们接下来将实验 6 个例子，命名 text. txt 为“dataset”，从例子 0 开始。

1. 例子 0：数据集和词典中的单词

数据集中有“freedom”和“liberty”这两个词，可以计算它们的余弦相似度：

```
#@title Case 0: Words in text and dictionary
word1 = "freedom";word2 = "liberty"
print("Similarity",similarity(word1,word2),word1,word2)
```

相似度被限制到仅 0.79，因为插入了大量来自各种文本的内容以探索该函数的极限：

```
Similarity [[0.79085565]] freedom liberty
```

相似性算法不是一个可复现的确定性计算。本节的结果可能会随着数据集的内容、数据集再次运行后的大小或模块的版本而改变。

我们可以认为这种情况是可以接受的。

现在让我们看看当一个词被遗漏时会发生什么。

2. 例子 1：数据集或词典中没有的词

一个缺失的词在很多方面意味着麻烦。在这种情况下，我们将“corporations”和“rights”发送到相似性函数。

```
#@title Word(s) Case 1: Word not in text or dictionary
word1 = "corporations";word2 = "rights"
print("Similarity",similarity(word1,word2),word1,word2)
```

词典中没有“corporations”这个词：

```
corporations :[unk] key not found in dictionary
Similarity 0 corporations rights
```

死胡同！这个词被表示为代表未知词的 [unk] 标记。

如果这个词很重要的话，这个缺失的词会引发一连串的事件和问题，从而会扭曲 Transformer 模型的输出。我们把这个缺失的词称为 unk。

需要探讨几种可能性，并回答问题：

- unk 在数据集中，但没有被选入解析后的字典。
- unk 不在数据集中，这就是“corporations”这个词的情况。这就解释了为什么在这种情况下它不在词典中。
- 现在，如果用户向 Transformer 模型发送包含该标记的输入，而它没有被标记解析，那么 unk 将出现在生产环境中。
- unk 对于数据集来说不是一个重要的词，但对于 Transformer 模型的使用来说却是一个重要的词。

如果 Transformer 模型在某些情况下产生可怕的结果，那么问题的清单将继续变长。我们可以认为 0.8 是一个 Transformer 模型在训练阶段对特定下游任务的优秀表现，但是在现实生活中，谁愿意和一个 20% 的时间都出错的系统一起工作呢：

- 一个医生（愿意）？
- 一个律师（愿意）？
- 一个核电站维护团队（愿意）？

在社交媒体这样一个模糊的环境中，0.8 是令人满意的，因为许多信息总是缺乏适当的语言结构。

现在最糟糕的部分来了。如我们在本书中的通常做法，假如一个 NLP 团队发现了这个问题，他们会试图用字节级的 BPE 来解决它。如果有必要，花几分钟时间回顾一下第 3 章“从零开始预训练 RoBERTa 模型”的步骤 3“训练一个标记解析器”。

如果一个团队只使用字节级的 BPE 来解决这个问题，那么噩梦才刚开始：

- unk 将被分解成单词片段。例如，我们可能会把“corporations”变成“corp” + “o” + “ra” + “tion” + “s”。这些标记中的一个或几个有很大概率在数据集中出现过。

- unk 将由数据集中存在但不能表达原始意义的一组子词所代表。
- Transformer 模型会训练得很顺利，没有人会注意到 unk 被打成了碎片，此次的训练将会毫无意义。
- 该 Transformer 模型甚至可能产生出色的结果，并将其性能从 0.8 提升到 0.9。
- 每个人都会欢呼，直到一个专业用户在关键的场景下遭遇了一个错误的结果时才被发现。例如，在英语中“corp”可以指“corporation”或“corporal”。这可能会在“corp”和其他词之间造成混淆和不良联想。

我们可以看到，社交媒体级别的质量要求可能只适合对普通的主题应用 Transformer 模型。但在实际的企业级项目中，要产生一个与数据集相匹配的预训练标记解析器，需要付出艰苦的努力。在现实生活中，数据集随着用户的输入每天都在增长，用户的输入成为模型数据集的一部分，应该定期进行训练和更新。

例如，一个确保质量可控的方法可以采用以下步骤：

- 用字节级 BPE 算法训练一个标记解析器。
- 用一个程序来控制结果，比如我们将在本章的 8.2.1 节创建的程序。
- 同时，用 Word2Vec 算法训练一个标记解析器，它将只用于质量控制阶段，用它解析数据集，找到不合格的标记，并将它们存储在数据库中，运行时查询此数据库确认是否缺少关键词。

似乎没有必要对这一过程进行如此详细的检查，人们可能会倾向于依赖 Transformer 模型对未见过的词语进行推断的能力。

然而，在一个具有关键决策的战略项目中，我的建议是采用几种不同的质量控制方法。例如，在法律文本的摘要中，一个字就可以决定法庭上的输赢。在一个航空航天项目（飞机、火箭）中，容忍标准是 0 误差。

你采用的质量控制流程越多，你的 Transformer 解决方案就越可靠。

我们可以看到，要获得一个可靠的数据集需要大量的人力工作！每一篇关于 Transformer 的论文都以这种或那种方式提到了为产生可接受的数据集所做的艰苦工作。

嘈杂的关系也会导致问题。

3. 例子 2：嘈杂的关系

在这种情况下，数据集包含“etext”和“declaration”两个词：

```
#@title Case 2: Noisy Relationship
word1 = "etext";word2 = "declaration"
print("Similarity",similarity(word1,word2),word1,word2)
```

此外，它们最后都出现在标记解析后的词典中：

```
Similarity [[0.880751]] etext declaration
```

更妙的是，它们的余弦相似度超过了 0.8。

在普通的或社交媒体层面，一切看起来都很好。

然而，在专业级水平上，这样的结果是灾难性的！

"etext"指的是古腾堡计划在其网站上为每本电子书所写的序言，在本章的 8.1 节"匹配数据集和标记解析器"中有解释。对于一个具体的任务，Transformer 模型的目标是什么：

- 要了解编辑的序言？
- 还是为了了解书中的内容？

这取决于 Transformer 模型的用途，我们可能需要几天时间才能厘清它的目标。例如，假设一个编辑想自动理解序言，并使用 Transformer 模型来生成序言文本，我们应该把这些内容提出来吗？

"declaration"是一个有意义的词，与《独立宣言》的实际内容有关。

"etext"是古腾堡计划为其所有电子书添加的序言的一部分。

当 Transformer 模型被用于生成文本时，如"etext is a declaration"这样的文本会产生错误的自然语言推理。

让我们来看看我们面临的罕见词问题。

4. 例子 3：罕见词

对于超出简单应用的特定任务，罕见词汇会对 Transformer 模型的输出产生毁灭性影响。

管理罕见词被引进到自然语言的许多领域。比如说：

- 罕见词可能出现在数据集中，但却没有被注意到，或者模型在处理这些词方面的训练不足。
- 罕见词可以是医学、法律或工程术语，或任何其他专业术语。
- 罕见词可以是俚语。
- 英语有数百种变化。例如，在美国、英国、新加坡、印度、澳大利亚和其他许多国家的某些地区使用不同的英语单词。
- 罕见词可能来自几个世纪前写的文本，而这些文本已经被遗忘，或者只有专家使用。

例如，在这种情况下，我们使用的是"justiciar"一词：

```
#@title Case 3: Rare words
word1 = "justiciar";word2 = "judgement"
print("Similarity",similarity(word1,word2),word1,word2)
```

与"judgment"的相似性是合理的，但应该更高：

```
Similarity [[0.6606605]] justiciar judgement
```

人们可能认为"justiciar"这个词很牵强。标记解析器从可追溯到 13 世纪初的《大宪章》中提取了它。

然而，《大宪章》中的若干条款在 21 世纪的英国仍然有效，第 1、13、39 和 40 条仍然有效！

《大宪章》中最著名的部分是以下节选，它存在于数据集中：

```
(39) No free man shall be seized or imprisoned, or stripped of his
rights or possessions, or outlawed or exiled, or deprived of his
standing in any other way, nor will we proceed with force against him,
or send others to do so, except by the lawful judgement of his equals
or by the law of the land.
(40) To no one will we sell, to no one deny or delay right or justice.
```

如果我们在一个律师事务所部署一个 Transformer 模型来进行文档摘要或其他任务，我们必须要小心这种情况！

现在让我们看看可以采用什么方法来解决罕见词问题。

5. 例子 4：替换罕见词

替换罕见词本身就可以成为一个项目。这些工作量对特定的任务和项目是必要的。例如，如果一个公司的预算可以支付采购航空学知识库的费用，那么花必要的时间查询标记解析过的词典以找到它所遗漏的词是值得的。

问题可以按主题分组从而得到解决，知识库也会定期得到更新。

在例子 3 中，我们偶然发现了“judiciar”这个词。如果我们回到它的起源，我们可以看到它来自法国诺曼底语，是法国拉丁语系单词“judicaire”的词根。

我们可以用“judge”来代替“judiciar”这个词，它表达的是同样的元概念：

```
#@title Case 4: Replacing words
word1 = "judge";word2 = "judgement"
print("Similarity",similarity(word1,word2),word1,word2)
```

如果它产生一个有意义的结果：

```
Similarity [[0.7962761]] judge judgement
```

我们也可以保留“justiciar”，但尝试这个词的现代含义，并与“judge”进行比较。你可以把下面的例子加到 notebook 上，试一下：

```
word1 = "justiciar";word2 = "judge"
print("Similarity",similarity(word1,word2),word1,word2)
```

结果比较令人满意：

```
Similarity [[0.9659128]] justiciar judge
```

例如，我们可以用替换词构建相似度查询，直到我们发现相关性超过 0.9 为止。如果我们正在管理一个关键的法律项目，我们可以将包含任何种类的罕见词的基本文件翻译成标准英语，Transformer 模型在 NLP 任务上的性能会提升，公司的知识库也会逐步增加。

让我们看看如何使用余弦相似性进行蕴含验证。

6. 例子 5：蕴含

在这种情况下，我们对字典中的词感兴趣，并以固定的顺序测试它们。

例如，让我们看看“pay”+“debt”在我们的相似度函数中是否有意义：

```
#@title Case 5: Entailment
word1 = "pay";word2 = "debt"
print("Similarity",similarity(word1,word2),word1,word2)
```

其结果是令人满意的：

```
Similarity [[0.89891946]] pay debt
```

我们可以用几个词对来检查数据集，并查看它们是否有意义。例如，这些词对可以从法律部门的电子邮件中提取。如果余弦相似度高于0.9，那么就可以将电子邮件中的无用信息剥离出来，并将其内容添加到公司的知识库数据集中。

现在让我们看看预训练的标记解析器与NLP任务的匹配程度。

8.2　包含特定词汇的标准NLP任务

本节重点介绍本章8.1.2节“Word2Vec标记解析”中的例子3“罕见词”和例子4“替换罕见词”。

我们将使用Training_OpenAI_GPT_2_CH08.ipynb，这是我们在第6章“使用OpenAI的GPT-2和GPT-3模型生成文本”中用来训练数据集的notebook的一个重命名版本。

对该notebook做了两处改动：

- 数据集dset被重新命名为mdset，包含医疗内容。
- 增加了一个Python函数来处理使用字节级BPE标记解析过的文本。

我们不会详细描述Training_OpenAI_GPT_2_CH08.ipynb。如果有必要，请花些时间回顾一下第6章。确保如第6章所述在开始之前上传必要的文件。这些文件在GitHub上的Chapter08的gpt-2-train_files目录下。尽管我们使用的是与第6章相同的notebook，但请注意数据集和代码，数据集dset在目录中被命名为mdset。

让我们首先使用经过训练的GPT-2模型生成一个无条件的样本，以理解医学内容。

8.2.1　用GPT-2生成无控制条件样本

在8.1.2节的例子3“罕见词”和例子4“替换罕见词”中，我们看到罕见词可能是在特定领域使用的词、古英语、世界各地的英语变体、俚语等。

在2020年，新闻中充满了与COVID-19爆发有关的医学术语。在本节中，我们将看到GPT-2 Transformer模型是如何应对医疗文本的。

即将被编码和训练的数据集中包含Martina Conte，Nadia Loy（2020）的一篇论文，标题为Multi-cue kinetic model with non-local sensing for cell migration on a fibers network with chemotaxis。

这个标题本身并不容易理解，而且含有罕见的词汇。

按第 6 章中所描述的方式，加载位于 gpt-2-train_files 目录下的文件，包括 mdset.txt，然后运行代码。你可以用第 6 章来指导你逐个代码单元地运行这段代码。要特别注意遵循说明，确保 1.x 版本的 tensorflow 被使用。

在医疗数据集上训练完模型后，你会接触到无控制条件样本代码单元，步骤 11 “生成无控制条件样本”。

```
#@title Step 11: Generating Unconditional Samples
import os # import after runtime is restarted
os.chdir("/content/gpt-2/src")
!python generate_unconditional_samples.py --model_name '117M'
```

运行该代码单元，它将产生一个随机输出：

```
community-based machinery facilitates biofilm growth. Community members
place biochemistry as the main discovery tool to how the cell interacts
with the environment and thus with themselves, while identifying and
understanding all components for effective Mimicry.
2. Ol Perception
Cytic double-truncation in phase changing (IP) polymerases (sometimes
called "tcrecs") represents a characteristic pattern of double-
crossing enzymes that alter the fundamental configuration that allows
initiation and maintenance of process while chopping the plainNA
with vibrational operator. Soon after radical modification that
occurred during translational parasubstitution (TMT) achieved a more
or less uncontrolled activation of SYX. TRSI mutations introduced
autophosphorylation of TCMase sps being the most important one that was
incorporated into cellular double-triad (DTT) signaling across all
cells, by which we allow R h and ofcourse an IC 2A- >
…/…
```

如果我们仔细看一下输出，我们会注意到以下几点：

- 生成的句子的结构相对来说是可以接受的。
- 输出的语法不算差。
- 对于非专业人士来说，输出结果可能看起来像人工编写一样。

然而，这些内容毫无意义。Transformer 模型无法产生与我们训练的医学论文相关的真实内容。为了获得更好的结果需要付出更多的努力。我们总是可以增加数据集的大小，但它会包含我们期望的内容吗？我们能用更多的数据找到不良的相关性吗？设想一个涉及 COVID-19 的医学项目，其数据集包含以下句子：

- “COVID-19 is not a dangerous virus, but it is like ordinary flu”
- “COVID-19 is a very dangerous virus”
- “COVID-19 is not a virus but something created by a lab”
- “COVID-19 was certainly not created by a lab!”
- “Vaccines are dangerous!”
- “Vaccines are lifesavers!”
- “Governments did not manage the pandemic correctly”
- “Governments did what was necessary”

还有更多像这样矛盾的句子。

想象一下，你有一个包含数十亿词的数据集，但内容是如此的冲突和嘈杂，无论你怎么努力都无法获得一个可靠的结果。

这可能要求数据集必须更小而且仅限于科学论文的内容。即便如此，科学家们也经常彼此意见相左，最后的结论是产生可靠的结果需要大量的艰苦工作和一个靠谱的团队。

让我们进一步调研并控制经过标记解析的数据。

下面将查看 GPT-2 模型用预训练标记解析器编码的第一个词。

我们转到附加工具：Training_OpenAI_GPT_2_CH08.ipynb 中的 Controlling Tokenized Data 单元格。这个代码单元被添加到本章的 notebook 中。

该单元首先解压 out.npz，其中包含数据集 mdset 中的经过编码的医疗论文：

```
#@title Additional Tools : Controlling Tokenized Data
#Unzip out.npz
import zipfile
with zipfile.ZipFile('/content/gpt-2/src/out.npz','r') as zip_ref:
    zip_ref.extractall('/content/gpt-2/src/')
```

out.npz 被解压，我们可以读取 arr_0.npy，这个 NumPy 数组包含我们马上需要的经过编码的数据集：

```
#Load arr_0.npy which contains encoded dset
import numpy as np
f=np.load('/content/gpt-2/src/arr_0.npy')
print(f)
print(f.shape)
for i in range(0,10):
    print(f[i])
```

输出的是数组的前几个元素：

```
[1212 5644  326 ...   13  198 2682]
```

现在我们将打开 encoder.json 并将其转换为 Python 字典：

```
#We first import encoder.json
import json
i=0
with open("/content/gpt-2/models/117M/encoder.json", "r") as read_file:
    print("Converting the JSON encoded data into a Python dictionary")
    developer = json.load(read_file) #converts the encoded data into a
Python dictionary
    for key, value in developer.items(): #we parse the decoded json data
```

```
        i + =1
        if(i >10):
            break;
        print(key, ":", value)
```

最后，我们显示下这个编码过的数据集的前 500 个标记的键和值：

```
#We will now search for the key and value for each encoded token
    for i in range(0,500):
        for key, value in developer.items():
            if f[i] ==value:
                print(key, ":", value)
```

mdset. txt 的前几个词如下：

```
This suggests that
```

添加这些词是为了确保 GPT - 2 的预训练标记解析器能够很容易地识别它们，情况确实如此：

```
This : 1212
Ġsuggests : 5644
Ġthat : 326
```

我们可以很容易地识别出以初始空白字符（Ġ）为首的初始标记。然而，让我们来看看医学论文中的以下单词：

```
amoeboid
```

“amoeboid”是一个罕见的词。我们可以看到，GPT - 2 标记解析器将其分解为子词：

```
Ġam : 716
o : 78
eb : 1765
oid : 1868
```

让我们略过空白处看看发生了什么。“amoeboid”已经变成“am” + “o” + “eb” + “oid”。我们必须承认，没有表示未知的标记［unk］。这是由于使用了字节级的 BPE 策略。

然而，Transformer 模型的注意力层可能会关联：

- “am”与其他序列，如“I am”。
- “o”与任何被拆开并包含“o”的序列在一起。
- 在一些算中，“oid”与另一个包含“oid”的序列关联，如“tabloid”。

这可不是什么好消息。让我们用以下几个词来进一步说明这个问题：

```
amoeboid and mesenchymal
```

输出清楚地显示“and”，其他的输出标记就很不容易理解了：

```
Ġam : 716
o : 78
eb : 1765
oid : 1868
Ġand : 290
Ġmes : 18842
ench : 24421
ym : 4948
al : 282
```

人们可能会问，为什么这是一个问题。原因可以用一个词来概括：“多义性”。如果我们使用Word2Vec标记解析器，字典中可能不包含诸如“amoeboid”这样的罕见词，我们会得到一个未知的标记unk。

如果我们使用字节级的BPE，我们会得到总体上更好的结果，因为我们排除了较少的同一单词的变体，如“go”和“go”+“ing”。

然而，“amoeboid”中的“am”标记在低层次上将多义性带入到这个问题中。“am”可以是一种前缀，可能是“I”+“am”中的“am”，也可以是一个子词，如“am”+“bush”。注意力层可以将一个标记中的“am”与另一个“am”联系起来，建立不存在的关系。这定义了NLU（自然语言理解）中核心的多义性问题。

我们可以说正在取得进展，但需要更多的工作来改善NLP。

现在让我们尝试对GPT-2模型进行条件控制。

8.2.2　生成训练过的受控样本

在本节中，我们移到notebook的步骤12“Interactive Context and Completion Examples”代码单元并运行它：

```
#@title Step 12: Interactive Context and Completion Examples
import os # import after runtime is restarted
os.chdir("/content/gpt-2/src")
!python interactive_conditional_samples.py --temperature 0.8 --top_k 40
 --model_name '117M' --length 50
```

通过输入医学论文的一部分来对GPT-2模型进行条件控制：

```
During such processes, cells sense the environment and respond to
external factors that induce a certain direction of motion towards
specific targets (taxis): this results in a persistent migration in a
certain preferential direction. The guidance cues leading to directed
migration may be biochemical or biophysical. Biochemical cues can
be, for example, soluble factors or growth factors that give rise to
chemotaxis, which involves a mono-directional stimulus. Other cues
generating mono-directional stimuli include, for instance, bound
ligands to the substratum that induce haptotaxis, durotaxis, that
```

```
involves migration towards regions with an increasing stiffness of
the ECM, electrotaxis, also known as galvanotaxis, that prescribes
a directed motion guided by an electric field or current, or
phototaxis, referring to the movement oriented by a stimulus of light
[34]. Important biophysical cues are some of the properties of the
extracellular matrix (ECM), first among all the alignment of collagen
fibers and its stiffness. In particular, the fiber alignment is shown
to stimulate contact guidance [22, 21]. TL;DR:
```

我们在输入文本的末尾添加了 TL；DR:，以告诉 GPT-2 模型尝试摘要我们给它输入的文本。输出结果在语法和语义上都很有意义：

```
the ECM of a single tissue is the ECM that is the most effective.
To address this concern, we developed a novel imaging and
immunostaining scheme that, when activated, induces the conversion of a
protein to its exogenous target
```

结果变得更好，但需要更多的研究来加以改进。

让我们研究一下另一个需要仔细分析的样本。

8.3 T5 权利法案样本

下面这个样本取自《权利法案》，它表达的是个人的确切权利，难度较大。

打开 Summarizing_Text_V2.ipynb，这是我们在第 7 章“将基于 Transformer 的 AI 文档摘要应用于法律和金融文档”中使用的 Summarizing_Text_with_T5.ipynb notebook 的副本。

我们首先对上述代码不加任何修改地运行于 T5 模型上。

8.3.1 摘要《权利法案》，Version 1

在本节中，我们将输入在第 7 章“将基于 Transformer 的 AI 文档摘要应用于法律和金融文档”中测试的相同文本：

```
#Bill of Rights,V
text ="""
No person shall be held to answer for a capital, or otherwise infamous
crime, unless on a presentment or indictment of a Grand Jury, exceptin
cases arising in the land or naval forces, or in the Militia, when in
actual service in time of War or public danger; nor shall any person
be subject for the same offense to be twice put in jeopardy of life
or limb; nor shall be compelled in any criminal case to be a witness
against himself,nor be deprived of life, liberty, or property, without
due process of law;nor shall private property be taken for public use
without just compensation.
```

```
"""
print("Number of characters:",len(text))
summary = summarize(text,50)
print ("\n\nSummarized text: \n",summary)
```

正如第 7 章“将基于 Transformer 的 AI 文档摘要应用于法律和金融文档”，我们可以看到，T5 并没有真正对输入的文本进行摘要，而只是将其缩短。

```
Number of characters: 591
Preprocessed and prepared text
No person shall be held to answer..


Summarized text:
 no person shall be held to answer for a capital, or otherwise infamous
crime. except in cases arisingin the land or naval forces or in the
militia, when in actual service in time of war or public danger
```

让我们看看第 2 版代码，找出 T5 没有正确对文本进行摘要的原因。

8.3.2　摘要《权利法案》，Version 2

《权利法案》节选中的词语看起来很现代，因为这是现代英语。虽然这些词并不罕见，但句子的语法结构却很复杂，令人费解。

经过预训练的 T5 模型被用于现代日常英语，许多书都是从旧英语翻译成日常英语的。我们来尝试把输入的文本翻译成日常英语。

```
#Bill of Rights,V
text ="""
A person must be indicted by a Grand Jury for a capital or infamous
crime.
There are excpetions in time of war for a person in the army, navy, or
national guard.
A person can not be judged twice for the same offense or put in a
situation of double jeopardy of life.
A person can not be asked to be a witness against herself or himself.
A person cannot be deprived of life, liberty or property without due
process of law.
A person must be compensated for property taken for public use.
"""
print("Number of characters:",len(text))
summary = summarize(text,50)
print ("\n\nSummarized text: \n",summary)
```

效果比较好，尽管它可能在不同的运行中有所不同，最后的摘要结果并不那么糟糕：

```
Number of characters: 485
Preprocessed and prepared text:
 summarize: A person must be indicted by a Grand Jury for a capital
Summarized text:
 there are exceptions in time of war for a person in the army, navy, or
national guard. no person can be deprived of life, liberty or property
without due process of law. there must be compensation for property
taken for
```

我们可以从这个例子和章节中得出的结论是，在大量的随机从网络上抓取的数据上预训练 Transformer 模型，可以教 Transformer 学习英语。类似人类一样，Transformer 模型也需要基于特定的主题进行训练，以成为该领域的专家。对于一个特定的项目，最基本的要求是我们仍然要在特定的数据集上训练 Transformer 模型。

我们已经用一些例子体验了很多在实际项目中可能面临的日常问题，利用一些时间尝试一些你认为有用的例子。

是时候结束这一章并继续探索 NLU 的其他方面。

本章小结

在本章中，我们衡量了标记解析和随后的数据编码过程对 Transformer 模型的影响。一个 Transformer 模型只能关注来自堆栈的嵌入和位置编码子层的内容。这种影响对一个编码器 - 解码器、仅编码器或仅解码器的模型并不严重。如果数据集质量对训练模型来说足够好，这种影响也不明显。

如果标记解析过程失败，即使是部分失败，我们正在运行的 Transformer 模型将无法感知关键的标记（tokens）。

我们首先看到，对于标准的语言任务，原始数据集可能足以训练一个 Transformer 模型。

然而，我们发现，即使一个预训练的标记解析器已经处理过 10 亿个单词，它也只能用它所见过的词汇的一小部分来创建一个字典。像人类的学习方式一样，标记解析器抓住了它正在学习的语言的本质，并且只“记住”经常使用的最重要的词。这种方法对标准任务很有效，而对特定任务和词汇则会产生问题。

我们在众多思路中寻找一些想法，以绕过标准标记解析器的限制。我们应用了一种语言检查算法来适配我们希望摘要的文本，例如标记解析器如何“思考”和编码数据。

最后，我们将该方法应用于一个 T5 文本摘要任务，取得了一定的成功但仍然有很大的改进空间。

你可以从这一章中得到的结论是：人工智能专家们在这些问题上花费了不少时间！

在下一章，即第 9 章“基于 BERT 模型的语义角色标注”中，我们将深入研究 NLU，并使用 BERT 模型来要求 Transformer 模型解释一个句子的含义。

习题

1. 一个标记解析过的词典包含了一种语言中存在的每一个词。(对/错)
2. 预训练的标记解析器可以对任何数据集进行编码。(对/错)
3. 在使用数据库之前验证它是一个好的做法。(对/错)
4. 从数据集中消除淫秽数据是一种良好的做法。(对/错)
5. 删除含有歧视性语言的数据是一种良好的做法。(对/错)
6. 原始数据集有时会建立噪声内容和有用内容之间的关系。(对/错)
7. 一个标准的预训练标记解析器包含过去700年的英语词汇。(对/错)
8. 当用现代英语训练的标记解析器对古英语数据进行编码时会产生问题。(对/错)
9. 当用经过现代英语训练的标记解析器对数据进行编码时，医学和其他类型的专业术语会产生问题。(对/错)
10. 控制预训练分词器产生的编码数据输出是一个良好的做法。(对/错)

参考文献

- Colin Raffel, Noam Shazeer, Adam Roberts, Katherine Lee, Sharan Narang, Michael Matena, Yanqi Zhou, Wei Li, Peter J. Liu, 2019, Exploring the Limits of Transfer Learning with a Unified Text - to - Text Transformer：https://arxiv.org/pdf/1910.10683.pdf
- OpenAI GPT - 2 GitHub Repository：https://github.com/openai/gpt-2
- N Shepperd GitHub Repository：https://github.com/nshepperd/gpt-2
- Hugging Face Framework and Resources：https://huggingface.co/
- U.S. Legal, Montana Corporate Laws：https://corporations.uslegal.com/state-corporation-law/montana-corporation-law/#：~：text=Montana%20Corporation%20Law,carrying%20out%20its%20business%20activities
- Martina Conte, Nadia Loy, 2020, 'Multi-cue kinetic model with non-local sensing for cell migration on a fibers network with chemotaxis'：https://arxiv.org/abs/2006.09707
- The Declaration of Independence of the United States of America by Thomas Jefferson：https://www.gutenberg.org/ebooks/1
- The United States Bill of Rights of the United States and related texts：https://www.gutenberg.org/ebooks/2
- The Magna Carta：https://www.gutenberg.org/ebooks/10000
- The Critique of Pure Reason, The Critique of Practical Reason, and Fundamental Principles of the Metaphysic of Moral：https://www.gutenberg.org

第9章

基于BERT模型的语义角色标注

过去几年，Transformer 在 NLP 任务上取得的进展比前面几十年加起来还要大。标准的 NLU 方法首先学习句法和词法特征以解释句子的结构。以前的 NLP 模型在运行语义角色标注（SRL）任务之前需要先训练以使模型理解语言的基本语法结构。

Shi 和 Lin（2019）在论文的开头问道：是否可以跳过基本的句法和词法训练，基于 BERT 的模型能否在不经过那些经典的训练阶段的情况下执行 SRL？答案是肯定的！

Shi 和 Lin（2019）建议，SRL 可以被视为序列标注，并为此提供一个标准化的输入格式，基于 BERT 的模型在 SRL 任务上获得了令人惊讶的好结果。

在本章中，我们将使用艾伦人工智能研究所根据 Shi 和 Lin（2019）的论文提供的一个基于 BERT 的预训练模型。Shi 和 Lin 通过放弃句法和词法训练将 SRL 提升到了新的水平。我们接下来将看到这一点是如何实现的。

我们从定义 SRL 和序列标注输入格式的标准化开始，利用艾伦人工智能研究所提供的各种现成资源着手。我们将在谷歌 Colab notebook 中运行 SRL 任务，并使用在线资源来分析结果。

最后，我们将通过运行 SRL 样本来挑战基于 BERT 的模型，第一个样本将显示 SRL 是如何工作的，随后运行一些更难的样本。我们将逐步把基于 BERT 的模型推向 SRL 的极限。找到模型的极限是确保 Transformer 模型在实际环境中保持现实性和实用性的最好方法。

本章涵盖以下主题：

- 定义语义角色标注
- 定义 SRL 的输入格式的标准化形式
- BERT 类模型架构的主要内容
- 仅一个编码器堆栈如何能够管理一个掩码 SRL 输入格式
- 基于 BERT 模型的 SRL 注意力过程
- 开始使用艾伦人工智能研究所提供的资源
- 构建一个 TensorFlow notebook 来运行一个预先训练好的基于 BERT 的模型
- 在基本的例子上测试句子标注
- 在复杂的例子上测试 SRL 并解释结果
- 把基于 BERT 的模型推进到 SRL 的极限并解释这是如何做到的

我们的第一步将是探索 Shi 和 Lin（2019）所定义的 SRL 方法。

9.1 开始使用 SRL

SRL 对于人类和机器来说都具有同样的困难，但 Transformer 模型再一次朝着人类的水平前进了一步。

在本节中，我们将首先定义 SRL，并将一个例子可视化，随后运行一个经过预训练的基于 BERT 的模型。

让我们首先定义一下 SRL 的问题任务。

9.1.1 定义语义角色标注

Shi 和 Lin（2019）推进并证明了这样一个观点：我们可以在不依赖词法或句法特征的情况下找到谁做了什么以及在哪里做了什么。这一章是基于史鹏（Peng Shi）和林志明（Jimmy Lin）在加拿大滑铁卢大学的研究。他们展示了 Transformer 模型怎样在注意力层中更好地学习语言结构。

SRL 标注了一个词或一组词在句子中扮演的语义角色以及与谓语之间的关系。

语义角色是指一个名词或名词短语在句子中与主要动词有关的角色。在“马文在公园里散步”这个句子中，马文是句中发生的事件的施事者。施事者是该事件的实施者。主动词或支配动词是“散步”。

谓语描述了关于主语或施事者的一些情况。谓语可以是任何提供关于主语的特征或行动的信息。在我们的方法中把谓语称为主动词，在“马文在公园里散步（Marvin walked in the park）”这个句子中，谓语是“散步（walked）”，“在公园里（in the park）”这个词修饰了“散步（walked）”的意思，是修饰词。

围绕谓语的名词或名词短语是参数或参数词。例如，“马文（Marvin）”是谓语“散步（walked）”的一个参数。

我们可以看到，SRL 不需要句法树或词法分析。

让我们把这个例子的 SRL 可视化。

在本章中，我们将使用艾伦研究所的可视化与代码资源（更多信息见参考文献部分）。艾伦人工智能研究所拥有优秀的互动式在线工具，比如我们在本章中用来直观地表示 SRL 的工具。你可以访问这些工具，网址是 https://demo.allennlp.org/。

艾伦人工智能研究所倡导“为公共利益服务的人工智能”。我们将很好地利用这种方法，并积极分享。本章中的所有图示都是用 AllenNLP 工具制作。

艾伦研究所提供的 Transformer 模型在不断地演化发展，所以本章中的例子在你运行时可能会产生不同的结果。打开本章的最佳方法是：

- 阅读并理解所解释的概念，而不是仅仅运行一个程序。
- 花时间去理解所提供的例子。
- 然后使用本章介绍的工具：https://demo.allennlp.org/semantic-role-labeling，对选择的句子运行自己的实验。

现在把我们的 SRL 例子进行可视化。图 9.1 是一个 SRL 表示法，其中包括“Marvin walked in the park”。

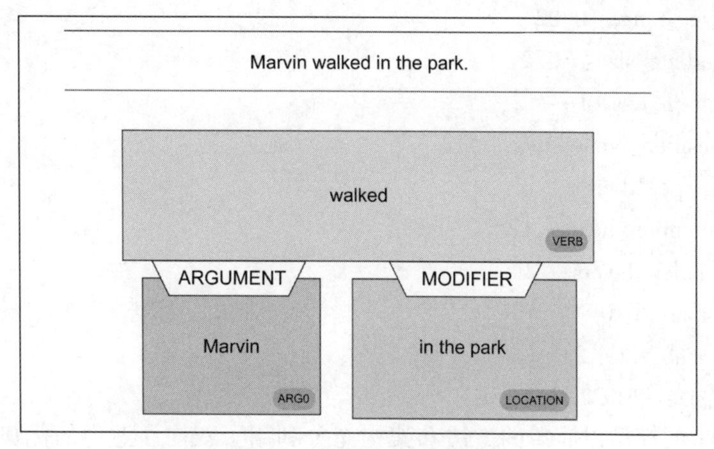

图 9.1　句子的 SRL 表示

我们可以在图 9.1 中观察到以下标签：

- 动词（VERB）：句子的谓语。
- 参数（ARGUMENT）：一个名为 ARG0 的句子参数。
- 修饰词（MODIFIER）：句子的一个修饰词。在本例中，是一个地点。它可能是一个副词，一个形容词，或任何修饰谓语意义的东西。

文本输出也很有趣，它包含了视觉表现的标签的简短版本。

```
walked: [ARG0: Marvin] [V: walked] [ARGM-LOC: in the park]
```

我们已经通过一个例子定义了 SRL。现在是时候看看基于 BERT 的模型了。

9.1.2　运行一个预训练的 BERT 模型

在本节中，我们将首先描述本章中使用的基于 BERT 的模型结构，然后定义用 BERT 模型进行 SRL 样本实验的方法。

我们首先来看看基于 BERT 的模型结构。

1. 基于 BERT 的模型结构

AllenNLP 的基于 BERT 的模型是一个 12 层的纯编码器 BERT 模型。AllenNLP 团队实现了 Shi 和 Lin（2019）中描述的 BERT 模型，并增加了一个线性分类层。

关于 BERT 模型的更多描述，如果不熟悉，请花几分钟时间回顾一下第 2 章“微调 BERT 模型”，一般来说你也可以直接进入该章的 2.2.13 节“BERT 模型配置”，其中描述了我们在本章中运行的 BERT 模型的参数。

- BertForMaskedLM
- attention_probs_dropout_prob：0.1
- hidden_act："gelu"

- hidden_dropout_prob：0. 1
- hidden_size：768
- initializer_range：0. 02
- intermediate_size：3072
- layer_norm_eps：1e－12
- max_position_embeddings：512
- model_type："bert"
- num_attention_heads：12
- num_hidden_layers：12
- pad_token_id：0
- type_vocab_size：2
- vocab_size：30522

基于 BERT 的模型以简单的方法和架构充分利用了双向注意力的优势，Transformer 模型的核心潜力在于注意力层。我们已经看到了同时具有编码器和解码器堆栈的 Transformer 模型，我们还见过其他只有编码器层或只有解码器层的 Transformer 模型。Transformer 模型的主要优势用于用注意力层模拟人类注意力的方法。

由 Shi 和 Lin（2019）定义的谓词识别格式的输入形式展示了 Transformer 模型在以标准化方式理解语言方面的进展情况：

```
[CLS] Marvin walked in the park.[SEP] walked [SEP]
```

模型训练过程已经标准化：

- [CLS] 表示这是一项分类工作。
- [SEP] 是第一个分隔符，表示句子的结束。
- [SEP] 后面是作者设计的谓词标识。
- [SEP] 是第二个分隔符，表示谓词标识符的结束。

仅用这种格式就足以训练一个 BERT 模型来识别和标记句子中的语义角色。

让我们设置环境来运行 SRL 样本。

2. 设置 BERT SRL 环境

我们将使用叫作 AllenNLP visual text representations of SRL 的 Google Colab notebook，可在 https://demo. allennlp. org/reading－comprehension“定义语义角色标注（Defining Semantic Role Labeling）”部分中找到。

我们将应用以下方法：

①打开 SRL. ipynb，安装 AllenNLP，并运行每个样本。

②显示 SRL 运行后的原始输出。

③使用 AllenNLP 的在线可视化工具对输出进行可视化。

④使用 AllenNLP 的在线文本可视化工具显示输出。

这一章是自成体系的，你可以通读它或按照描述运行相关样本。

当AllenNLP改变所使用的Transformer模型时，SRL模型的输出可能会有所不同。一般来说，AllenNLP的Transformer模型在不断训练和更新。此外，用于训练的数据集也可能发生变化。最后，这些算法不像基于规则的算法每次都会产生相同的结果。正如截图中所描述和显示的那样，输出可能会在每次运行时发生一些变化。

现在我们来做一些SRL实验。

9.2 用基于BERT的模型进行SRL实验

将使用本章9.1.2节“设置BERT SRL环境”部分描述的方法来运行我们的SRL实验。我们将从具有各种句子结构的基本样本开始，然后用一些更难的样本来挑战基于BERT的模型，以探索该系统的能力和极限。

打开SRL.ipynb并运行安装单元。

```
!pip install allennlp==1.0.0 allennlp-models==1.0.0
```

我们现在准备用一些基本样本进行热身。

9.2.1 基本样本

基本样本看起来似乎很简单，但分析起来却很棘手。复合句、形容词、副词和情态词都不容易识别，这些对非语言专家的普通人类来说也很困难。

让我们从Transformer模型的一个简单样本开始。

1. 样本1

第一个样本很长，但对Transformer模型来说相对容易：

```
"Did Bob really think he could prepare a meal for 50 people in only a few hours?"
```

运行SRL.ipynb中的样本1：

```
!echo '{"sentence": "Did Bob really think he could prepare a meal for
50 people in only a few hours?"}' | \
allennlp predict https://storage.googleapis.com/allennlp-public-models/
bert-base-srl-2020.03.24.tar.gz -
```

例如，Transformer模型识别了动词“think”，我们可以从以下代码单元的原始输出的片段中看到：

```
prediction:  {"verbs": [{"verb": "think", "description": "Did [ARG0:
Bob] [ARGM-ADV: really] [V: think] [ARG1: he could prepare a meal for
50 people in only a few hours] ?",
```

如果我们在 AllenNLP 的在线界面上运行样本，就会得到一个 SRL 任务的可视化表示。第一个被识别的动词是“think”，如图 9. 2 所示。

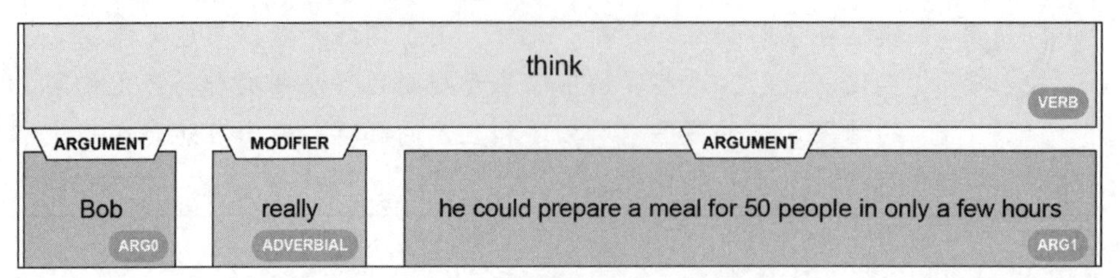

图 9. 2　识别动词“think”

如果仔细看一下这个表示，我们可以发现简单的基于 BERT 的 Transformer 模型的一些有趣的特性，其中：

- 检测到动词“think”。
- 避免了可能被解释为主要动词的“prepare”的陷阱。相反，“prepare”仍然是“think”的参数的一部分。
- 检测到一个副词并给它贴上标签。

然后，Transformer 模型转移到动词“prepare”，给它贴上标签，并分析其上下文，如图 9. 3 所示。

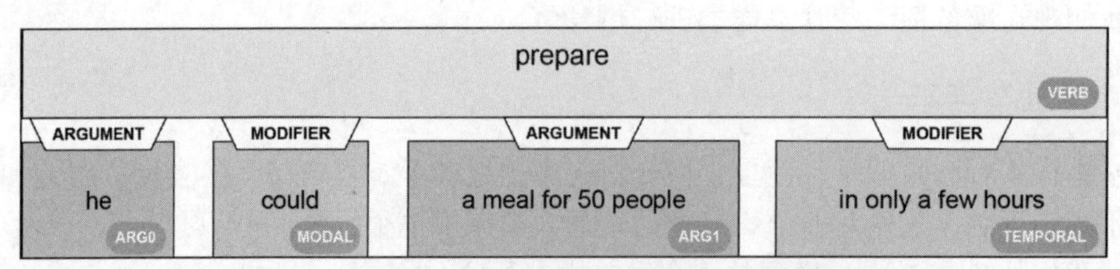

图 9. 3　识别动词“prepare”以及它的参数和修饰词

同样，简单的基于 BERT 的 Transformer 模型检测到了很多关于句子语法结构的信息，找到：

- 动词“prepare”并将其隔离开。
- 名词“he”并将其标记为一个参数，并对“a meal for 50 people.”做了同样的处理。这两个参数都与动词“prepare”有正确关系
- “in only a few hours”是“prepare”的一个时间修饰词。
- “could”是一个情态修饰词，表示动词的情态，如事件的可能性。

AllenNLP 的文本输出对分析结果进行了概括：

```
think: Did [ARG0: Bob] [ARGM-ADV: really] [V: think] [ARG1: he could
prepare a meal for 50 people in only a few hours] ?

could: Did Bob really think he [V: could] prepare a meal for 50 people
in only a few hours ?

prepare: Did Bob really think [ARG0: he] [ARGM-MOD: could] [V: prepare]
[ARG1: a meal for 50 people] [ARGM-TMP: in only a few hours] ?
```

我们现在将分析另一个相对较长的句子。

2. 样本2

下面这个句子看起来很简单，但包含了几个动词：

```
"Mrs. and Mr. Tomaso went to Europe for vacation and visited Paris and first went to visit the Eiffel Tower."
```

这个令人困惑的句子会让 Transformer 模型犹豫不决吗？让我们通过运行 SRL. ipynb 的样本2看看：

```
!echo '{"sentence": "Mrs. And Mr. Tomaso went to Europe for vacation
and visited Paris and first went to visit the Eiffel Tower."}' | \
allennlp predict https://storage.googleapis.com/allennlp-public-models/
bert-base-srl-2020.03.24.tar.gz -
```

输出的片段表明，Transformer 模型正确地识别了该句中的动词：

```
prediction:  {"verbs": [{"verb": "went", "description": "[ARG0: Mrs.
and Mr. Tomaso] [V: went] [ARG4: to Europe] [ARGM-PRP: for vacation]
```

在 AllenNLP 网上运行样本后显示，一个参数被确为旅行的目的地（PURPOSE），如图9.4所示。

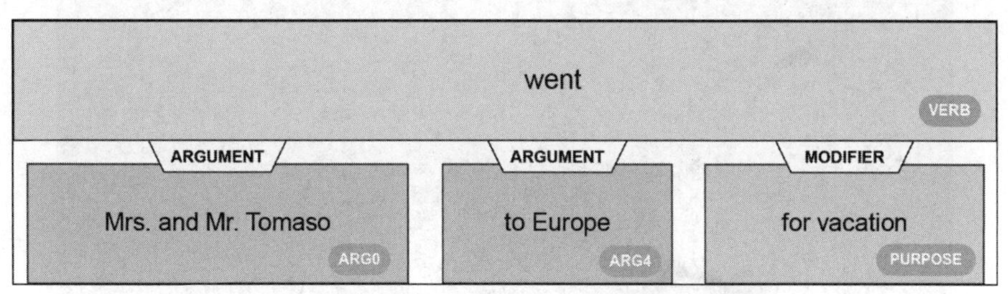

图9.4　识别动词"went"以及它的参数与修饰词

我们可以解释动词"went"的参数。然而，Transformer 模型发现，动词的修饰词是旅行的目的地。如果我们不知道 Shi 和 Lin（2019）只是建立了一个简单的 BERT 模型来获得这个高质量的语法分析，那么这个结果就不会令人惊讶。

我们还可以注意到，"went"与"Europe"的关联是正确的。Transformer 模型正确识别了动词"visit"与"Paris"的关系，如图9.5所示。

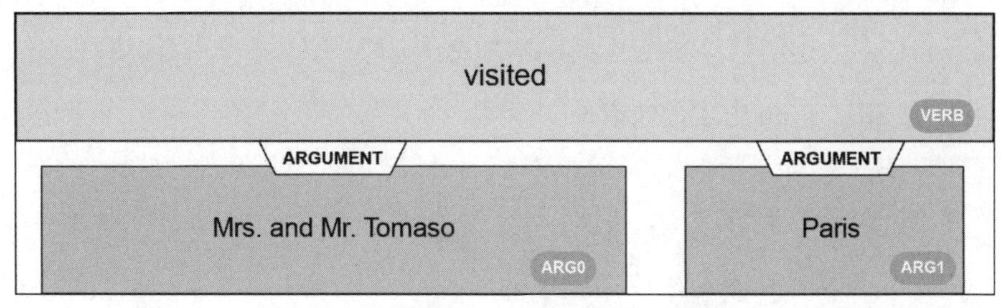

图9.5　识别动词"visited"以及它的参数

Transformer 模型原本可以将动词“visited”直接与“Eiffel Tower”联系起来，但它没有这样做，而是坚持自己的判断，最后做出了正确的决定。

我们要求 Transformer 模型做的最后一项任务是确定动词“went”第二次使用的上下文。同样，它没有落入合并与动词“went”有关的所有参数的陷阱，因为该句子中“went”被使用了两次。同样，它正确地分割了这个序列，并产生了一个很好的结果，如图 9. 6 所示。

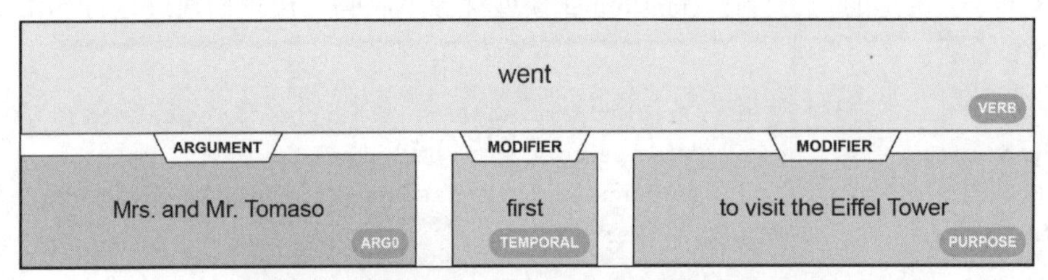

图 9. 6　识别动词“went”以及它的参数与修饰词

动词“went”出现了两次，但 Transformer 模型并没有落入陷阱。它甚至发现“first”是动词“went”的一个时间修饰词。

AllenNLP 在线界面的格式化文本输出概括了从这个样本获得的优秀结果：

```
went: [ARG0: Mrs. and Mr. Tomaso] [V: went] [ARG4: to Europe] [ARGM-
PRP: for vacation] and visited Paris and first went to visit the Eiffel
Tower .

visited: [ARG0: Mrs. and Mr. Tomaso] went to Europe for vacation and
[V: visited] [ARG1: Paris] and first went to visit the Eiffel Tower .

went: [ARG0: Mrs. and Mr. Tomaso] went to Europe for vacation and
visited Paris and [ARGM-TMP: first] [V: went] [ARGM-PRP: to visit the
Eiffel Tower] .

visit: [ARG0: Mrs. and Mr. Tomaso] went to Europe for vacation and
visited Paris and first went to [V: visit] [ARG1: the Eiffel Tower] .
```

让我们来运行一个容易混淆的句子。

3. 样本 3

样本 3 将使我们的 Transformer 模型感到些许困难。下面的例子出现了 4 次动词“drink”。

“John wanted to drink tea, Mary likes to drink coffee but Karim drank some cool water and Faiza would like to drink tomato juice.”

让我们在 SRL. ipynb 中运行样本 3：

```
!echo '{"sentence": "John wanted to drink tea, Mary likes to drink
coffee but Karim drank some cool water and Faiza would like to drink
tomato juice."}' | \
allennlp predict https://storage.googleapis.com/allennlp-public-models/
bert-base-srl-2020.03.24.tar.gz -
```

Transformer 模型找到了适合的方法，如以下包含动词的原始输出的片段所示：

```
prediction: {"verbs": [{"verb": "wanted," "description": "[ARG0: John]
[V: wanted] [ARG1: to drink tea] , Mary likes to drink coffee but Karim
drank some cool water and Faiza would like to drink tomato juice."

{"verb": "likes," "description": "John wanted to drink tea , [ARG0:
Mary] [V: likes] [ARG1: to drink coffee] but Karim drank some cool
water and Faiza would like to drink tomato juice ."

{"verb": "drank," "description": "John wanted to drink tea , Mary likes
to drink coffee but [ARG0: Karim] [V: drank] [ARG1: some cool water and
Faiza] would like to drink tomato juice ."

{"verb": "would," "description": "John wanted to drink tea , Mary likes
to drink coffee but Karim drank some cool water and Faiza [V: would]
[ARGM-DIS: like] to drink tomato juice ."
```

当在 AllenNLP 在线界面上运行该句子时，我们会得到几种可视化表示，仅研究其中的两种。

第一种接近完美，它识别了动词“wanted”并进行了正确的联想，如图 9.7 所示。

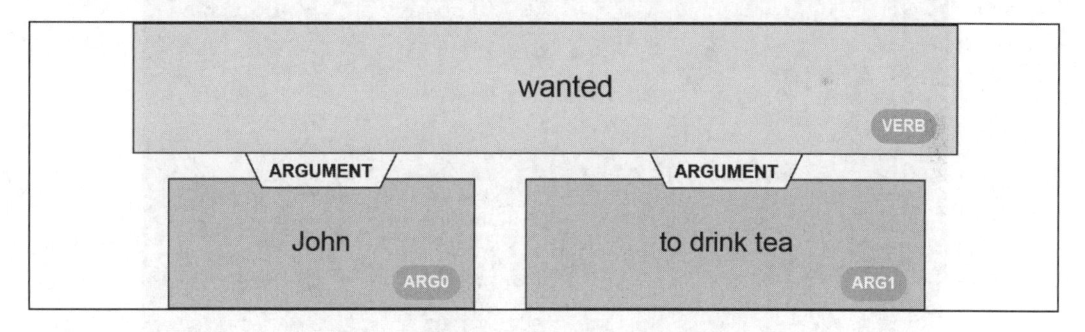

图 9.7　识别动词“wanted”以及它的参数

然而，当它识别出动词“drank”时，却把“and Faiza”作为一个参数混了进去，如图 9.8 所示。

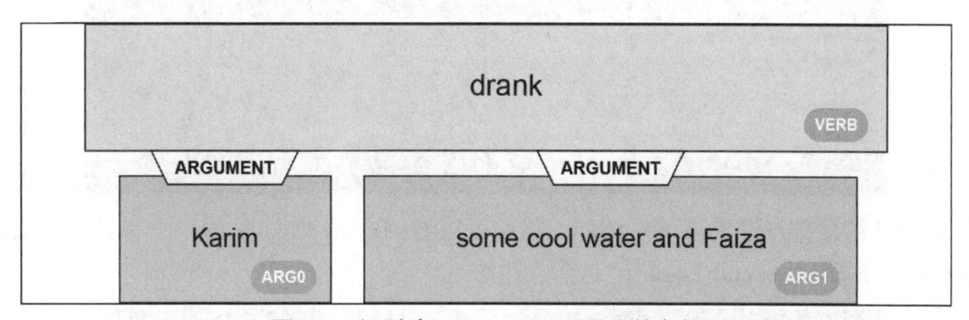

图 9.8　识别动词“drank”以及它的参数

这句话的意思是：“Karim drank some cool water.”作为“drank”的参数，“and Faiza”的存在是值得商榷的。

该问题对“Faiza would like to drink tomato juice”产生了影响，如图 9.9 所示。

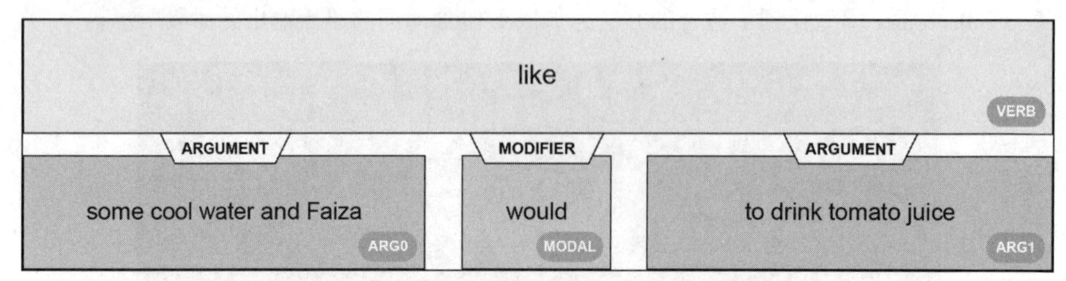

图 9.9 识别动词 “like” 以及它的参数与修饰词

“some cool water and” 的存在并不是一个类似的参数，只有 “Faiza” 是 “like” 的一个参数。

用 AllenNLP 获得的文本输出证实了这个问题：

```
wanted: [ARG0: John] [V: wanted] [ARG1: to drink tea] , Mary likes to
drink coffee but Karim drank some cool water and Faiza would like to
drink tomato juice .

drink: [ARG0: John] wanted to [V: drink] [ARG1: tea] , Mary likes to
drink coffee but Karim drank some cool water and Faiza would like to
drink tomato juice .

likes: John wanted to drink tea , [ARG0: Mary] [V: likes] [ARG1: to
drink coffee] but Karim drank some cool water and Faiza would like to
drink tomato juice .

drink: John wanted to drink tea , [ARG0: Mary] likes to [V: drink]
[ARG1: coffee] but Karim drank some cool water and Faiza would like to
drink tomato juice .

drank: John wanted to drink tea , Mary likes to drink coffee but [ARG0:
Karim] [V: drank] [ARG1: some cool water and Faiza] would like to drink
tomato juice .

would: John wanted to drink tea , Mary likes to drink coffee but Karim
drank some cool water and Faiza [V: would] [ARGM-DIS: like] to drink
tomato juice .

like: John wanted to drink tea , Mary likes to drink coffee but Karim
drank [ARG0: some cool water and Faiza] [ARGM-MOD: would] [V: like]
[ARG1: to drink tomato juice] .

drink: John wanted to drink tea , Mary likes to drink coffee but Karim
drank [ARG0: some cool water and Faiza] would like to [V: drink] [ARG1:
tomato juice] .
```

输出的结果有点混淆不清。例如，我们可以看到动词 “like” 的一个参数是 “Karim drank some cool water and Faiza”，这让人迷惑：

```
like: John wanted to drink tea , Mary likes to drink coffee but Karim
drank [ARG0: some cool water and Faiza] [ARGM-MOD: would] [V: like]
[ARG1: to drink tomato juice] .
```

我们发现，基于 BERT 的 Transformer 模型在基本样本上产生了相对较好的结果。我们来试试一些复杂的样本。

9.2.2　复杂样本

在本节中，我们将运行样本，它包含基于 BERT 的 Transformer 模型需要首先解决的问题。我们将以一个高难度的样本结束本次讨论。

从一个基于 BERT 的 Transformer 模型可以分析的复杂样本开始。

1. 样本 4

样本 4 把我们带入了更棘手的 SRL 领域。这个例子将“Alice”与动词“liked”分开，产生了一个长程依赖关系，必须跳过“whose husband went jogging every Sunday”。

这句话是：

“Alice, whose husband went jogging every Sunday, liked to go to a dancing class in the meantime.”

人类可以分离出“Alice”并找到谓语：

~~“Alice, whose husband went jogging every Sunday,~~ liked to go to a dancing class in the meantime.”

BERT 模型能像我们一样找到谓语吗？

让我们首先通过运行 SRL.ipynb 中的代码来了解一下。

```
!echo '{"sentence": "Alice, whose husband went jogging every Sunday,
liked to go to a dancing class in the meantime."}' | \
allennlp predict https://storage.googleapis.com/allennlp-public-models/
bert-base-srl-2020.03.24.tar.gz -
```

原始输出相当长，有详细的描述。让我们专注于我们感兴趣的部分，看看模型是否找到了谓词。它做到了！它找到了动词“liked”，如这个原始输出的片段所示：

```
[ARG0: Alice , whose husband went jogging every Sunday] , [V: liked]
```

现在让我们来看看在 AllenNLP 在线用户界面上运行样本后，模型分析的可视化表示。Transformer 模型首先找到了 Alice's husband，如图 9.10 所示。

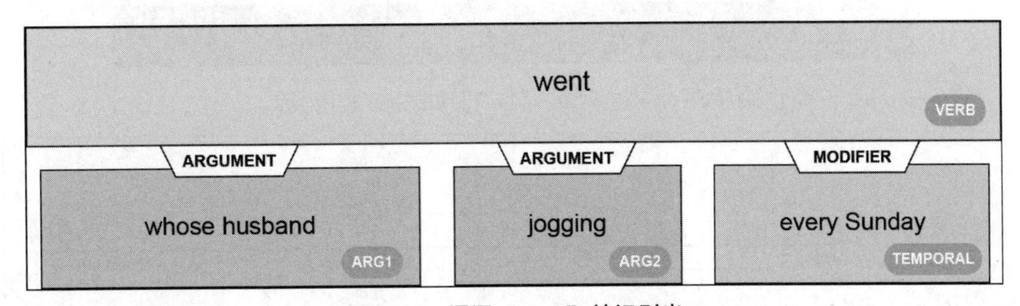

图 9.10　谓语“went”被识别出

Transformer 模型解释了这一点：

- 谓语或动词是“went”。

- “whose husband”是参数。
- “jogging”是与“went”有关的另一种说法。
- “every Sunday”是一个时间修饰词，在原始输出中表示为［ARGM - TMP：every Sunday］。

然后，Transformer 模型发现了 Alice’s husband（爱丽丝的丈夫）在做什么，如图 9.11 所示。

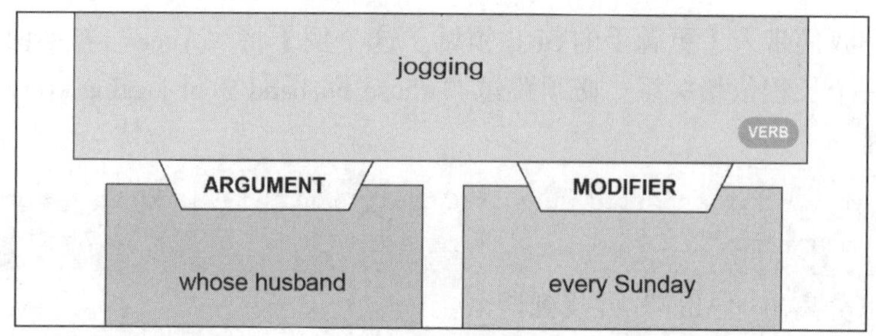

图 9.11 动词“jogging”的 SRL 检测结果

我们可以看到，动词“jogging”被确定下来，并与“whose husband”用时间修饰词“every Sunday”关联。

Transformer 模型并没有就此止步，它还可以检测出 Alice 喜欢什么，如图 9.12 所示。

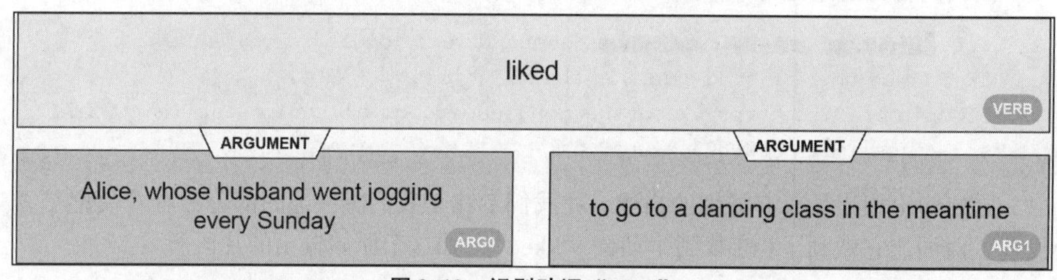

图 9.12 识别动词“liked”

描述 Alice 的参数虽长但正确。如果我们回到 SRL. ipynb 中的原始输出可以看到，原始细节证实了分析是正确的：

```
[ARG0: Alice , whose husband went jogging every Sunday] , [V: liked]
[ARG1: to go to a dancing class in the meantime]
```

Transformer 也能正确检测和分析动词“go”，如图 9.13 所示。

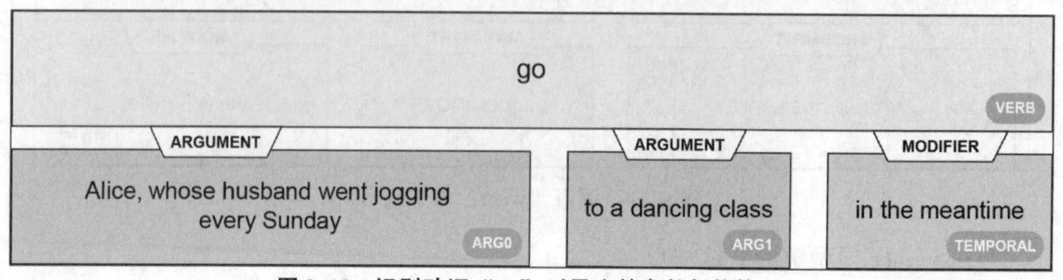

图 9.13 识别动词“go”以及它的参数与修饰词

我们可以看到时间修饰词“in the meantime”也被识别出来。当我们考虑到基于 BERT 的模型所训练的简单序列 + 动词输入时，这是一个相当不错的表现。

最后，Transformer 将最后一个动词“dancing”确定为与“class”有关，如图 9.14 所示。

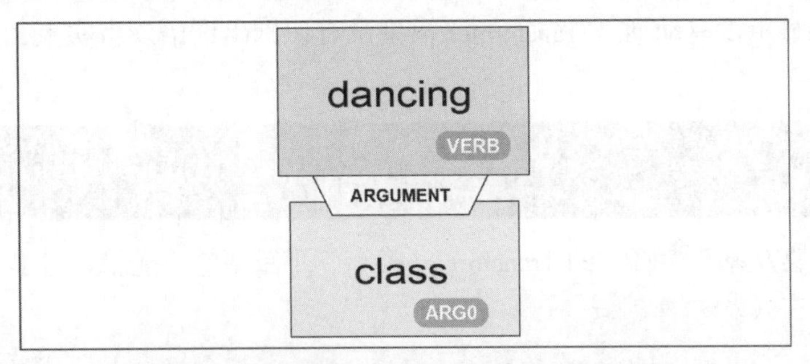

图 9.14　关联参数“class”与动词“dancing”

现在我们来看看 AllenNLP 在线用户界面产生的格式化文本输出：

```
went: Alice , [ARG1: whose husband] [V: went] [ARG2: jogging] [ARGM-TMP: every Sunday] , liked to go to a dancing class in the meantime .
jogging: Alice , [ARG0: whose husband] went [V: jogging] [ARGM-TMP: every Sunday] , liked to go to a dancing class in the meantime .

liked: [ARG0: Alice , whose husband went jogging every Sunday] , [V: liked] [ARG1: to go to a dancing class in the meantime] .

go: [ARG0: Alice , whose husband went jogging every Sunday] , liked to [V: go] [ARG4: to a dancing class] [ARGM-TMP: in the meantime] .

dancing: Alice , whose husband went jogging every Sunday , liked to go to a [V: dancing] [ARG0: class] in the meantime .
```

样本 4 产生的结果相当具有说服力！

让我们试着探寻 Transformer 模型的极限。

2. 样本 5

样本 5 没有多次重复同一个动词但包含了一个可以有多种语法功能和意义的词。它超越了多义性，因为“round”这个词既可以有不同的含义，也可以有不同的语法功能。“round”这个词可以是名词、形容词、副词、及物动词或不及物动词。

作为一个及物或不及物动词，“round”可以表示达到完美或完成。在这个意义上，“round”可以和“off”一起使用。

下面的句子用“round”作过去式。

```
“The bright sun, the blue sky, the warm sand, the palm trees, everything round off.”
```

Round 的含义是“to bring to perfection”，最好的语法形式应该是“rounded”，但 Transformer 找到了正确的动词，而且这句话听起来相当有诗意。

让我们在 SRL. ipynb 中运行样本 5：

```
!echo '{"sentence": "The bright sun, the blue sky, the warm sand, the
palm trees, everything round off."}' | \
allennlp predict https://storage.googleapis.com/allennlp-public-models/
bert-base-srl-2020.03.24.tar.gz -
```

输出结果显示没有动词。Transformer 模型没有识别出谓语。事实上，它根本就没有发现任何动词：

```
prediction:  {"verbs": [], "words": ["The", "bright", "sun", ",",
"the", "blue", "sky", ",", "the", "warm", "sand", ",", "the", "palm",
"trees", ",", "everything", "round", "off", "."]}
```

既然我们喜欢基于 BERT 的 Transformer 模型，那就对它友善点。让我们把这句话从过去式改为现在式。

"The bright sun, the blue sky, the warm sand, the palm trees, everything **rounds** off."

让我们再试一下 SRL. ipynb 的现在时态：

```
!echo '{"sentence": "The bright sun, the blue sky, the warm sand, the
palm trees, everything rounds off."}' | \
allennlp predict https://storage.googleapis.com/allennlp-public-models/
bert-base-srl-2020.03.24.tar.gz -
```

原始输出显示，谓词被找到了，如下面的片段所示：

```
prediction:  {"verbs": [{"verb": "rounds", "description": "[ARG1: The
bright sun …/…
```

如果在 AllenNLP 上运行这个句子，我们就会得到可视化的解释，如图 9. 15 所示。

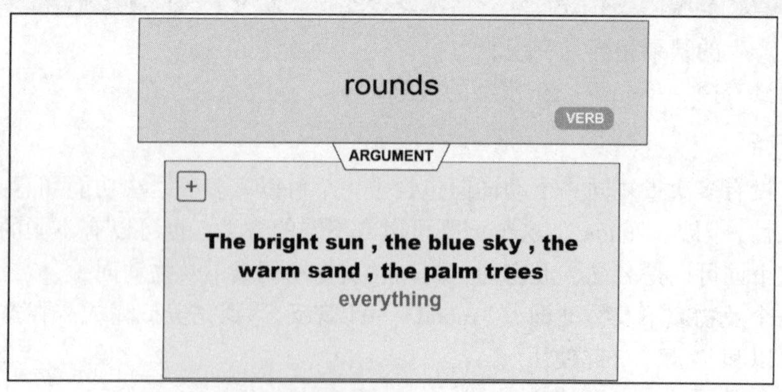

图 9. 15　将"round"识别为动词

我们基于 BERT 的 Transformer 做得足够好，因为"round"这个词以复数形式"rounds"被找到。

BERT 模型最初未能产生我们预期的结果。但在朋友们的帮助下，这个样本有了一个理想结果。

让我们再试一下另一个难以标注的句子。

3. 样本6

样本6采用了一个我们通常认为只是名词的词。然而，比我们能想到的多得多的词既可以是名词也可以是动词。“To ice”是曲棍球中的一个动词，用于将“puck”一直射过冰场，射到对手的球门线内。“puck”是曲棍球中使用的圆盘形球。

一个曲棍球教练可以通过告诉球队训练冰球来开始一天的工作。然后，当教练大喊时，我们可以得到命令句：

```
“Now, ice pucks guys!”
```

请注意，“guys”可以指“persons”，无论其性别是男是女。

让我们运行样本6的代码单元，看看会发生什么：

```
! echo '{"sentence": "Now, ice pucks guys!"}' | \
allennlp predict https://storage.googleapis.com/allennlp-public-models/
bert-base-srl-2020.03.24.tar.gz -
```

Transformer未能找到动词：

```
prediction: {"verbs": [], "words": ["Now", ",", "ice", "pucks",
"guys", "!"]}
```

Transformer的游戏结束了但人类仍在游戏中！我们可以看到，Transformer模型已经取得了巨大的进步，但开发者仍有很大的空间来改进模型。

试试你自己的一些例子或样本，看看SRL能做什么以及这种方法的局限性。

本章小结

在本章中，我们探讨了SRL。SRL任务对于人类和机器来说都有难度。Transformer模型的能力表明，对于许多NLP内容主题，机器可以在一定程度上接近人类的能力基线。

一个简单的基于BERT的Transformer模型可以进行谓语含义消歧。我们运行了一个简单的Transformer模型，可以在没有词汇或句法标记的情况下识别动词（谓语）的含义。Shi和Lin（2019）使用标准的“sentence + verb”输入格式来训练他们基于BERT的Transformer模型。

同时也应该知道，一个用精简的“sentence + predicate”输入训练好的Transformer模型可以解决简单和复杂的问题。当我们使用相对罕见的动词形式时就能探测到模型的极限。然而，这些限制并不是无解的，当把复杂的问题添加到训练数据集中就可以改进该模型。

我们还发现了以人类福祉为目标的人工智能的存在。艾伦人工智能研究所已经提供了许多免费的人工智能资源。该团队在NLP模型的原始输出中加入了可视化表示，以帮助用户理解人工智能。我们看到，解释人工智能和运行程序一样重要。视觉和文本表示法使人们清楚地看到了基于BERT模型的潜力。

通过其分布式架构和输入格式，Transformer 将继续改善自然语言处理的标准化。

在下一章“让数据开口：讲故事与做问答”中，我们将在通常只有人类才能完成的任务上向 Transformer 模型发起挑战，将探索 Transformer 在面对命名实体识别（Named Entity Recognition，NER）和问题回答任务时的潜力。

习题

1. 语义角色标注（SRL）是一项文本生成任务。(对/错)
2. 谓语是一个名词。(对/错)
3. 动词是一个谓词。(对/错)
4. 参数可以描述谁和什么在做什么。(对/错)
5. 修饰词可以是副词。(对/错)
6. 一个修饰词可以是一个位置。(对/错)
7. 一个基于 BERT 的模型包含编码器和解码器堆栈。(对/错)
8. 基于 BERT 的 SRL 模型有标准的输入格式。(对/错)
9. Transformer 可以解决任何 SRL 任务。(对/错)

参考文献

- Peng Shi and Jimmy Lin，2019，Simple BERT Models for Relation Extraction and Semantic Role Labeling：https://arxiv.org/abs/1904.05255
- The Allen Institute for AI：https://allennlp.org/
- The Allen Institute for AI Semantic Labeling resources：https://demo.allennlp.org/semantic-role-labeling/MjE4NDE1NA==

第 3 部分
高级语言理解技术

10

第10章

让数据开口：讲故事与做问答

阅读理解需要多种技能。当我们阅读一篇文章时，我们会注意到关键词和主要事件，并对内容进行心理认知，随后可以利用我们对内容的了解和我们的陈述来回答问题，我们还会核对每个问题，以避免陷阱和犯错。

无论Transformer模型变得多么强大，都不能轻易回答开放式的问题。一个开放的环境意味着人可以就任何话题提出任何问题并期望Transformer模型都会正确回答，目前仍然是不可能的。Transformer模型经常在一个封闭的问答环境中使用通用领域的训练数据集，医疗和法律解释中的关键答案需要额外的NLP能力。

然而，无论训练环境是否限定于预处理过的问答序列，Transformer模型都不能正确回答任意的问题。如果一个文本包含一个以上的主题和复合命题，Transformer模型就会做出错误的预测。

本章将重点讨论建立一个问题生成器的方法，该生成器在其他NLP任务的帮助下在文本中找到无歧义的内容。这个问题生成器将展示一些可以应用于实现问题回答的想法。

我们将首先向大家展示提出随机问题并期望Transformer模型每次都能做出正确的回答是多么困难。

我们将通过引入命名实体识别（NER）功能来帮助DistilBERT模型回答问题，这些功能可以列出合理的问题，这将为Transformer模型的问题生成器奠定基础。

我们将把预先训练好的ELECTRA模型作为判别器加入我们的问题回答工具箱。

最后，我们将在文本生成器的设计蓝图中添加语义角色标注（SRL）功能。

在结束本章之前，10.5节将提供额外的想法，以建立一个可靠的问题回答解决方案，包括应用Haystack框架。

在本章结束时，你将看到如何建立你自己的多任务NLP问答辅助程序。

本章涵盖以下主题：

- 随机问题回答的局限性
- 使用NER来创建基于实体识别的有意义的问题
- 开始设计Transformer模型的问题生成器的设计蓝图
- 测试用NER发现的问题
- 引入ELECTRA编码器进行预训练作为鉴别器
- 用标准问题测试ELECTRA模型

- 使用SRL来创建基于谓词识别的有意义的问题
- 执行问题回答Transformer模型的项目管理指南
- 分析如何创建一个使用SRL生成的问题
- 使用NER和SRL的输出来定义基于Transformer模型的问题生成器的设计蓝图
- 用RoBERTa探索Haystack问题回答框架

让我们开始逐步了解将应用于分析问答任务中问题生成的方法论。

10.1 方法论

问题回答大多是作为一种NLP练习任务提出的，包括一个Transformer模型和一个数据集，该数据集包含准备好的问题并提供这些问题的答案。Transformer模型被训练来回答在这个封闭上下文中提出的问题。

然而，在复杂环境下的可靠Transformer模型的实现需要定制化的方法。

Transformer模型和方法

对于问题回答或任何其他NLP任务来说，不存在一个完美而高效的通用Transformer模型，最佳模型是为特定的数据集和任务产生最佳输出的模型。

第6章“使用OpenAI的GPT-2和GPT-3模型生成文本”表明应用于小型ALBERT模型的模式开发训练（Pattern-Exploiting Training，PET）方法超越了大得多的GPT-3模型的性能。

该方法在许多情况下超过了其他模型。一个合适的方法加上一个普通的模型往往会比一个有缺陷的方法加上一个优秀的模型产生更有效的结果。在本章中，我们将运行DistilBERT、ELECTRA和RoBERTa模型，这些模型的“性能”在多种任务上各有胜负。

然而，“性能”并不能保证在一个关键领域的结果。例如，在太空火箭和航天器生产项目中，向NLP机器人提出问题意味着获得一个准确的答案。假设用户需要问一个关于火箭再生冷却喷嘴和燃烧室状态的百页报告的问题。这个问题可以很具体，例如“冷却器是否可靠?”这就是用户希望从NLP机器人那里得到的底线信息。

长话短说，不管是不是基于Transformer模型，让NLP机器人在没有质量和认知控制的情况下做出一个严密的统计答案的风险太大，也不能如此草率行事。一个值得信赖的NLP机器人将被连接到一个包含数据和规则的知识库，在后台运行一个基于规则的专家系统来检查NLP机器人的答案。基于Transformer模型的NLP机器人将产生一个流畅、可靠的自然语言答案，也可能转换成人类语音来回答。

一个适合所有需求的通用Transformer模型和方法并不存在。每个项目都需要特定的功能和定制的方法，并且会随用户的预期而有巨大的差异。

本章将重点讨论问题回答的一般性限制因素而不是具体的Transformer模型选择。本章不是一个问题回答的项目指南，而是对Transformer模型如何用于问题回答的介绍。

我们将专注于在一个开放的环境中进行问题回答：在这个环境中问题并没有事先被

准备过。Transformer 模型需要其他 NLP 任务和经典程序的帮助。我们将探索一些方法，让大家了解如何结合任务来达到项目的目标：

- 方法 0 探索的是随机提问的试错方法。
- 方法 1 引入了 NER 来帮助准备问答任务。
- 方法 2 试图用 ELECTRA Transformer 模型来帮助默认的 Transformer 模型。它还引入了 SRL 来帮助 Transformer 模型准备问题。

对这三种方法的介绍表明，单一的回答问题的方法对大公司的项目来说是行不通的。加入 NER 和 SRL 将提高 Transformer 模型方案的语言智能。

例如，在最早的人工智能自然语言处理项目中，我为一家航空航天公司的战术情境防御项目实施了问答功能。为了确保所提供的答案 100% 可靠，我结合了不同的自然语言处理方法。

你可以为你实施的每个项目设计一个多方法的解决方案。

让我们从试错方法开始。

10.2　方法 0：试错

回答问题似乎非常容易。这是真的吗？让我们来了解一下。

打开 QA. ipynb，这是我们在本章要使用的 Google Colab notebook。我们将逐个代码单元运行该 notebook。

运行第一个代码单元来安装 Hugging Face 的 Transformer 库，这是我们将在本章中实现的框架：

```
!pip install -q transformers==4.0.0
```

现在我们导入 Hugging Face 的管道，它包含大量的开箱即用型 Transformer 资源。它们为 Hugging Face 函数库资源提供高级抽象功能，以执行多类型的任务。我们可以通过一个简单的 API 访问这些 NLP 任务。

该管道只需一行代码即可导入：

```
from transformers import pipeline
```

一旦完成，我们就具备使用单行代码的方法来实例化 Transformer 模型和任务：

①用默认的模型和标记解析器执行 NLP 任务：

```
pipeline("<task-name>")
```

②用定制的模型执行 NLP 任务：

```
pipeline("<task-name>", model="<model_name>")
```

③用定制的模型和标记解析器执行 NLP 任务：

```
pipeline('<taskname>', model='<model name>',
tokenizer='<tokenizer_name>')
```

让我们从默认模型和标记解析器开始：

```
nlp_qa = pipeline('question-answering')
```

现在，我们所要做的就是提供一段文本，然后用它来向 Transformer 模型提交问题：

```
sequence = "The traffic began to slow down on Pioneer Boulevard in Los Angeles, making it difficult to get out of the city. However, WBGO was playing some cool jazz, and the weather was cool, making it rather pleasant to be making it out of the city on this Friday afternoon. Nat King Cole was singing as Jo and Maria slowly made their way out of LA and drove toward Barstow. They planned to get to Las Vegas early enough in the evening to have a nice dinner and go see a show."
```

这个流程非常简单，我们只需要在 API 中插入一行代码，就可以提出一个问题并获得一个答案：

```
nlp_qa(context=sequence, question='Where is Pioneer Boulevard?')
```

输出结果简直就是一个完美的答案：

```
{'answer': 'Los Angeles,', 'end': 66, 'score': 0.988201259751591,
 'start': 55}
```

我们刚刚用几行代码就完成了一个问题回答的 Transformer NLP 任务！你现在可以下载一个现成的数据集，其中包含文本、问题和答案。

事实上，本章可以在这里就结束了，你已经为回答问题的任务做好准备了。然而，现实生活中的事情从来都不是如此简单。假设我们必须实现一个回答问题的 Transformer 模型，让用户对存储在数据库中的许多文档提出问题，我们会遇到两个重要的限制：

- 我们首先需要通过一组关键文档来运行 Transformer 模型，并创建可以验证系统是否正常的问题。
- 我们必须解释我们如何能保证 Transformer 模型正确回答问题。

有几个问题马上会遇到：

- 谁来找到要问的问题以测试系统？
- 即使一个专家同意做这项工作，如果许多问题产生错误的结果，会发生什么情况？
- 如果结果不理想，我们是否会继续训练这个模型？
- 如果有些问题无论我们使用或训练哪种模型都无法回答，会发生什么情况？
- 如果这个测试在有限的样本上是有效的，但这个过程需要的时间太长，而且因为成本太高而无法扩大规模，怎么办？

如果我们只是在专家的帮助下尝试我们的问题，看看哪些问题可行或不可行，可能要花很长时间，试错并不是好的解决方案。

本章旨在提供一些方法和工具，以减少实施问题回答 Transformer 模型的成本。在为客户实施新的数据集时，为问题回答寻找好的问题是一个相当大的挑战。

我们可以把 Transformer 模型看作是一套乐高积木，可以使用仅有编码器或仅有解码器的堆栈，按我们认为合适的方式进行组装，我们也可以使用一套小型、大型或超大（Extra - Large，XL）的 Transformer 模型。

我们也可以把我们在本书中探讨的 NLP 任务看成是我们必须实施的项目中的一套乐高解决方案。我们可以将两个或更多的 NLP 任务组装起来，以达到我们的目标，就像其他软件的实施一样。我们可以从试错方式寻找问题，直到找到胸有成竹的方法。

在这一章中：

（1）我们将继续逐一运行 QA. ipynb 中的代码单元，探索每一节中所描述的方法。

（2）我们还将使用 AllenNLP NER 界面来获得 NER 和 SRL 结果的可视化表示。你可以在界面上输入句子，访问 https://demo. allennlp. org/reading - comprehension，然后选择命名实体识别或语义角色标注，最后输入待测试文本序列。在本章中，我们将把使用的 AllenNLP 模型考虑在内。我们只是想获得可视化的表示。

让我们从尝试使用 NER 优先方法找到适合问答任务的额外大型（XL）Transformer 模型的问题开始。

10. 3　方法 1：　NER 优先

本节将使用 NER 来帮助我们实现找到合适问题的想法。Transformer 模型会不断地被训练和更新，用于训练的数据集也可能会发生变化。最后，这些不是基于规则的传统算法不能保证每次都产生稳定的结果，它的输出可能会在每次运行时都有细小的变化。NER 可以在一个序列中检测人物、地点、组织和其他实体。我们将首先运行一个 NER 任务，它将给我们提供一些我们可以关注的段落的重要部分来提出问题。

使用 NER 来寻找问题

我们将继续逐个代码单元地运行 QA. ipynb。该程序现在用默认的模型和标记解析器来执行 NER 任务以初始化管道：

```
nlp_ner = pipeline("ner")
```

我们将继续使用我们在本章的 10. 2 节“方法 0：试错”中运行的欺骗性的简单文本序列：

```
sequence = "The traffic began to slow down on Pioneer Boulevard in Los Angeles,
making it difficult to get out of the city. However, WBGO was playing some cool
jazz, and the weather was cool, making it rather pleasant to be making it out of
the city on this Friday afternoon. Nat King Cole was singing as Jo and Maria slowly
made their way out of LA and drove toward Barstow. They planned to get to Las Vegas
early enough in the evening to have a nice dinner and go see a show."
```

我们在 QA. ipynb 中运行 nlp_ ner 代码单元：

```
print(nlp_ner(sequence))
```

产生的输出是 NLP 任务的结果。分数被调整成2位小数，以适应页面的宽度。

```
[{'word': 'Pioneer', 'score': 0.97, 'entity': 'I-LOC', 'index': 8},
{'word': 'Boulevard', 'score': 0.99, 'entity': 'I-LOC', 'index': 9},
{'word': 'Los', 'score': 0.99, 'entity': 'I-LOC', 'index': 11},
{'word': 'Angeles', 'score': 0.99, 'entity': 'I-LOC', 'index': 12},
{'word': 'W', 'score': 0.99, 'entity': 'I-ORG', 'index': 26},
{'word': '##B', 'score': 0.99, 'entity': 'I-ORG', 'index': 27},
{'word': '##G', 'score': 0.98, 'entity': 'I-ORG', 'index': 28},
{'word': '##O', 'score': 0.97, 'entity': 'I-ORG', 'index': 29},
{'word': 'Nat', 'score': 0.99, 'entity': 'I-PER', 'index': 59},
{'word': 'King', 'score': 0.99, 'entity': 'I-PER', 'index': 60},
{'word': 'Cole', 'score': 0.99, 'entity': 'I-PER', 'index': 61},
{'word': 'Jo', 'score': 0.99, 'entity': 'I-PER', 'index': 65},
{'word': 'Maria', 'score': 0.99, 'entity': 'I-PER', 'index': 67},
{'word': 'LA', 'score': 0.99, 'entity': 'I-LOC', 'index': 74},
{'word': 'Bar', 'score': 0.99, 'entity': 'I-LOC', 'index': 78},
{'word': '##sto', 'score': 0.85, 'entity': 'I-LOC', 'index': 79},
{'word': '##w', 'score': 0.99, 'entity': 'I-LOC', 'index': 80},
{'word': 'Las', 'score': 0.99 'entity': 'I-LOC', 'index': 87},
{'word': 'Vegas', 'score': 0.9989519715309143, 'entity': 'I-LOC',
'index': 88}]
```

Hugging Face 的文档描述了所使用的 NER 标签。在我们的例子中包括：

- I-PER，人名字
- I-ORG，组织名称
- I-LOC，地点名称

结果是正确的。请注意，Barstow 被拆分成了三个标记。

让我们在 AllenNLP 的命名实体识别部分（https://demo.allennlp.org/named-entity-recognition）运行同样的序列，以获得我们的序列的可视化表示，如图 10.1 所示。

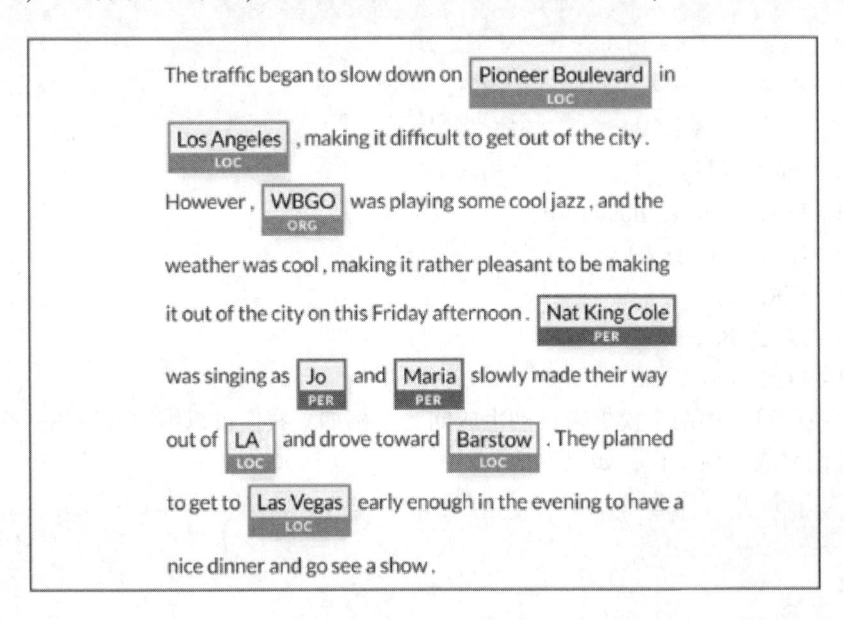

图 10.1 NER

我们可以看到，NER 已经强调了我们将用于创建问题的关键实体。

让我们向我们的 Transformer 模型提出两种类型的问题：

- 与地点有关的问题
- 与人有关的问题

让我们从位置问题开始。

1. 地点实体问题

QA. ipynb 产生了近 20 个实体，地点实体值得关注：

```
[{'word': 'Pioneer', 'score': 0.97, 'entity': 'I-LOC', 'index': 8},
{'word': 'Boulevard', 'score': 0.99, 'entity': 'I-LOC', 'index': 9},
{'word': 'Los', 'score': 0.99, 'entity': 'I-LOC', 'index': 11},
{'word': 'Angeles', 'score': 0.99, 'entity': 'I-LOC', 'index': 12},
{'word': 'LA', 'score': 0.99, 'entity': 'I-LOC', 'index': 74},
{'word': 'Bar', 'score': 0.99, 'entity': 'I-LOC', 'index': 78},
{'word': '##sto', 'score': 0.85, 'entity': 'I-LOC', 'index': 79},
{'word': '##w', 'score': 0.99, 'entity': 'I-LOC', 'index': 80},
{'word': 'Las', 'score': 0.99 'entity': 'I-LOC', 'index': 87},
{'word': 'Vegas', 'score': 0.9989519715309143, 'entity': 'I-LOC',
'index': 88}]
```

(1) 应用启发式方法

我们可以应用启发式方法，即一种用 QA. ipynb 的输出来创建问题的方法：

- 用一个解析器将位置合并回原来的形式
- 将一个模板应用到地点上

为一个项目编写经典的处理代码已经超出了本书的范围，可以写一个函数来为我们做这些工作，如这个伪代码所示：

```
for i in range beginning of output to end of the output:
    filter records containing I-LOC
    merge the I-LOCs that fit together
    save the merged I-LOCs for questions-answering
```

NER 的输出将是：

- I-LOC，Pioneer Boulevard
- I-LOC，Los Angeles
- I-LOC，LA
- I-LOC，Barstow
- I-LOC，Las Vegas

然后我们可以用两个模板来自动生成问题。例如，我们可以编写并应用一个随机函数来为我们完成这项工作，如以下伪代码所示：

```
from the first location to the last location:
    choose randomly:
        Template 1: Where is [I-LOC]?
        Template 2: Where is [I-LOC] located?
```

我们将自动获得五个问题。例如：

```
Where is Pioneer Boulevard?
Where is Los Angeles located?
Where is LA?
Where is Barstow?
Where is Las Vegas located?
```

我们知道，其中一些问题不能用我们创建的文本序列直接回答，但我们也可以自动处理这些问题。假设这些问题是用我们的方法自动创建的：

- 输入一个序列
- 运行 NER
- 自动创建问题

假设这些问题是自动创建的，让我们来运行它们：

```
nlp_qa = pipeline('question-answering')
print("Question 1.",nlp_qa(context=sequence, question='Where is Pioneer Boulevard?'))
print("Question 2.",nlp_qa(context=sequence, question='Where is Los Angeles located?'))
print("Question 3.",nlp_qa(context=sequence, question='Where is LA?'))
print("Question 4.",nlp_qa(context=sequence, question='Where is Barstow?'))
print("Question 5.",nlp_qa(context=sequence, question='Where is Las Vegas located?'))
```

输出结果显示，只有问题 1 被正确回答。

```
Question 1. {'score': 0.9879662851935791, 'start': 55, 'end': 67,
'answer': 'Los Angeles,'}
Question 2. {'score': 0.9875189033668121, 'start': 34, 'end': 51,
'answer': 'Pioneer Boulevard'}
Question 3. {'score': 0.5090435442006118, 'start': 55, 'end': 67,
'answer': 'Los Angeles,'}
Question 4. {'score': 0.3695214621538554, 'start': 387, 'end': 396,
'answer': 'Las Vegas'}
Question 5. {'score': 0.21833994202792262, 'start': 355, 'end': 363,
'answer': 'Barstow.'}
```

输出显示分数、答案的开始和结束位置以及答案本身。在这次运行中，问题 2 的得分是 0.98，尽管它错误地指出洛杉矶在先锋大道（Los Angeles in Pioneer Boulevard）。

我们现在该怎么办呢？

现在是用项目管理来控制 Transformer 模型的时候了，以便增加质量和决策制定功能。

（2）项目管理

我们将研究四个例子，其中包括如何管理 Transformer 模型和自动管理 Transformer 模型的硬编码函数。我们将把这四个项目管理例子分为四个项目级别：简单、中级、困难和非常困难。项目管理不在本书的范围内，所以我们将简要地介绍一下这四种分类：

- 一个简单的项目可以是一个为小学创建的网站。老师可能会对我们看到的东西产生兴趣。这些文字可以显示在一个 HTML 页面上。我们自动获得的五个问题的答案可以通过一些开发合并成固定格式的五个陈述。“I-LOC 在 I-LOC 中”（例如，“Barstow 在 Barstow 中”）。然后我们在每个陈述下添加（True，False）。老师所要做的就是有一个管理员界面，允许操作的老师点击正确的答案，最终完成一份多选项的调查问卷！
- 一个中级项目可以将 Transformer 模型的自动问题和答案封装在一个程序中，该程序使用 API 来检查答案并自动纠正它们。用户不会看到任何东西，这个过程是透明的。Transformer 模型做出的错误答案将被储存起来，以便进一步分析。
- 一个困难项目是在聊天机器人中实现一个带有后续问题的中等项目。例如，Transformer 模型正确地将先锋大道置于洛杉矶（Pioneer Boulevard in Los Angeles）。聊天机器人用户可能会问一个自然的后续问题，如“在洛杉矶的哪里附近?”（near where in LA?），这需要更多的开发工作。
- 一个非常困难的项目将是一个研究项目，它将训练 Transformer 模型在数据集的数百万条记录中识别 I-LOC 实体，并输出地图软件 API 的实时流结果。

好消息是，我们也可以找到一种方法来使用我们发现的东西。

坏消息是，在实际的项目中应用 Transformer 模型或任何人工智能都需要强大的机器，需要项目经理、主题专家（Subject Matter Expert，SME）、开发人员和终端用户之间的海量的团队合作。

现在让我们来试试人物实体问题。

2. 人物实体问题

让我们从 Transformer 模型的一个简单问题开始：

```
nlp_qa = pipeline('question-answering')
nlp_qa(context=sequence, question='Who was singing ? ')
```

答案是正确的。它说明了在这段文本序列中谁在唱歌：

```
{'answer': 'Nat King Cole,'
 'end': 277,
 'score': 0.9653632081862433,
 'start': 264}
```

我们现在要问 Transformer 模型一个需要思考的问题，因为这个问题没有明确说明：

```
nlp_qa(context=sequence, question='Who was going to Las Vegas ? ')
```

如果不把这句话拆开，就不可能回答这个问题。Transformer 模型犯了一个大错误：

```
{'answer': 'Nat King Cole,'
 'end': 277,
 'score': 0.3568152742800521,
 'start': 264}
```

该 Transformer 模型很诚实，只显示了 0.35 的分数。这个分数可能因不同的运行时刻或不同的 Transformer 模型而不同。我们可以看到，Transformer 模型面临着一个语义标签的问题。让我们尝试运用 SRL 优先的方法对人物实体问题进行改进。

10.4　方法 2：SRL 优先

Transformer 模型找不到谁正在开车去拉斯维加斯（Las Vegas），以为是纳特 - 金 - 科尔（Nat King Cole）而不是乔（Jo）和玛丽亚（Maria）。

出了什么问题？我们能看到 Transformer 模型的想法并获得解释吗？为了找到答案，让我们回到语义角色模型。如果有必要的话，请花几分钟时间回顾一下第 9 章“基于 BERT 模型的语义角色标注”。

我们在 AllenNLP（https://demo.allennlp.org/readingcomprehension）上的语义角色标注部分运行同样的文本序列，以获得我们序列中动词“drove”的可视化表示，如图 10.2 所示。

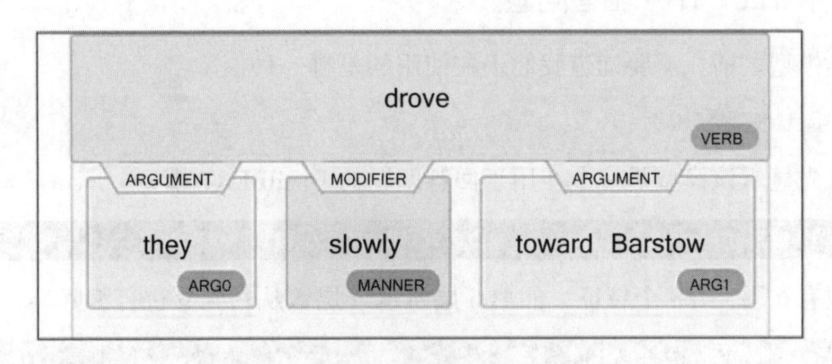

图 10.2　错误的语义角色标注（SRL）

我们可以看到这个问题。动词“driving”的参数是“they”。似乎可以作出推论，在“they”与“Jo”和“Maria”之间没有建立关系。

> Transformer 模型在不断发展中，输出可能有所不同，但基本概念仍然是相同的。

这是真的吗？让我们在 QA.ipynb 中提出这个问题：

```
nlp_qa(context=sequence, question='Who are they?')
```

输出结果是正确的：

```
{'answer': 'Jo and Maria',
 'end': 305,
 'score': 0.8486017557290779,
 'start': 293}
```

我们能不能找到一种提问的方式来获得正确的答案？我们将通过转述问题进行尝试：

```
nlp_qa(context = sequence, question ='Who drove to Las Vegas? ')
```

我们得到一个稍好的结果：

```
{'answer': 'Nat King Cole was singing as Jo and Maria',
 'end': 305,
 'score': 0.35940926070820467,
 'start': 264}
```

Transformer 模型现在明白了，Nat King Cole 在唱歌，而 Jo 和 Maria 在此期间正在做其他事。

我们仍然需要进一步努力以找到一种方法来提出更好的问题。

让我们尝试另一种模式。

10.4.1 用 ELECTRA 回答问题

在切换模型之前，需要知道我们正在使用的是哪一种模型：

```
print(nlp_qa.model)
```

输出首先显示该模型是一个在用于回答问题的 DistilBERT 模型：

```
DistilBertForQuestionAnswering((distilbert): DistilBertModel(
```

该模型有 6 层，768 个特征，如第 6 层所示（层数从 0 到 n 进行编号）：

```
(5): TransformerBlock(
        (attention): MultiHeadSelfAttention(
          (dropout): Dropout(p=0.1, inplace=False)
          (q_lin): Linear(in_features=768, out_features=768,
bias=True)
          (k_lin): Linear(in_features=768, out_features=768,
bias=True)
          (v_lin): Linear(in_features=768, out_features=768,
bias=True)
          (out_lin): Linear(in_features=768, out_features=768,
bias=True)
```

现在将尝试 ELECTRA Transformer 模型。Clark 等（2020）设计了一个 Transformer 模型，改进了掩码语言建模（Masked Language Modeling，MLM）的预训练方法。

在第 2 章“微调 BERT 模型”的 2.1.1 小节中，我们看到 BERT 模型在训练过程中插入了带有［MASK］的随机掩码标签。

Clark 等（2020）决定使用生成器网络引入合理的替代方案，而不仅仅使用随机标记。BERT 模型被训练来预测被掩码破坏的标记的原文。Clark 等（2020）训练了一个 ELECTRA 模型作为判别器来预测被掩码的标记是否是生成的标记。图 10.3 显示了 ELECTRA 是如何训练的。

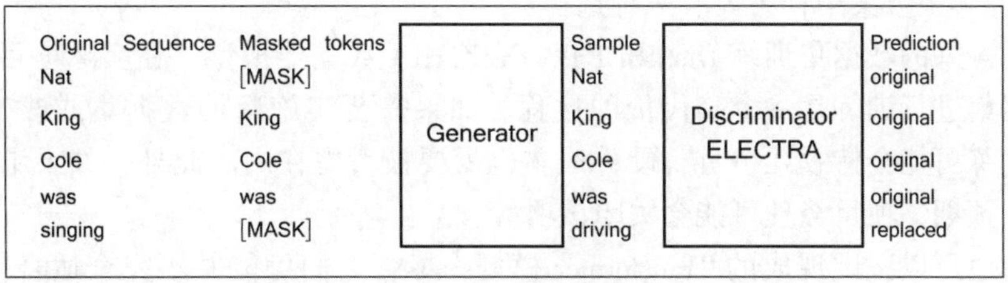

Original Sequence	Masked tokens		Sample		Prediction
Nat	[MASK]		Nat		original
King	King	Generator	King	Discriminator ELECTRA	original
Cole	Cole		Cole		original
was	was		was		original
singing	[MASK]		driving		replaced

图 10.3 ELECTRA 模型被训练成差别器

图 10.3 显示，原始序列在通过生成器之前被掩码了。生成器插入可接受的标记，而不是随机标记。ELECTRA Transformer 模型经过训练，可以预测一个标记是来自原始序列还是被替换的。

ELECTRA Transformer 模型的结构和它的大多数超参数与 BERT Transformer 模型相同。

现在看看我们是否能获得更好的结果。在 QA. ipynb 中运行的下一个代码单元是带有 ELECTRA – small – generator 的问题回答代码单元：

```
nlp_qa = pipeline('question-answering', model='google/electra-small-generator', tokenizer='google/electra-small-generator')
nlp_qa(context=sequence, question='Who drove to Las Vegas ?')
```

输出的结果不是我们所期望的：

```
{'answer': 'to slow down on Pioneer Boulevard in Los Angeles, making it difficult to',
 'end': 90,
 'score': 2.5295573154019736e-05,
 start': 18}
```

输出可能会因不同的运行时机或 Transformer 模型变化而发生改变，但思路一脉相承。

输出内容也会包括训练相关警告信息：

```
- This IS expected if you are initializing ElectraForQuestionAnswering from the checkpoint of a model trained on another task or with another architecture..
- This IS NOT expected if you are initializing ElectraForQuestionAnswering from the checkpoint of a model that you expect to be exactly identical…
```

你可能不喜欢这些警告信息，甚至可能得出结论说这是一个不好的模式，但要始终探索提供给你的每一条途径。当然，ELECTRA 可能需要更多的训练。但要尽可能多地进行实验以找到新的思路！基于这些实验结果你就可以决定进一步训练这个模型或转到另一个模型。

现在必须考虑下一步要做的事情。

10.4.2 项目管理限制

我们用默认的 DistilBERT 和 ELECTRA Transformer 模型没有得到我们预期的结果。

在其他解决方案中，主要有三种选择：

- 用额外的数据集训练 DistilBERT、ELECTRA 或其他模型。在实际项目中基于数据集进行训练是一个高代价的过程。如果需要实施新的数据集或改变超参数，训练可能会持续几个月，硬件成本也需要被考虑在内。此外，如果结果不能达到预期，项目经理可能会关闭该项目。
- 你也可以试试现成的 Transformer 模型，尽管它们可能并不完全适合你的需要，如 Hugging Face 的相关模型：https://huggingface.co/transformers/usage.html#extractive-question-answering。
- 找到一种方法，通过使用额外的 NLP 任务来帮助问题回答模型获得更好的结果。

在这一章中，我们将专注于寻找额外的 NLP 任务来帮助默认的 DistilBERT 模型。

让我们用 SRL 来提取谓词和它们的参数。

10.4.3　使用 SRL 来寻找问题

AllenNLP 使用了我们在第 9 章“基于 BERT 模型的语义角色标注”的 SRL.ipynb notebook 中实现的基于 BERT 的模型。

让我们在 AllenNLP 上重新运行语义角色标注部分的文本序列（https://demo.allennlp.org/semantic-role-labeling/MjYxNDAyNA==），以获得该序列中谓词的可视化表示。

我们将测试我们一直在研究的文本序列：

```
The traffic began to slow down on Pioneer Boulevard in Los Angeles, making it
difficult to get out of the city. However, WBGO was playing some cool jazz, and the
weather was cool, making it rather pleasant to be making it out of the city on this
Friday afternoon. Nat King Cole was singing as Jo and Maria slowly made their way
out of LA and drove toward Barstow. They planned to get to Las Vegas early enough
in the evening to have a nice dinner and go see a show.
```

BERT-base 模型发现了 12 个谓语。我们的目标是找到 SRL 输出的属性，可以根据句子中的动词自动生成问题。

我们将首先列出 BERT 模型所产生的谓语候选词列表：

```
verbs={"began," "slow," "making"(1), "playing," "making"(2),
"making"(3), "singing," "made," "drove," "planned," go," see"}
```

如果必须编写一个程序，我们可以从引入一个动词计数器开始。

```
def maxcount:
for in range first verb to last verb:
    for each verb
       counter +=1
       if counter >max_count, filter verb
```

如果计数器超过了可接受的出现次数（max_count），该动词将被排除在本实验之外。在没有新的技术进展的情况下，要对该动词的参数的多种语义角色进行消歧处理可太困难了。

让我们把“made”，也就是“make”的过去式，从列表中剔除。

现在我们的列表仅限于：

```
verbs={"began," "slow," "playing," "singing," "drove," "planned," go," see"}
```

如果继续写一个函数来过滤动词，则可以寻找具有长参数的动词。动词“began”有一个很长的参数，如图10.4所示。

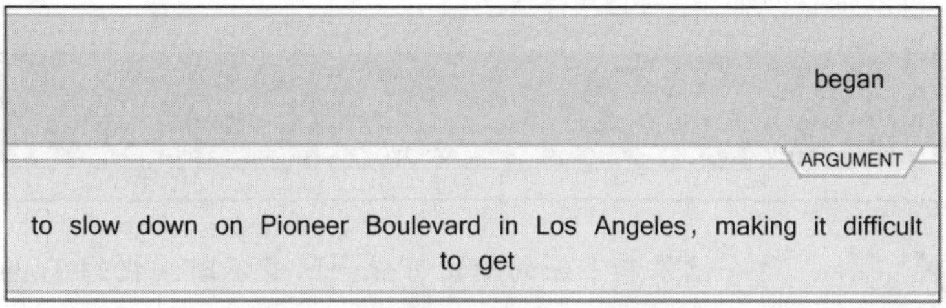

began

ARGUMENT

to slow down on Pioneer Boulevard in Los Angeles, making it difficult to get

图10.4　对动词“began”应用SRL

“began”的参数太长了，不适合在截图中显示。文字版展示了解释“began”的参数有多困难：

```
began: The traffic [V: began] [ARG1: to slow down on Pioneer Boulevard
in Los Angeles , making it difficult to get out of the city] . However
, WBGO was playing some cool jazz] , and the weather was cool , making
it rather pleasant to be making it out of the city on this Friday
afternoon . Nat King Cole was singing as Jo and Maria slowly made their
way out of LA and drove toward Barstow . They planned to get to Las
Vegas early enough in the evening to have a nice dinner and go see a
show .
```

我们可以添加一个函数来过滤那些含有超过最大长度的参数的动词：

```
def maxlength:
for in range first verb to last verb:
    for each verb
       if length(argument of verb) >max_length, filter verb
```

如果一个动词的参数长度超过最大长度（max_length），该动词将被排除在本实验之外。目前，让我们把“began”从列表中剔除。

我们的列表现在包括：

```
verbs={ "slow", "playing", "singing", "drove",   "planned"," go","see"}
```

我们可以根据正在进行的项目，添加更多的排除规则。还可以用一个非常严格的max_length值再次调用maxlength函数，为我们的自动问题生成器提取潜在的有趣的候选词。具有最短参数的动词候选者可以被转化为问题。动词“slow”符合我们设定的三条规则：它在序列中只出现一次，参数不是太长，而且它包含序列中一些最短的参数。

AllenNLP 的可视化表示证实了我们的选择，如图 10.5 所示。

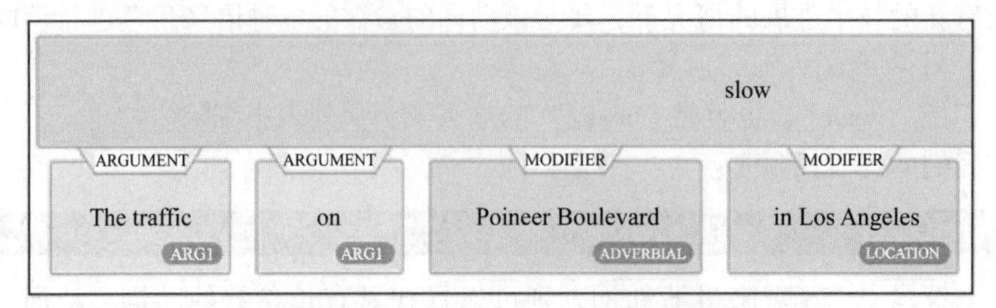

图 10.5　对动词“slow”应用 SRL

文本输出可以很容易地被解析：

```
slow: [ARG1: The traffic] began to [V: slow] down [ARG1: on] [ARGM-ADV:
Pioneer Boulevard] [ARGM-LOC: in Los Angeles] , [ARGM-ADV: making it
difficult to get out of the city] .
```

这个结果和下面的输出可能会随着不断演化的 Transformer 模型而变化，但想法是一样的。

我们可以自动生成“what”模板。我们不会生成一个“who”模板，因为没有一个参数被标记为 I-PER（人）。我们可以写一个函数来管理这两种可能：

```
def whowhat:
   if NER(ARGi) == I - PER, then:
        template = Who is [VERB]
   if NER(ARGi) ! = I - PER, then:
     template = What is [VERB]
```

这个函数需要更多的工作来处理动词形式和修饰词。然而，在这个实验中，我们只需应用这个函数并生成以下问题：

```
What is slow?
```

让我们用以下代码单元格运行默认的管道：

```
nlp_qa = pipeline('question - answering')
nlp_qa(context = sequence, question = 'What was slow? ')
```

其结果是令人满意的：

```
{'answer': 'The traffic',
'end': 11,
'score': 0.4652545872921081,
'start': 0}
```

默认 DistilBERT 模型在这种情况下正确地回答了这个问题。

我们的自动问题生成器可以做到以下几点：

- 自动运行 NER
- 用经典代码解析结果
- 生成仅有实体的问题
- 自动运行 SRL
- 用规则过滤结果
- 使用 NER 的结果生成纯 SRL 的问题，以确定使用哪种模板

这个解决方案不是最完善的，更多的工作需要用来改进它，可能需要额外的 NLP 任务和代码。这告诉我们，人工智能先有人工才有智能！

让我们用下一个将被过滤的动词“playing”试试我们的方法。可视化结果显示，参数很短，如图 10.6 所示。

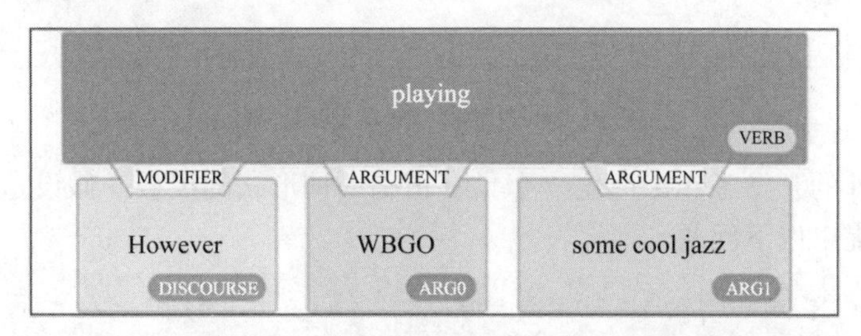

图 10.6 对动词“playing”应用 SRL

文本版本很容易被解析：

```
playing: The traffic began to slow down on Pioneer Boulevard in Los
Angeles , making it difficult to get out of the city . [ARGM-DIS:
However] , [ARG0: WBGO] was [V: playing] [ARG1: some cool jazz]
```

如果运行 whowhat 函数，它将显示参数中没有 I - PER。选择的模板将是“what”模板，下面的问题可以自动生成：

```
What is playing?
```

让我们用这个问题在下面的代码单元格中运行默认的管道：

```
nlp_qa = pipeline('question-answering')
nlp_qa(context=sequence, question='What was playing')
```

输出结果也比较让人满意：

```
{'answer': 'cool jazz,,'
 'end': 153,
 'score': 0.35047012837950753,
 'start': 143}
```

“singing”是一个很好的候选词，whowhat 函数会找到 I - PER 模板并自动生成以下问题：

```
Who is singing?
```

我们已经在本章中成功测试了这个问题。

下一个动词是“drove”，我们已经将其标记为一个 Transformer 模型不能解决的问题。

动词“go”是一个很好的候选词，如图 10.7 所示。

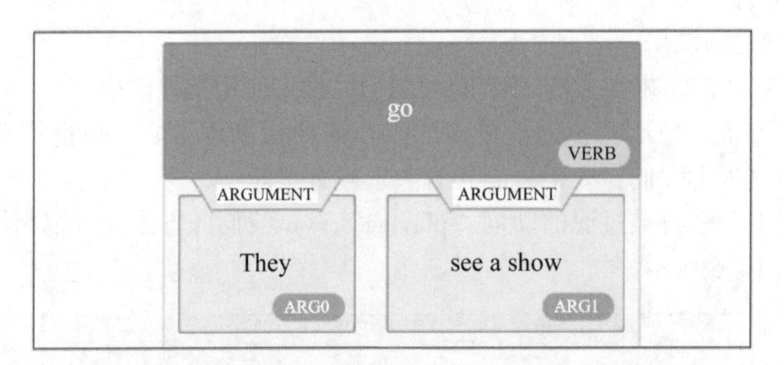

图 10.7　对动词“go”应用 SRL

这需要额外的开发工作来产生一个具有正确动词形式的模板。假设这项工作已经完成，并向模型提出以下问题：

```
nlp_qa = pipeline('question-answering')
nlp_qa(context = sequence, question = 'Who sees a show? ')
```

输出的结果是错误的参数：

```
{'answer': 'Nat King Cole,'
 'end': 277,
 'score': 0.5587267250683112,
 'start': 264}
```

我们可以看到，在一个复杂的序列中，“Nat King Cole”和“Jo”以及“Maria”在同一序列中的出现，给 Transformer 模型和任何 NLP 模型带来了歧义消除问题。将需要更多的项目管理和研究。

10.5　接下来的步骤

没有简单的方法或捷径来实现问题回答。我们开始实现可以自动生成问题的方法，自动生成问题是 NLP 的一个关键方面。

更多的 Transformer 模型需要用包含 NER、SRL 和问题回答的多任务数据集进行预训练来处理。项目经理也需要学习如何结合几个 NLP 任务来帮助解决一个特定的任务，如问题回答。

指代消歧可以成为一个很好的工具用来帮助我们的模型识别工作序列中的主要主题。AllenNLP 的输出结果显示了一个有趣的分析结果，如图 10.8 所示。

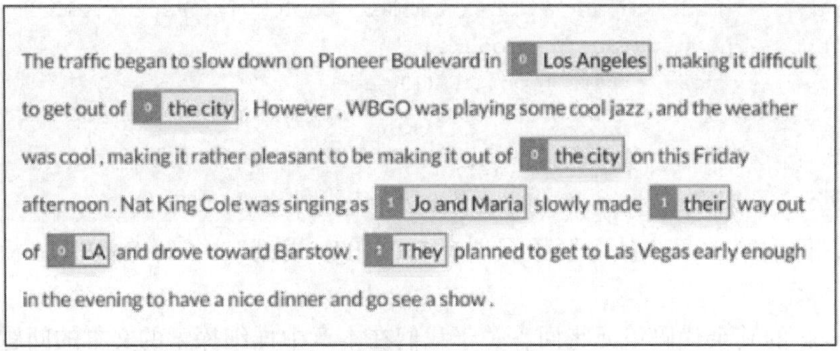

The traffic began to slow down on Pioneer Boulevard in 0 Los Angeles , making it difficult to get out of 0 the city . However , WBGO was playing some cool jazz , and the weather was cool , making it rather pleasant to be making it out of 0 the city on this Friday afternoon . Nat King Cole was singing as 1 Jo and Maria slowly made 1 their way out of 0 LA and drove toward Barstow . 1 They planned to get to Las Vegas early enough in the evening to have a nice dinner and go see a show .

图 10.8　某个序列的指代消歧

我们可以继续改进我们的程序，增加指代消歧的输出：

```
Set0={'Los Angeles', 'the city,' 'LA'}
Set1=[Jo and Maria, their, they}
```

我们可以将指代消歧作为一项预训练任务，或者将其作为问题生成器的后处理任务。在任何情况下，模拟人类行为的问题生成器可以大大增强问题回答任务的性能。我们将在问题回答模型的预训练过程中包括更多定制的额外 NLP 任务。

当然，我们可以决定使用新的策略来预训练我们在本章中运行的模型，如 DistilBERT 和 ELECTRA，然后让用户提出他们希望的问题。我推荐以下两种途径：

- 致力于问题回答任务的问题生成器。这些问题可以用于教育目的，用于训练 Transformer 模型，甚至为实时使用者提供想法。
- 通过引入具体的 NLP 任务，努力对 Transformer 模型进行预训练，这将提高其问题回答的效果。可以使用问题生成器来进一步训练它。

用 RoBERTa 模型探索 Haystack

Haystack 是一个具有有趣功能的问题回答框架。探索一下，看看它是否适合你在特定项目中的需求。

下面将在本章中使用的其他模型和方法中用的实验句子上来运行问题回答功能。

打开 Haystack_QA_Pipeline. ipynb。

第一个代码单元安装了运行 Haystack 所需的模块：

```
# Install Haystack
!pip install farm-haystack==0.6.0
# Install specific versions of urllib and torch to avoid conflicts with
preinstalled versions on Colab
!pip install urllib3==1.25.4
!pip install torch==1.6.0+cu101 -f https://download.pytorch.org/whl/
torch_stable.html
```

Notebook 使用的是 RoBERTa 模型：

```
# Load a local model or any of the QA models on Hugging Face's model
hub (https://huggingface.co/models)
from haystack.reader.farm import FARMReader

reader = FARMReader(model_name_or_path = "deepset/roberta-base-squad2",
use_gpu = True, no_ans_boost = 0, return_no_answer = False)
```

你可以回到第 3 章“从零开始预训练 RoBERTa 模型”，了解 RoBERTa 模型的一般描述。

Notebook 的其余代码单元将回答关于我们在本章中详细探索的文本的问题：

```
text = "The traffic began to slow down on Pioneer Boulevard in_/_ have a nice
dinner and go see a show."
```

你可以将得到的答案与前几节的输出进行比较，并决定你想实现哪种 Transformer 模型。

我们已经探讨了使用问答式 Transformer 模型的一些关键方面，下面总结一下我们所做的工作。

本章小结

在这一章中，我们发现回答问题并不像看上去那么容易。实现一个 Transformer 模型只需要几分钟的时间，但让它正常工作可能需要几个小时或几个月的时间！

我们首先要求 Hugging Face 管道中的默认 Transformer 模型回答一些简单的问题。默认 Transformer DistilBERT 很好地回答了这些简单的问题，然而，我们选择的仅仅是简单的问题。在现实生活中，用户会问各种各样的问题。Transformer 模型可能会感到困惑并产生错误的输出。

随后，我们可以选择继续问随机的问题并得到随机的答案，或者我们可以开始设计一个问题生成器的蓝图，这是一个更有成效的解决方案。

我们开始使用 NER 来寻找有用的内容。我们设计了一个功能，可以根据 NER 的输出自动创建问题，输出问题的质量很有潜力，但需要更多的工作加以改进。

我们尝试了一个 ELECTRA 模型，但没有产生我们预期的结果。我们需要停下来思考，决定是花昂贵的资源来训练 Transformer 模型还是继续设计一个问题生成器。

我们在问题生成器的蓝图中加入了 SRL，并测试了它所能产生的问题，同时也在分析中加入了 NER，并生成了几个有意义的问题。还引入了 Haystack 框架，以发现用 RoBERTa 处理问题回答的其他方式。

我们的实验得出了一个结论：多任务 Transformer 模型在复杂的 NLP 任务上会比在特定任务上训练的 Transformer 模型提供更好的性能。实现 Transformer 模型需要精心准备的多任务训练，在经典代码中实现的启发式方法，以及问题生成器。问题生成器可以通过使用问题作为训练输入数据来进一步训练模型，或者作为一个独立的解决方案。

在下一章，即第11章“检测客户情感以做出预测”，我们将探讨如何在社交媒体反馈上实现情感分析。

习题

1. 一个经过训练的 Transformer 模型可以回答任何问题。(对/错)
2. 回答问题不需要进一步研究。它本来就是完美的。(对/错)
3. 命名实体识别（NER）可以在寻找有意义的问题时提供有用的信息。(对/错)
4. 在准备问题时，语义角色标注（SRL）是无用的。(对/错)
5. 问题生成器是生成问题的一个很好的方法。(对/错)
6. 实施问题回答需要仔细的项目管理。(对/错)
7. ELECTRA 模型的结构与 GPT-2 相同。(对/错)
8. ELECTRA 模型的结构与 BERT 相同，但被训练为判别器。(对/错)
9. NER 可以识别一个位置并将其标记为 I-LOC。(对/错)
10. NER 可以识别一个人物并将其标记为 I-PER。(对/错)

参考文献

- The Allen Institute for AI：https://allennlp.org/
- The Institute Allen for reading comprehension resources：https://demo.allennlp.org/reading-comprehension
- Kevin Clark，Minh-Thang Luong，Quoc V. Le，Christopher D. Manning，2020，ELECTRA：Pre-training Text Encoders as Discriminators rather than Generators：https://arxiv.org/abs/2003.10555
- Hugging Face Pipelines：https://huggingface.co/transformers/main_classes/pipelines.html
- GitHub Haystack framework repository：https://github.com/deepset-ai/haystack/

11

第11章

检测客户情感以做出预测

情感分析依赖于组合性原则。如果我们不能理解一个句子的一部分，我们怎么能理解整个句子呢？对于 NLP Transformer 模型来说，这是一项艰巨的任务吗？我们将在本章中尝试几种 Transformer 模型来找出答案。

我们将从斯坦福情感树库（Stanford Sentiment Treebank，SST）开始。SST 提供了包含复杂句子的数据集来分析。分析像“这部电影很棒”这样的句子很容易，如果这个任务变得非常艰难，而且使用了复杂的句子，比如“虽然这部电影有点太长，但我真的很喜欢它”，会发生什么呢？这个句子是分段的。它迫使 Transformer 模型不仅要理解序列的结构，还要理解它的逻辑形式。

然后，我们将使用复杂的句子和一些简单的句子测试几个 Transformer 模型。我们会发现，无论尝试哪种模式，如果没有经过足够的训练，都是行不通的。Transformer 模型和我们一样，它们是需要努力学习并试图达到现实生活中人类基线的学生。

运行 DistilBERT、RoBERTa - large、BERT - base、MiniLM - L12 - H84 - uncased 和 BERT - base 多语言模型非常有趣！然而，我们会发现这些学生中有一些和我们一样需要更多的训练。

在这个过程中，我们将看到如何使用情感任务的输出来改善客户关系，并以一个可以在网站上实现的漂亮的五星界面来结束这一章。

本章涵盖以下主题：

- 用于情感分析的 SST
- 定义长序列的合成性
- 用 AllenNLP（RoBERTa）进行情感分析
- 运行复合句探索 Transformer 新前沿
- 使用 Hugging Face 情感分析模型
- 用于情感分析的 DistilBERT
- 试验 MiniLM - L12 - H384 - uncased
- 探索 RoBERTa - large - mnli
- 查看基于 BERT 的多语言模型

让我们从 SST 开始。

11.1　入门：情感分析 Transformer

在这一节中，首先探讨转换程序将用来训练情感分析模型的 SST，然后使用 AllenNLP 来运行 RoBERTa - Large Transformer。

11.1.1　斯坦福情感树库（SST）

Socher 等（2013）设计了长短语的语义词空间。他们定义了应用于长序列的合成原则。组合性原则意味着 NLP 模型必须检查成分复合句的表达式以及将它们组合起来理解序列含义的规则。

从 SST 中取一个例子来理解组合性原则的含义。

本节和章节是独立的，因此你可以选择执行所描述的操作，或者阅读章节并查看提供的屏幕截图。

互动情感树库：https：//nlp. stanford. edu/sentiment/treebank. html？ na = 3&nb = 33。

随意选择，情感树的图表将出现在页面上。点击图片获得情感树，如图 11.1 所示。

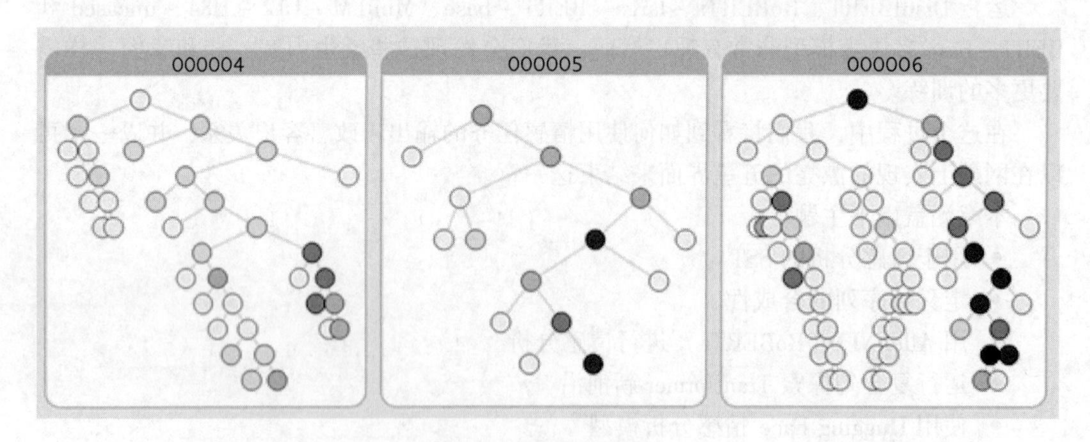

图 11.1　情感树的图表

对于这个例子，我点击了图中的数字 6，它包含了一个提到雅克 · 德里达（Jacques Derrida）的句子，他是语言学解构理论的先驱。一个长而复杂的句子出现了：

“Whether or not you're enlightened by any of Derrida's lectures on the other and the self, Derrida is an undeniably fascinating and playful fellow.”（“不管你是否受到德里达关于他人和自我的任何讲座的启发，德里达都是一个不可否认的迷人而有趣的家伙。”）

Socher 等（2013）致力于向量空间和逻辑形式的合成。

例如，定义控制雅克·德里达样本的逻辑规则意味着理解：

- 如何解释“是否（Whether）”“or（或）”“not（否）”以及将“Whether”短语与句子其余部分分开的逗号。
- 如何理解逗号后的句子的第二部分还有另一个“and”！

一旦定义了向量空间，Socher 等（2013）就可以生成代表组合性原则的复杂图形。现在可以逐段查看图表。第一部分是句子的“Whether”部分，如图 11.2 所示。

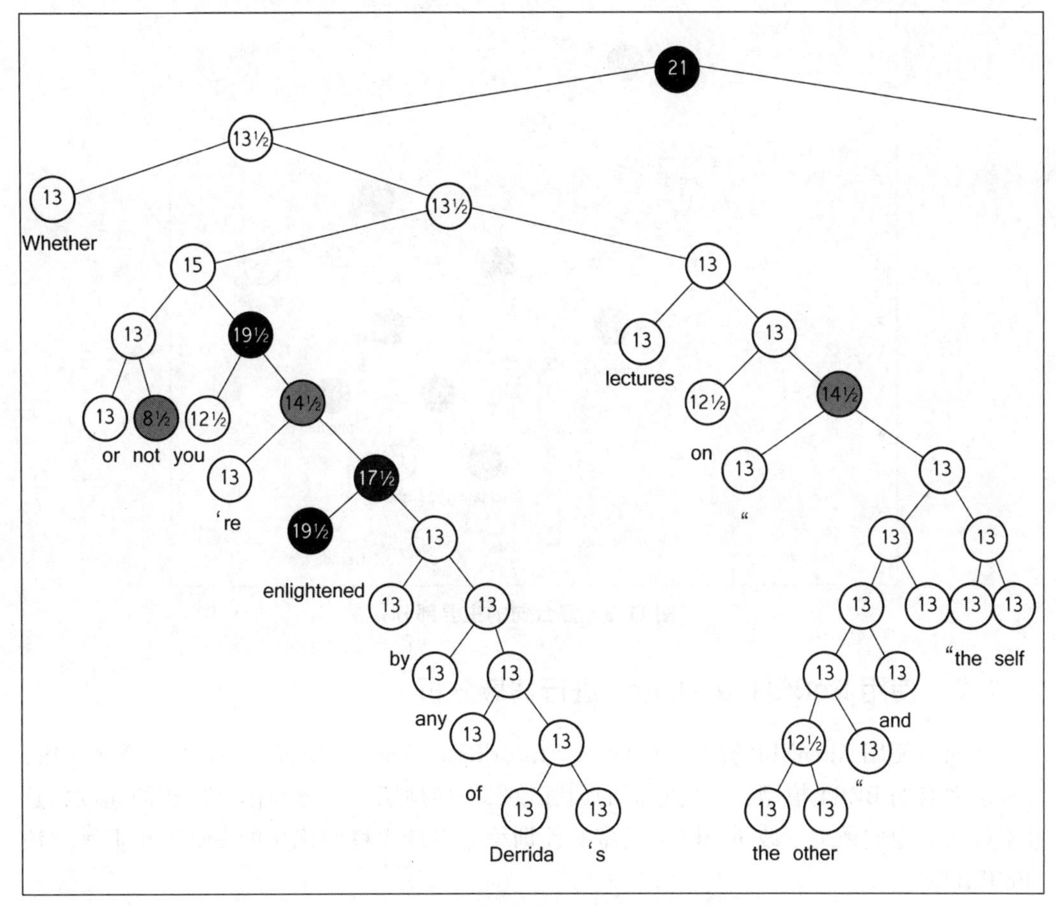

图 11.2　复合句中的“Whether”部分

这个句子被正确地分成了两个主要部分。第二段也是正确的，如图 11.3 所示。

可以从 Socher 等（2013）设计的方法中得出几个结论：

- 情感分析不能简化为计算一个句子中的正面词和负面词。
- Transformer 模型或任何 NLP 模型必须能够学习组合性原则，以理解复杂句子的成分如何与逻辑形式规则相匹配。
- Transformer 模型必须能够构建一个向量空间来解释复杂句子的微妙之处。

现在将把这个理论应用到一个 RoBERTa－Large 模型中。

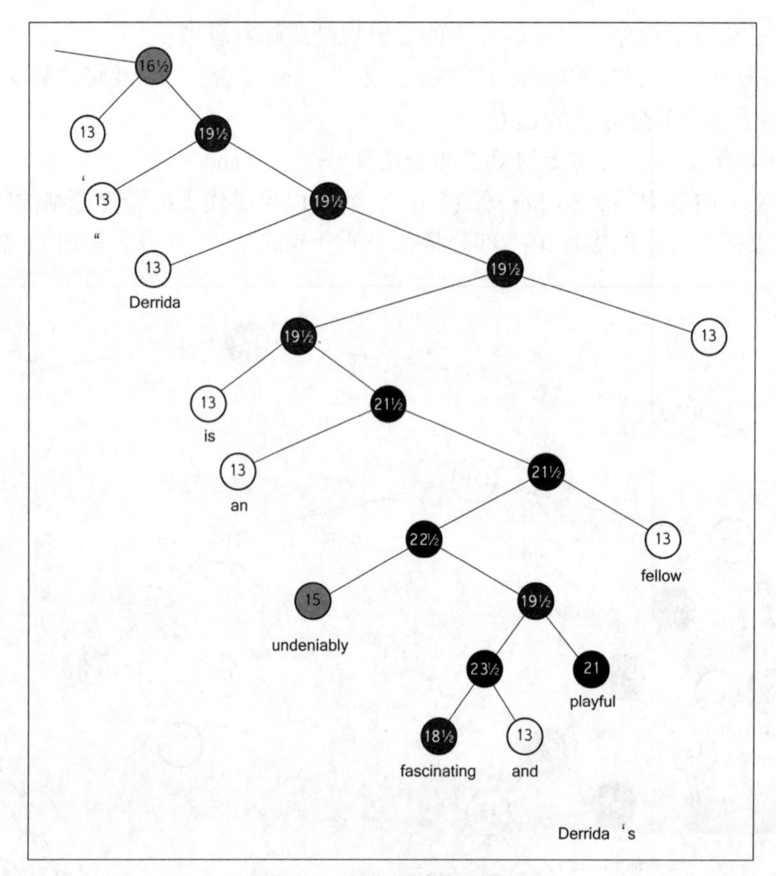

图 11.3 复合句的主要部分

11.1.2 使用 RoBERTa - Large 进行情感分析

下面将使用 AllenNLP 资源来运行一个 RoBERTa - Large Transformer。Liu 等（2019）分析了现有的 BERT 模型，发现它们的训练效果不如预期。考虑到模型生成的速度，这并不奇怪。他们致力于改进 BERT 模型的预训练，以产生稳健优化的 BERT 预训练方法（RoBERTa）。

首先在 SentimentAnalysis. ipynb 中运行一个 RoBERTa - Large 模型，运行第一个单元来安装 allennlp - models：

```
!pip install allennlp==1.0.0 allennlp-models==1.0.0
```

现在尝试运行雅克 · 德里达（Jacques Derrida）样本：

```
!echo '{"sentence": "Whether or not you're enlightened by any of
Derrida's lectures on the other and the self, Derrida is an undeniably
fascinating and playful fellow."}' | \
allennlp predict https://storage.googleapis.com/allennlp-public-models/
sst-roberta-large-2020.06.08.tar.gz -
```

输出首先显示 RoBERTa - Large 模型的架构，该模型有 24 层和 16 个注意头部：

```
"architectures": [
  "RobertaForMaskedLM"
  ],
  "attention_probs_dropout_prob": 0.1,
  "bos_token_id": 0,
  "eos_token_id": 2,
  "hidden_act": "gelu",
  "hidden_dropout_prob": 0.1,
  "hidden_size": 1024,
  "initializer_range": 0.02,
  "intermediate_size": 4096,
  "layer_norm_eps": 1e-05,
  "max_position_embeddings": 514,
  "model_type": "roberta",
  "num_attention_heads": 16,
  "num_hidden_layers": 24,
  "pad_token_id": 1,
  "type_vocab_size": 1,
  "vocab_size": 50265
}
```

如果有必要的话，可以花几分钟浏览一下第 2 章“微调 BERT 模型”2.2.13 节“BERT 模型配置”中关于 BERT 架构的描述，以充分利用这个模型。

然后，输出产生情感分析任务的结果，显示输出 logits 值和最终的肯定结果：

```
prediction:  {"logits": [3.646597385406494, -2.9539334774017334],
"probs": [0.9986421465873718, 0.001357800210826099]
```

输出还包含标记 id（可能因运行而异）和最终输出标签：

```
"token_ids": [0, 5994, 50, 45, 47, 769, 38853, 30, 143, 9, 6113, 10505,
281, 25798, 15, 5, 97, 8, 5, 1403, 2156, 211, 14385, 4347, 16, 41,
35559, 12509, 8, 23317, 2598, 479, 2], "label": "1",
```

输出还显示了标记本身：

```
"tokens": ["<s>", "\u0120Whether", "\u0120or", "\u0120not", "\
u0120you", "\u0120re", "\u0120enlightened", "\u0120by", "\u0120any",
"\u0120of", "\u0120Der", "rid", "as", "\u0120lectures", "\u0120on",
"\u0120the", "\u0120other", "\u0120and", "\u0120the", "\u0120self",
"\u0120,", "\u0120D", "err", "ida", "\u0120is", "\u0120an", "\
u0120undeniably", "\u0120fascinating", "\u0120and", "\u0120playful", "\
u0120fellow", "\u0120.", "</s>"]}
```

花些时间输入一些样本，探索设计良好且经过预训练的 RoBERTa 模型。

现在，让我们看看如何使用情感分析来预测其他 Transformer 模型的客户行为。

11.2　利用情感分析预测客户行为

在本节中，将对几个 Hugging Face Transformer 模型运行情感分析任务，以查看哪些模型产生最佳结果，哪些模型是我们最喜欢的。

将从一个 Hugging Face DistilBERT 模型开始。

11.2.1 用 DistilBERT 进行情感分析

让我们用 DistilBERT 运行一个情感分析任务，看看如何使用结果来预测客户行为。

打开 SentimentAnalysis. ipynb 与 Transformer 安装和导入单元格：

```
!pip install -q transformers
from transformers import pipeline
```

现在将创建一个名为 classify 的函数，它将使用我们发送给它的序列来运行模型：

```
def classify(sequence,M):
  #DistilBertForSequenceClassification(default model)
   nlp_cls = pipeline('sentiment-analysis')
   if M==1:
     print(nlp_cls.model.config)
   return nlp_cls(sequence)
```

请注意，如果你将 M=1 发送给函数，它将显示我们正在使用的 DistilBERT 6 层 12 头模型：

```
DistilBertConfig {
  "activation": "gelu",
  "architectures": [
    "DistilBertForSequenceClassification"
  ],
  "attention_dropout": 0.1,
  "dim": 768,
  "dropout": 0.1,
  "finetuning_task": "sst-2",
  "hidden_dim": 3072,
  "id2label": {
    "0": "NEGATIVE",
    "1": "POSITIVE"
  },
  "initializer_range": 0.02,
  "label2id": {
    "NEGATIVE": 0,
    "POSITIVE": 1
  },
  "max_position_embeddings": 512,
  "model_type": "distilbert",
  "n_heads": 12,
  "n_layers": 6,
  "output_past": true,
  "pad_token_id": 0,
  "qa_dropout": 0.1,
  "seq_classif_dropout": 0.2,
  "sinusoidal_pos_embds": false,
  "tie_weights_": true,
  "vocab_size": 30522
}
```

如果有必要的话，可以花几分钟浏览一下第2章“微调 BERT 模型”2.2.13节“BERT 模型配置”中关于 BERT 架构的描述，以充分利用这个模型。

这个 DistilBERT 模型的具体参数是标签定义。现在创建一个序列列表（你可以添加更多）来发送到 classify 函数：

```
seq = 3
if seq == 1:
  sequence = "The battery on my Model9X phone doesn't last more than 6
hours and I'm unhappy about that."
if seq == 2:
  sequence = "The battery on my Model9X phone doesn't last more than 6
hours and I'm unhappy about that. I was really mad! I bought a Moel10x
and things seem to be better. I'm super satisfied now."
if seq == 3:
  sequence = "The customer was very unhappy"
if seq == 4:
  sequence = "The customer was very satisfied"
print(sequence)
M = 0 #display model configuration = 1, default = 0
CS = classify(sequence,M)
print(CS)
```

在这种情况下，seq = 3 被激活，以便可以模拟我们需要考虑的客户问题。输出是负面的，这就是我们要找的例子：

```
[{'label': 'NEGATIVE', 'score': 0.9997098445892334}]
```

可以从这个结果中得出几个结论，通过编写一个函数来预测客户行为：

- 这个函数将预测结果存储在客户管理数据库中。
- 这个函数统计客户在一段时间（周、月、年）内对服务或产品的投诉次数。经常抱怨的客户可能会转向竞争对手，以获得更好的产品或服务。
- 这个函数发现负面反馈信息中不断出现的产品和服务。产品或服务可能有缺陷，需要质量控制和改进。

你可以花几分钟时间运行其他序列或创建一些序列来探索 DistilBERT 模型。

现在将探索其他 Hugging Face Transformer 模型。

11.2.2　基于 Hugging Face 模型列表的情感分析

在这一节中，将探索 Hugging Face 的 Transformer 模型列表，并输入一些样本来评估它们的结果。想法是测试几个模型，而不仅仅是一个，看看哪个模型最适合给定项目的需要。

我们将运行 Hugging Face 模型：https://huggingface.co/models。

对于使用的每个模型，你可以在 Hugging Face “https://huggingface.co/transformers/.”提供的文档中找到模型的描述。

我们将测试几个模型。如果实现了它们，你可能会发现它们需要针对你希望执行的 NLP 任务进行微调甚至预训练。在这种情况下，对于 Hugging Face Transformer，可以执行以下操作：

- 关于微调，可以参考第 2 章“微调 BERT 模型”。
- 关于预训练，可以参考第 3 章“从零开始预训练 RoBERTa 模型”。

先来看看 Hugging Face 模型的列表：https://huggingface.co/models。

然后在 Tags：All（标签：所有）下拉列表中选择文本分类，如图 11.4 所示。

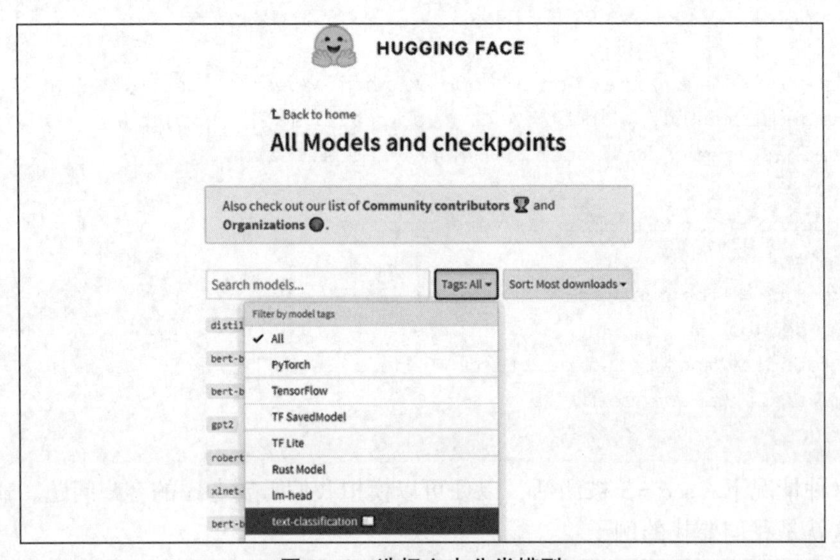

图 11.4　选择文本分类模型

系统将弹出为文本分类而训练的 Transformer 模型列表，如图 11.5 所示。

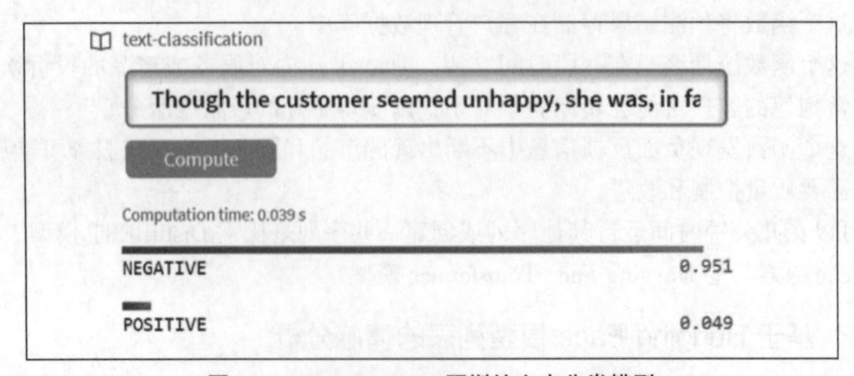

图 11.5　Hugging Face 预训练文本分类模型

默认排序模式是 Sort：Most downloads（排序：大多数下载）。

现在将搜索一些令人兴奋的 Transformer 模型，可以在线测试。将从 DistilBERT 开始。

1. DistilBERT for SST

distilbert - base - uncased - finetuned - sst - 2 - english 模型在 SST 上进行了微调。

让我们尝试一个需要很好理解组合性原则的例子：

“Though the customer seemed unhappy, she was, in fact satisfied but thinking of something else at the time, which gave a false impression.”（虽然顾客看起来不高兴，但她实际上很满意，只是当时在想别的事情，这给人一种错误的印象）

这句话对于 Transformer 来说很难分析，需要逻辑规则训练。

输出是假阴性，如图 11.6 所示。

text-classification

Though the customer seemed unhappy, she was, in fa

Compute

Computation time: 0.039 s

NEGATIVE 0.951

POSITIVE 0.049

图 11.6 复杂序列分类任务的输出

假阴性并不意味着模型工作不正常。我们可以选择另一种模式。然而，这可能意味着我们必须下载和训练它更长更好！

在写这本书的时候，类似 BERT 的模型在 GLUE 和 SuperGLUE 排行榜上都有不错的排名。排名会不断变化，但 Transformer 的基本概念不会改变。

我们将尝试一个困难但不太复杂的例子。

这个例子对于现实生活中的项目来说是至关重要的一课。例如，当我们试图估计一个客户抱怨了多少次时，我们会得到假阴性和假阳性。对于一些人来说，定期的人工干预仍然是强制性的。

让我们试一试 MiniLM 模型。

2. MiniLM - L12 - H384 - uncased

MiniLM - L12 - H384 - uncased 优化了教师的最后一个自我关注层的大小，以及 BERT 模型的其他调整，以获得更好的性能。它有 12 层、12 个头部、33M 参数，比 BERT - base 快 2.7 倍。

让我们测试一下它理解组合原则的能力：

“Though the customer seemed unhappy, she was, in fact satisfied but thinking of something else at the time, which gave a false impression.”（虽然顾客看起来不高兴，但她实际上很满意，只是当时在想别的事情，这给人一种错误的印象）

输出很有趣，因为它产生了一个仔细的分割分数，如图 11.7 所示。

让我们尝试一个包含细节的模型。

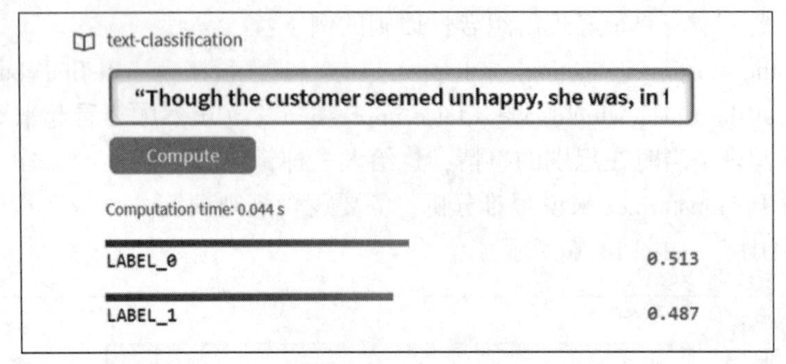

图 11.7 复合句情感分析

3. RoBERTa - large - mnli

当我们试图确定客户的意思时，多体裁自然语言推理（Multi - Genre Natural Language Inference，MultiNLI）任务（https://cims.nyu. edu/~ sbowman/multinli/）可以帮助解决复杂句子的解释。推理任务必须确定一个序列是否包含下一个序列。

我们需要格式化输入，并用序列分割标记分割序列：

"Though the customer seemed unhappy </s> </s> she was, in fact satisfied but thinking of something else at the time, which gave a false impression"（虽然顾客看起来不高兴 </s> </s>，但她实际上很满意，只是当时在想别的事情，这给人一种错误的印象）

结果很有趣，尽管它保持中性，如图 11.8 所示。

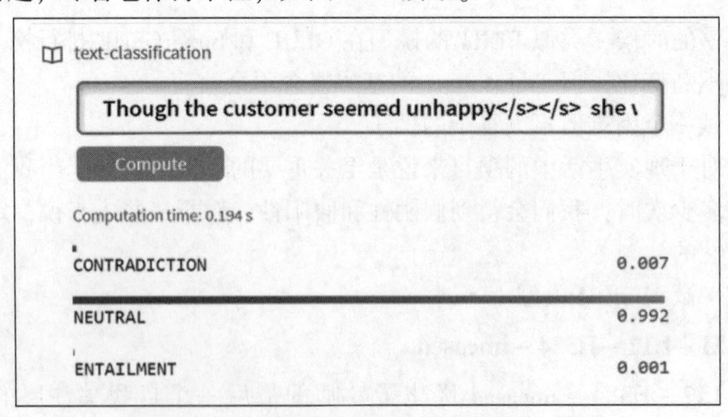

图 11.8 一个稍微肯定的句子得到的中性结果

但是，这个结果没有错误。第二个序列不是从第一个序列推断出来的。结果是仔细正确的。

让我们在一个"positive sentiment（积极情绪）"多语言 BERT - base 模型上完成我们的实验

4. 基于 BERT 的多语言模型

在一个超级酷的 BERT 模型上进行最后的实验吧！它设计得非常好。

用一个友好积极的英语句子来运行它，如图 11.9 所示。

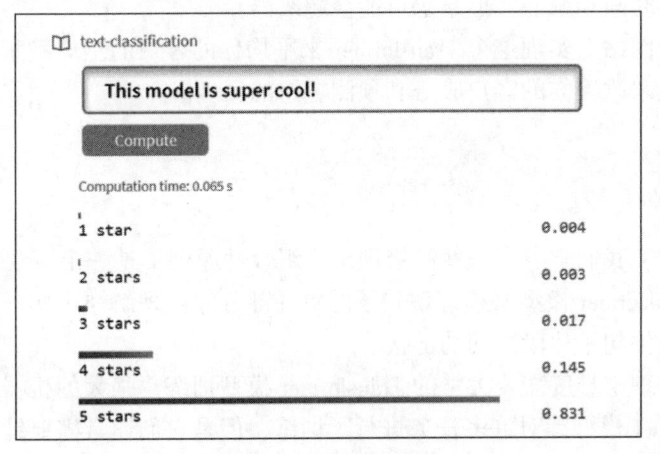

图 11.9　英语情感分析

用法语试试“Ce modèle est super bien!”（“这款超级好”，意思是“酷”），如图 11.10 所示。

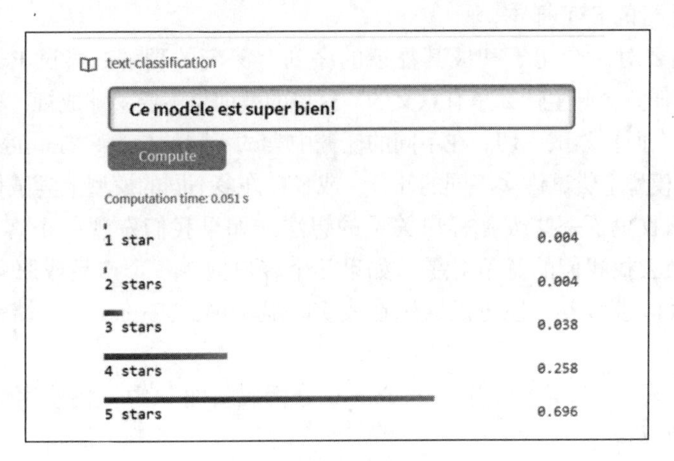

图 11.10　法语情感分析

这种 Hugging Face 模型的路径是 nlptown/bert - base - multilingual - uncased - sentiment。你可以在 Hugging Face 网站的搜索表格里找到。它现在的链接是 https://huggingface.co/nlptown/bert - base - multilingual - uncased - sentiment? text = Ce + mod%C3%A8le + est + super + bien%21。

可以使用以下初始化代码在网站上实现它：

```
from transformers import AutoTokenizer,
AutoModelForSequenceClassification
tokenizer = AutoTokenizer.from_pretrained("nlptown/bert-base-
multilingual-uncased-sentiment")
model = AutoModelForSequenceClassification.from_pretrained("nlptown/
bert-base-multilingual-uncased-sentiment")
```

这需要一些时间和耐心，但结果可能会超级酷！

可以在你的网站上实现这个 Transformer 来平均你的客户的全球满意度！也可以把它作为持续的反馈来改善你的客户服务和预测客户的反应。

本章小结

在这一章中，我们学习了一些高级理论。组合性原则不是一个直观的概念。组合性原则意味着 Transformer 模型必须理解句子的每一部分才能理解整个句子。这涉及逻辑形式规则，它将提供句子片段之间的链接。

情感分析的理论难度需要大量的 Transformer 模型训练、强大的机器、人力资源。尽管许多 Transformer 模型针对许多任务进行了训练，但是它们通常需要针对特定任务进行更多的训练。

我们测试了 RoBERTa - large、DistilBERT、MiniLM - L12 - H384 - uncased 和优秀的 BERT - base 多语言模型。我们发现有些提供了有趣的答案，但需要更多的训练来解决在几个模型上运行的 SST 样本。

情感分析需要对一个句子和极其复杂的序列有深刻的理解。尝试 RoBERTa - large - mnli 来看看干扰任务会产生什么是有意义的。这里的教训是不要墨守成规，像 Transformer 模型这样非常规的东西！尝试一切。在不同的任务中尝试不同的模型。Transformer 的灵活性允许我们在同一个模型上尝试许多不同的任务，或者在许多不同的模型上尝试相同的任务。

最后，我们收集了一些改善客户关系的想法。如果我们发现一个客户经常不满意，这个客户可能会去找我们的竞争对手。如果几个客户抱怨一个产品或服务，我们必须预见未来的问题并改进服务。还可以通过在线实时显示 Transformer 的反馈来展示我们的服务质量。

在下一章，即第 12 章“使用 Transformer 分析假新闻”中，将使用情感分析来分析对假新闻的情感反应。

问题

1. 没有必要为情感分析预先训练 Transformer。(对/错)

2. 一个句子总是肯定或否定的。它不可能是中性的。(对/错)

3. 组合性原则意味着 Transformer 必须抓住句子的每一部分才能理解它。(对/错)

4. RoBERTa - large 旨在改进 Transformer 模型的预处理过程。(对/错)

5. Transformer 可以提供反馈，告知我们客户是否满意。(对/错)

6. 如果对产品或服务的情感分析一直是负面的，这有助于我们做出正确的决定来改进我们的产品。(对/错)

7. 如果一个模型不能在一项任务中提供好的结果，在改变模型之前需要更多的训练。(对/错)

参考文献

- Richard Socher, Alex Perelygin, Jean Wu, Jason Chuang, Christopher Manning, Andrew Ng, and Christopher Potts, Recursive Deep Models for Semantic Compositionality Over a Sentiment Treebank: https://nlp.stanford.edu/~socherr/EMNLP2013_RNTN.pdf
- Hugging Face pipelines, models, and documentation: https://huggingface.co/transformers/main_classes/pipelines.html
- https://huggingface.co/models
- https://huggingface.co/transformers/
- Yinhan Liu, Danqi Chen, Omer Levy, Mike Lewis, Luke Zettlemoyer, Veselin Stoyanov, 2019, RoBERTa: A Robustly Optimized BERT Pretraining Approach: https://arxiv.org/pdf/1907.11692.pdf
- The Allen Institute for AI: https://allennlp.org/
- The Allen Institute for reading comprehension resources: https://demo.allennlp.org/sentiment-analysis
- RoBERTa-large contribution, Zhaofeng Wu: https://zhaofengwu.github.io/
- The Stanford Sentiment Treebank: https://nlp.stanford.edu/sentiment/treebank.html

12

第12章

使用Transformer分析假新闻

我们都在出生时认为地球是平的：婴儿时期，我们在平面上爬行；作为幼儿园的孩子，我们在平坦的操场上玩耍；小学时，我们坐在平坦的教室里。然而，我们的父母和老师告诉我们，地球是圆的，在地球另一边的人是颠倒的。我们花了相当长的时间才明白为什么他们没有从地球上掉下来。即使在今天，当我们看到美丽的日落时，我们仍然看到“太阳落山”，而不是地球自转离开太阳！

识别出什么是假新闻，什么不是假新闻需要时间和努力。像孩子一样，我们必须通过我们认为是假新闻的东西来努力理解。

在本章中，我们将处理当今的热门话题。我们将努力核实气候变化、枪支管制和唐纳德-特朗普的推文等话题的事实。我们将分析推文、Facebook 帖子和其他信息来源。

我们的目标当然不是要评判任何人或任何事。假新闻涉及意见和事实。新闻往往取决于当地文化对事实的看法。我们将提供想法和工具，帮助其他人收集关于某个主题的更多信息，并在我们每天收到的信息丛林中找到自己的方向。

我们首先定义导致我们情感和理性地对待假新闻的路径，然后将定义一些方法，用 Transformer 和启发式方法来识别假新闻。

我们将使用我们在前几章建立的资源来理解和解释假新闻。我们不会去评判。我们将提供解释新闻的 Transformer 模型。有些人可能更喜欢创建一个通用的绝对 Transformer 模型来检测和断定一个消息是假新闻。我选择用 Transformer 来教育用户，而不是对他们进行说教。这种做法只是我的观点，而不是事实！

本章涵盖以下主题：

- 认知失调
- 对假新闻的情感反应
- 假新闻的行为表征
- 假新闻的理性处理方法
- 假新闻处理路线图
- 将情感分析 Transformer 任务应用于社交媒体
- 用 NER 和 SRL 分析对枪支管制的认识
- 利用 Transformer 模型提取的信息寻找可靠的网站
- 利用 Transformer 模型产生的结果用于教育目的
- 如何用客观但批判的眼光阅读前总统特朗普的推文

我们的第一步将是探索对假新闻的情感和理性反应。

12.1 对假新闻的情感反应

人类行为对我们的社会、文化和经济决策有着巨大的影响。我们的情感对经济的影响不亚于，甚至超过理性思维。行为经济学推动着我们的决策过程。我们购买的消费品不仅是物质上的需要，而且还能满足我们的情感欲望。我们甚至可能在热血沸腾的时刻购买一部智能手机，尽管它超出了我们的预算。

我们对假新闻的情感和理性反应，取决于我们对输入的信息是缓慢思考还是迅速反应。丹尼尔·卡尼曼在他的研究和他的书《思考，快与慢》(2013) 中描述了这个过程。他和弗农·史密斯因行为经济学研究被授予诺贝尔经济科学纪念奖。行为驱使我们做出以前认为理性的决定。我们的许多决定是基于情感，而不是理性。

让我们把这些概念翻译成应用于假新闻的行为流程图。

12.1.1 认知失调引发情感反应

认知失调促使假新闻在推特和其他社交媒体平台上排名靠前。如果每个人都认可某一条推特的内容，就不会发生什么。如果有人在推特上写道："气候变化很重要"，没有人会做出反应。

当矛盾的想法在我们脑海中积累时，我们会进入认知失调的状态。我们变得紧张、激动，就像烤面包机的短路一样让我们疲惫不堪。

在 2021 年，我们有很多例子值得思考！我们应该戴上 COVID-19 的口罩吗？COVID-19 封锁是好事还是坏事？冠状病毒疫苗有效吗？或者说冠状病毒疫苗是危险的？认知失调就像一个音乐家在演奏一首简单的歌曲时不断犯错，它会使我们发疯！

假新闻综合征使认知失调成倍增加！一位专家会断言疫苗是安全的，而另一位则说我们需要小心。一位专家说在外面戴口罩是没有用的，而另一位专家在新闻频道上断言我们必须戴口罩！双方都指责对方是假新闻！

如此看来，一方的假新闻中有相当一部分是另一方的真相！

回到 2021 年 1 月，美国共和党和民主党仍未就 2020 年 11 月的选举结果达成一致！双方都指责对方是"假新闻"。

我们可以继续下去，只要打开一份报纸，然后在另一份对立的报纸上读到另一种观点，照此方法能找到几十个其他的话题！从这些例子中可以得出本章的一些常识性的前提。

- 试图找到一个能自动检测假新闻的 Transformer 模型是没有意义的。在社交媒体和多元文化表达的世界里，每个群体都有一种了解真相的感觉，而另一个群体则在表达假新闻。
- 试图将我们的观点作为各种文化中的共同真理是没有意义的。在一个全球化的世界里，每个国家、每个大陆和社交媒体上的文化都不同。
- 将假新闻视为绝对存在是一个神话。

- 我们需要为假新闻找到一个更好的定义。

我的观点（当然不是事实！）是：假新闻是一种认知失调的状态，只能通过认知推理来解决。解决假新闻问题，就像试图解决两方之间或我们自己头脑中的冲突一样。

我在这一章和生活中的建议是，分析每一种冲突的张力；用Transformer模型解构冲突和思想。我们不是在“打击假新闻”，“寻找内心的平静”，或假装用Transformer来寻找“反对假新闻的绝对真理”。

我们使用Transformer模型来获得对一连串词语（信息）的深入理解，以形成对某一主题更深刻、更广泛的看法。

一旦做到这一点，让使用Transformer模型的幸运用户获得对该问题的更好的视野和看法。

为了做到这一点，我把这一章设计成一个我们可以用于自己和他人的课堂练习。Transformer模型是加深我们对语言序列的理解，形成更广泛的意见，并发展我们的认知能力的一个好方法。

让我们先来看看当有人发布冲突性的推文时，会发生什么。

12.1.2　分析冲突中的推特

下面的推文是在推特上发布的一条实际信息（我转述了它）。本章中显示的推文是原始数据集格式，而不是推特界面显示。可以肯定的是，如果是一个重要的政治人物或著名演员在推特上发布的内容，很多人都会不赞同。

```
Climate change is bogus. It's a plot by the liberals to take the economy down.
```

这将引发情感化的反应，各方的推文会堆积如山，它将成为病毒和热搜！

我们尝试在Transformer工具上运行这条推文，以了解这条推文如何在某人的脑海中创造一个认知失调的风暴。

打开Fake_News.ipynb，这是我们在本节中要使用的notebook。

让我们从艾伦人工智能研究所的资源开始。我们将运行在第11章“检测客户情感以做出预测”中用于情感分析的RoBERTa Transformer模型。

我们将首先安装allennlp-models：

```
!pip install allennlp==1.0.0 allennlp-models==1.0.0
```

然后运行下一个单元来分析推特：

```
!echo '{"sentence":"Climate change is bogus. It's a plot by the
liberals to take the economy down."}' | \
allennlp predict https://storage.googleapis.com/allennlp-public-models/
sst-roberta-large-2020.06.08.tar.gz -
```

输出结果显示，推文是负面的。正面的值是0，而负面的值接近1。

```
"probs": [0.0008486526785418391, 0.999151349067688]
```

我们现在将访问 https://allennlp.org/，以获得一个可视化的分析结果。

由于 Transformer 模型不断地被训练和更新，每次运行的输出可能会发生变化。我们在本章中的目标集中在 Transformer 模型的推理上。

我们选择情感分析（https://demo.allennlp.org/sentiment-analysis）并选择 RoBERTa 模型来运行分析。

我们得到同样的负面结果。然而，我们可以进一步核实，看看什么词影响了 RoBERTa 的决定。

进入 Model Interpretations（模型解释），然后单击 Simple Gradients Visualization（简单梯度可视化），得到图 12.1。

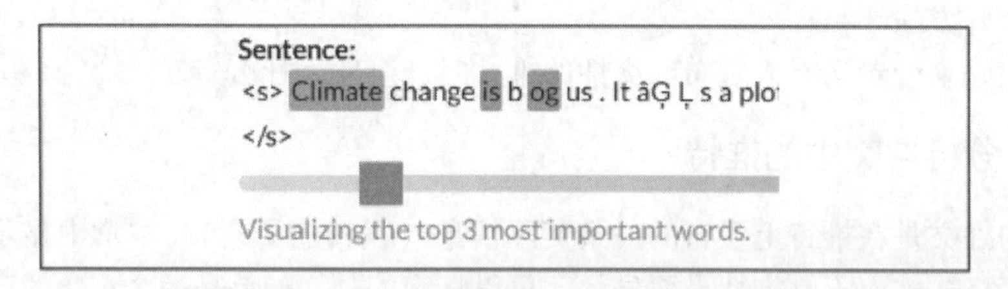

图 12.1　可视化最重要的单词

令人惊讶的是，“Climate” + “is” + “bogus” 主要影响了结果。政治方面的“阴谋”是后来才有的。

在这一点上，你可能想知道为什么我们要看这样一个简单的例子来解释认知失调。解释来自下一条推文。

一个坚定的共和党人写了第一条推文。让我们称这位成员为“Jaybird65”。令他惊讶的是，一位共和党同僚在推特上写下了以下推文：

I am a Republican and think that climate change consciousness is a great thing!（我是一个共和党人，认为关注气候变化是一个伟大的事情!）

这条推特来自一个我们称之为“Hunt78”的成员。让我们在 Fake_News.ipynb 中运行这句话：

```
!echo '{"sentence":"I am a Republican and think that climate change
consciousness is a great thing!"}' | \
allennlp predict https://storage.googleapis.com/allennlp-public-models/
sst-roberta-large-2020.06.08.tar.gz -
```

输出的结果理所当然是正面的：

```
"probs": [0.9994876384735107, 0.0005123814917169511]
```

一场认知失调的风暴正在 Jaybird65 的头脑中酝酿。他喜欢 Hunt78，但不同意 Hunt78 的观点。一场思想风暴正在形成！如果你读了 Jaybird65 和 Hunt78 之间随后的推文，你会发现一些令人惊讶的事实，这些事实伤害了 Jaybird65 的感情。

- Jaybird65 和 Hunt78 显然认识对方。
- 如果你去看他们各自的推特账户，你会发现他们都是猎人。
- 你可以看到，他们都是坚定的共和党人。
- Jaybird65 最初的推特来自他对《纽约时报》(*New York Times*) 一篇文章的反应，该文章称气候变化正在摧毁地球。

Jaybird65 颇为不解。他可以看到 Hunt78 是一个像他一样的共和党人，同时也是一个猎人。Hunt78 怎么会相信气候变化呢?

这条推特主题继续产生大量汹涌澎湃的推文。

然而，我们可以看到，假新闻讨论的根源在于对新闻的情感反应。对待气候变化的理性做法是:

- 无论原因是什么，气候都在变化。
- 我们不需要把经济搞垮来改变人类。
- 我们需要继续建造电动汽车，在大城市有更多的步行空间，以及更好的农业模式。我们只需要以新的方式做生意，这很可能会带来收入。

但人类的情感是很强烈的!

让我们展示一下从新闻到情感和理性反应的过程。

12.1.3　假新闻的行为表现

虚假新闻从情感反应开始并不断积累，往往会导致最终的人身攻击。

图 12.2 表示当认知失调堵塞我们的思维过程时，对假新闻的三阶段情感反应路径。

1. 第一阶段：新闻的到来

两个人或一群人对他们通过各自的媒体获得的新闻做出回应，这些媒体包括推特、其他社交媒体、电视、广播、网站，每个信息来源都包含有一定的偏见。

2. 第二阶段：达成共识

这两个人或一群人可以同意或不同意彼此的意见。如果他们不同意，我们将进入第三阶段，在此期间，冲突可能会激化。

如果他们同意，共识就会阻止热度的上升，新闻就会被接受为“真正的”新闻。然而，即使所有各方都相信他们收到的新闻不是假的，这并不意味着新闻不是假的。这里有一些原因可以解释，标为“非假新闻”的新闻可能是假新闻。

- 在 12 世纪初，欧洲大多数人都认为地球是宇宙的中心，太阳系围绕地球旋转。
- 在 1900 年，大多数人认为，永远不会有飞机这种可以飞越海洋的东西。
- 2020 年 1 月，欧洲的大多数人认为 COVID-19 是一种只影响中国的病毒，而不是一种全球大流行病。

总之，两个政党甚至整个社会之间的共识并不意味着传来的消息不是假的。如果两方意见不一致，就会导致冲突。

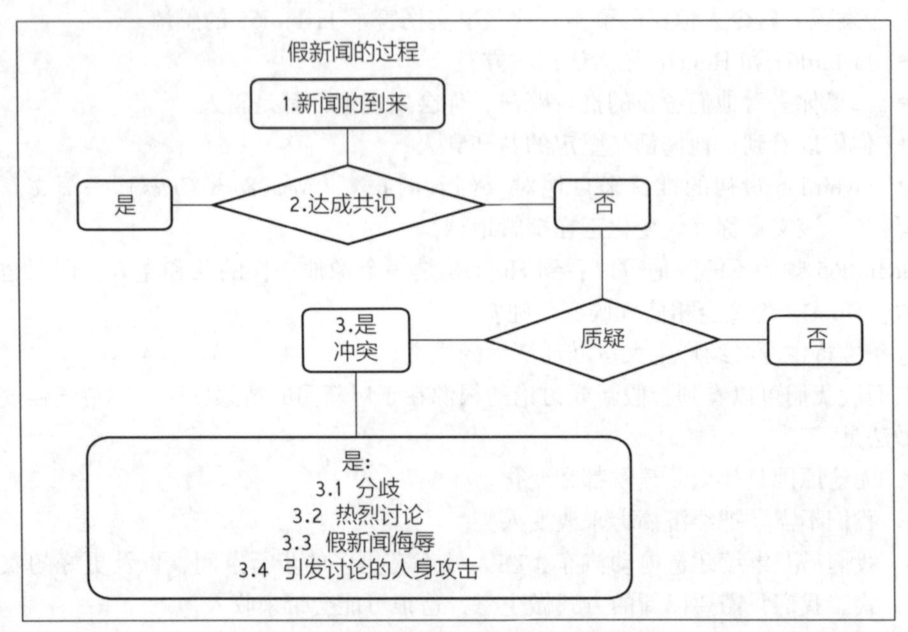

图 12.2 新闻与假新闻冲突的路径表示

让我们直面这种冲突。在社交媒体上的会员们通常与有相同想法的人聚首，很难改变他们的这种想法。这个表述表明，一个人更多的时候将坚持自己在推特上表达的观点，一旦有人挑战他们的观点，这种冲突就会升级。

3. 第三阶段：冲突

假新闻冲突可分为四个阶段。

- 3.1 冲突以分歧开始。每一方都会在推特或其他平台上发布信息。经过几次交流，冲突可能会消散掉，因为每一方都对这个话题不感兴趣。
- 3.2 如果我们回到 Jaybird65 和 Hunt78 之间的气候变化讨论，我们知道事情会变得很糟糕，谈话正在升温！
- 3.3 不可避免地，在某一时刻一方的论点将成为假新闻。Jaybird65 会生气，并在众多推文中表现出来，说人类造成的气候变化是假新闻。Hunt78 会生气，说否认人类对气候变化的影响是假新闻。
- 3.4 这些讨论常常以人身攻击结束。即使我们不知道怎么回事，但戈德温定律（Godwin's Law）经常进入对话。戈德温定律指出，一方会在谈话的某一时刻找到最糟糕的参照物来描述另一方。它有时会表现为 You liberals are like Hitler trying to force our economy down with climate Change（你们自由主义者就像希特勒一样，试图用气候变化迫使我们的经济下滑）。这种类型的信息可以在推特和其他平台上看到。它甚至出现在总统关于气候变化演讲的在线聊天中。

在这些讨论中是否有一种理性的方法可以安抚双方，让他们平静下来或至少达成一个折中的共识并向前推进呢？

让我们尝试用 Transformer 模型和启发式方法建立一个理性的方法。

12.2 理性对待假新闻

Transformer 模型是有史以来最强大的 NLP 工具。在本节中，我们将首先定义一种方法，它可以将因假新闻而发生冲突的双方从情感层面带到理性层面。

然后我们将使用 Transformer 工具和启发式方法。我们将在枪支管制和前总统特朗普在 COVID-19 大流行期间的推文上运行 Transformer 模型。我们还将描述可以用经典函数实现的启发式方法。

你可以实现这些或你选择的其他 Transformer NLP 任务。无论如何，这个路线图和方法可以帮助教师、父母、朋友、同事和任何寻求真理的人。你的工作将永远有价值。

让我们从包括 Transformer 模型在内的对待假新闻的理性方法的路线图开始。

12.2.1 定义假新闻化解路线图

图 12.3 定义了一个合理的假新闻分析过程的路线图，该流程包含 Transformer NLP 任务和传统功能。

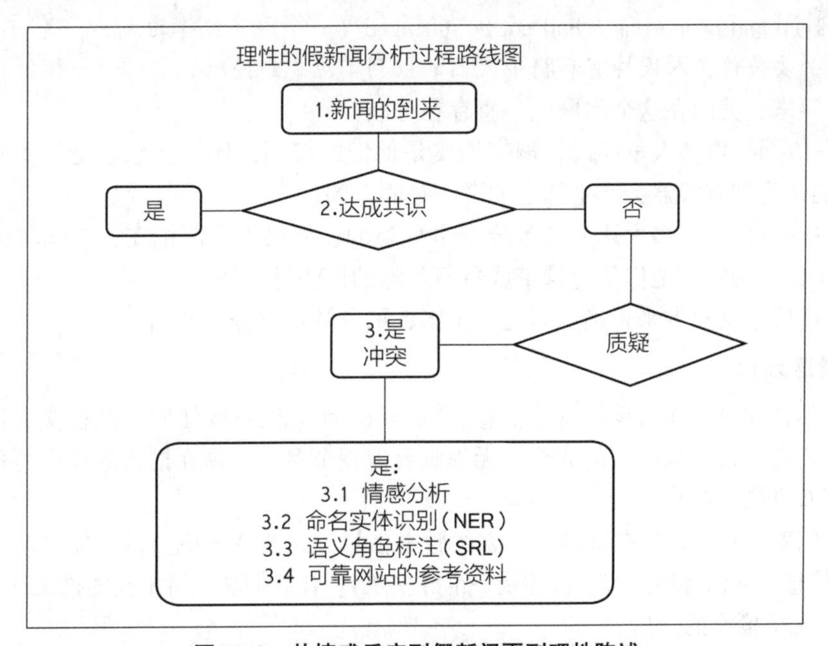

图 12.3 从情感反应到假新闻再到理性陈述

从图 12.3 上可以看到，一旦情感反应开始，理性过程几乎总是会同时开启。理性过程必须尽快启动，以避免积累情感反应而打断理性讨论。

第三阶段现在包含四个工具。

- 3.1 用情感分析来分析排名靠前的“情感化”的正面或负面词汇。我们将使用 AllenNLP.org 的资源，在我们的 Fake_News.ipynb notebook 中运行 RoBERTa-large Transformer 模型。我们将使用 AllenNLP.org 的可视化工具将关键词和解释可视化。我们在第 11 章“检测顾客情感以做出预测”中介绍了情感分析。
- 3.2 命名实体识别（NER），从社会媒体信息中提取实体并用于第 3.4 阶段。我们在第 10 章“让数据开口：讲故事与做问答”中描述了 NER。我们将使用 Hugging Face 的 BERT Transformer 模型来完成这个任务，并使用 AllenNLP.org 的可视化工具来实现实体和解释的可视化。
- 3.3 语义角色标注（SRL）为 3.4 阶段的社交媒体信息中的动词贴上标签。我们在第 9 章“基于 BERT 模型的语义角色标注”中描述了 SRL。我们将在 Fake_News.ipynb 中使用 AllenNLP 的 BERT 模型并使用 AllenNLP.org 的可视化工具来可视化标注任务的输出。
- 3.4 介绍具有靠谱参考资料的网站以说明经典编程方法的作用。

让我们从枪支管制开始。

12.2.2　枪支管制

美国宪法第二修正案宣称有以下权利：

A well regulated Militia, being necessary to the security of a free State, the right of the people to keep and bear Arms, shall not be infringed（一个遵守纪律的民兵，是一个自由国家安全的必要条件，人民持有和携带武器的权利不应受到侵犯）。

几十年来，美国在这个问题上一直存在分歧：

- 一方面，许多人争辩说，携带枪支是他们的权利，他们不想忍受枪支管制。他们认为拥有武器会产生暴力的说法是假新闻。
- 另一方面，许多人认为携带枪支是危险的，如果不控制枪支，美国将继续是一个暴力国家。他们认为携带武器不危险的说法是假新闻。

我们需要帮助双方来正确认识此修正案，可以从情感分析开始。

1. 情感分析

如果你在演讲期间阅读推特等信息、YouTube 聊天记录或任何其他社交媒体，你会看到双方正在进行一场激烈的战斗。无须观看电视节目，只需在推特战役中扮作吃瓜群众，坐等双方撕破脸！

让我们来看看一方的推特和另一方的脸书信息。我改变了成员的名字并转述了内容（考虑到信息中的侮辱性内容，转述是一个好主意）。让我们从支持枪支的推文开始。

（1）支持枪支的分析

这条推文是某个人的真实意见：

Afirst78：“I have had rifles and guns for years and never had a problem. I raised my kids right so they have guns too and never hurt anything except rabbits.”（我拥有步枪和枪支多年期间从未出现过问题。我把我的孩子教育得很好，虽然他们也有枪但从未伤害过兔子之

外的任何东西。)

让我们在 Fake_News. ipynb 中运行这个:

```
!echo '{"sentence": "I have had rifles and guns for years and never had
a problem. I raised my kids right so they have guns too and never hurt
anything except rabbits."}' | \
allennlp predict https://storage.googleapis.com/allennlp-public-models/
sst-roberta-large-2020.06.08.tar.gz -
```

预测的结果是正面的:

```
prediction:  {"logits": [1.9383275508880615, -1.6191326379776],
"probs": [0.9722791910171509, 0.02772079035639763]
```

我们现在去 AllenNLP. org 上将结果可视化。SmoothGrad 可视化工具提供了最好的解释，如图 12.4 所示。

Sentence:
<s> I have had r ifles and guns for years and never had a problem . I raised my kids right so they have guns too and never h urt anything except r abb its . </s>

图 12.4　句子的 SmoothGrad 可视化

解释显示，Afirst78 "never" + "problem" + "guns"。

Transformer 模型被不断训练和更新，因此结果可能会随着时间的推移而变化。然而，本章的重点是过程而不是具体结果。

我们将在每个步骤中收集一些想法和函数。Fake_News_FUNCTION_1 是本节的第一个函数：Fake_News_FUNCTION_1: "never" + "problem" + "guns" 被提取出来并加亮显示，以便进一步分析。

我们现在将分析 NYS99 的观点，即必须控制枪支。

(2) 枪支管制分析

NYS99: "I have heard gunshots all my life in my neighborhood, have lost many friends, and am afraid to go out at night."(我一辈子都在我的街区听到枪声，失去了很多朋友并且晚上不敢出门。)

让我们先在 Fake_News. ipynb 中运行分析工具:

```
!echo '{"sentence": "I have heard gunshots all my life in my
neighborhood, have lost many friends, and am afraid to go out at night."}' | \
allennlp predict https://storage.googleapis.com/allennlp-public-models/
sst-roberta-large-2020.06.08.tar.gz -
```

其结果自然是负面的：

```
prediction:  {"logits": [-1.3564586639404297, 0.5901418924331665],
"probs": [0.12492450326681137, 0.8750754594802856]
```

让我们使用 AllenNLP 网站在线查找关键词。运行样本后可以看到简单梯度可视化（Simple Gradients Visualization）提供了最好的结果，如图 12.5 所示。

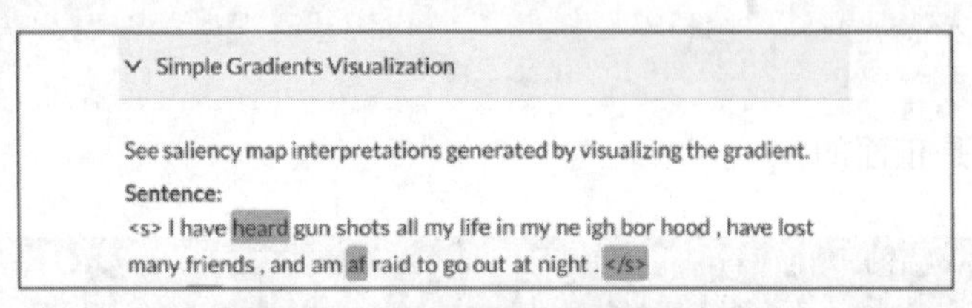

图 12.5　句子的简单梯度可视化

本节函数 2 的关键词是“heard” + “afraid”。

Fake_News_FUNCTION_2：“heard” + “afraid” + “guns” 被提取出来并加亮以方便进一步分析。

如果现在把两个函数并列在一起，就可以清楚地理解为什么两党要互相争斗：

- Fake_News_FUNCTION_1：“never” + “problem” + “guns”
  Afirst78 可能住在美国中西部的一个州，这样的州人口少且非常安静，犯罪率非常低。Afirst78 可能从未到过大城市，一直享受着乡村宁静生活的乐趣。
- Fake_News_FUNCTION_2：“heard” + “afraid” + “guns”
  NYS99 可能住在大城市或美国大城市的较繁华地带，犯罪率通常很高，暴力是一种日常现象。NYS99 可能从未到过中西部的某个州，也没有见过 Afirst78 是如何生活的。

这两个真实而强烈的观点证明了为什么我们需要实施诸如本章所述的化解方案，更充分的信息是减少假新闻之争的关键。

我们将按照设定的流程，在所举例的样本上应用命名实体识别。

2. 命名实体识别（NER）

本部分旨在说明通过使用几种 Transformer 方法，用户会从不同角度对一条信息进行更广泛的感知并从中受益。在生产模式下，一个 HTML 页面可以概括本章的 Transformer 方法，甚至包含其他 Transformer 任务。

虽然我们在消息中看不到任何实体，但现在必须将我们的程序应用于推特和脸书的消息，但这个程序并不知道句子中不存在实体。我们将只运行第一条消息来说明这一步的过程。

我们将首先安装 Hugging Face Transformer：

```
!pip install -q transformers
from transformers import pipeline
from transformers import AutoTokenizer, AutoModelForSequenceClassification,
AutoModel
```

现在，我们可以处理第一条信息：

```
nlp_token_class = pipeline('ner')
nlp_token_class('I have had rifles and guns for years and never had a
problem. I raised my kids right so they have guns too and never hurt
anything except rabbits.')
```

由于没有实体，所以没有输出任何结果。

在继续之前检查一下我们所使用的模型：

```
nlp_token_class.model.config
```

输出结果显示，该模型使用了9个标签和1 024个注意力层的特征：

```
BertConfig {
  "_num_labels": 9,
  "architectures": [
    "BertForTokenClassification"
  ],
  "attention_probs_dropout_prob": 0.1,
  "directionality": "bidi",
  "hidden_act": "gelu",
  "hidden_dropout_prob": 0.1,
  "hidden_size": 1024,
  "id2label": {
    "0": "O",
    "1": "B-MISC",
    "2": "I-MISC",
    "3": "B-PER",
    "4": "I-PER",
    "5": "B-ORG",
    "6": "I-ORG",
    "7": "B-LOC",
    "8": "I-LOC"
  },
```

我们使用的是一个24层的BERT Transformer模型。如果你想探索这个架构，请运行nlp_token_class. model。

我们现在将在上面的社交媒体消息上运行SRL方法。

3. 语义角色标注(SRL)

我们将继续按照笔记本上的顺序逐一运行Fake_News. ipynb单元，并检测这两种观点。

让我们从支持枪支的观点开始。

(1) 在支持持枪意见上运用SRL

我们首先在Fake_News. ipynb中运行以下单元：

```
!echo '{"sentence": "I have had rifles and guns for years and never had
a problem. I raised my kids right so they have guns too and never hurt
anything except rabbits."}' | \
allennlp predict https://storage.googleapis.com/allennlp-public-models/
bert-base-srl-2020.03.24.tar.gz -
```

输出结果非常详细，如果你想详细研究或解析标签，就会很有用，如本节选所示：

```
prediction:  {"verbs": [{"verb": "had", "description": "[ARG0: I] have
[V: had] [ARG1: rifles and guns] [ARGM-TMP: for years] and never had a
problem ...
```

现在让我们在语义角色标注部分对 AllenNLP. org 进行直观的详细介绍。我们首先对这条信息运行 SRL 任务。

第一个动词“had”表明 Afirst78 是一个有经验的枪支持有者，如图 12. 6 所示。

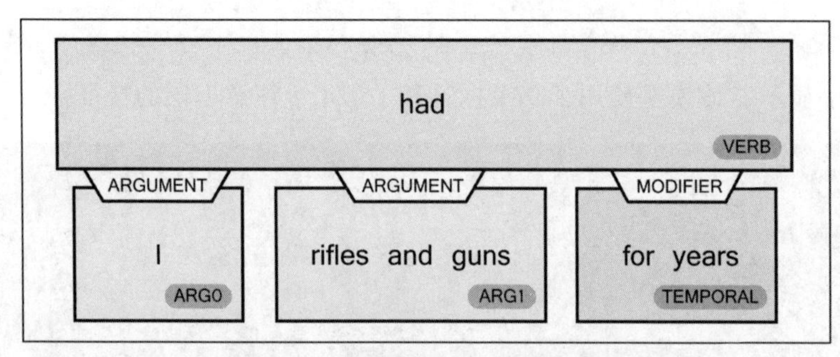

图 12. 6　动词“had”的 SRL 表示

论点“had”表明了 Afirst78 的经验：“I” +“rifles and guns” +“for years”

论点“raised”则展示了 Afirst78 的父母经验，如图 12. 7 所示。

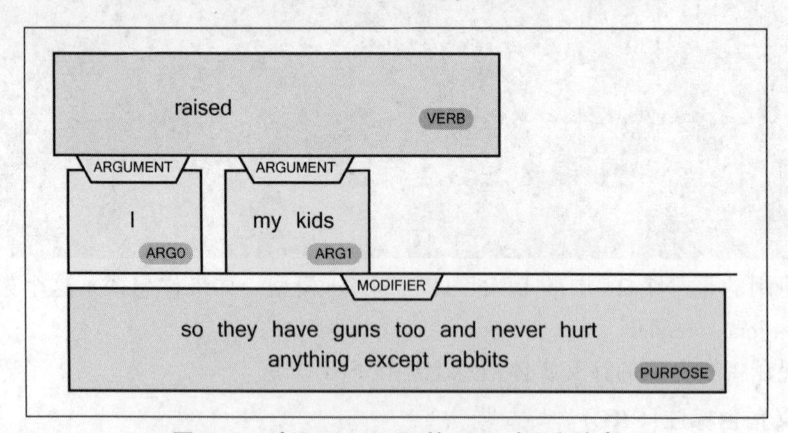

图 12. 7　动词“raised”的 SRL 动词和论点

这些论点解释了许多支持枪支的立场：“my kids” +“have guns” +“never hurt anything”。

动词“hurt”的思路与点击文本时在 SRL 任务的格式化文本版本中看到的一样：

```
[ARGM-NEG: never] [V: hurt] [ARG1: anything except rabbits].
```

我们可以通过一些解析将这里发现的东西添加到我们的函数集合中：

- Fake_News_FUNCTION_3：“I” +“rifles and guns” +“for years”
- Fake_News_FUNCTION_4：“my kids” +“have guns” +“never hurt anything”

现在我们来探讨一下枪支管制的意见。

（2）在枪支管制意见上运用 SRL

我们将首先运行 Fake_New. ipynb 中的脸书消息。我们将继续按照在笔记本中创建的顺序一个单元一个单元地运行笔记本：

```
!echo '{"sentence": "I have heard gunshots all my life in my neighborhood, have
lost many friends, and am afraid to go out at night."}' | \
allennlp predict https://storage.googleapis.com/allennlp-public-models/
bert-base-srl-2020.03.24.tar.gz -
```

输出结果对该序列中的关键动词进行了详细标注，如以下片段所示：

```
prediction:  {"verbs": [{"verb": "heard", "description": "[ARG0: I]
have [V: heard] [ARG1: gunshots all my life in my neighborhood]"
```

我们继续应用我们的程序，访问 AllenNLP. org，然后进入语义标注部分，输入这句话并运行 Transformer 模型。动词“heard”显示了这条信息的可怕现实，如图 12.8 所示。

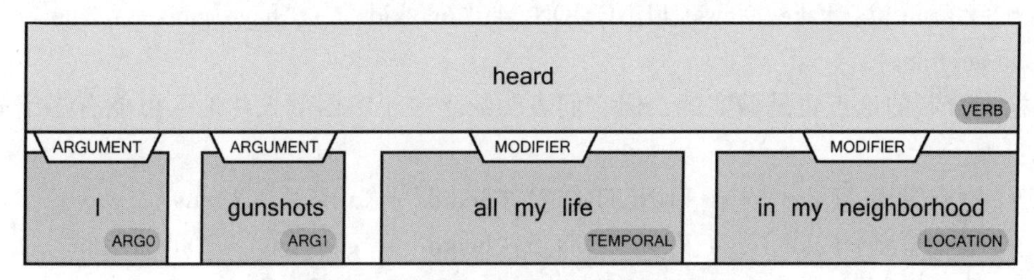

图 12.8　动词“heard”的 SRL 表示

我们可以为第五个函数快速解析这些词：

- Fake_News_FUNCTION_5：“heard”+“gunshots”+“all my life”

动词“lost”显示了与之相关的重要论据，如图 12.9 所示。

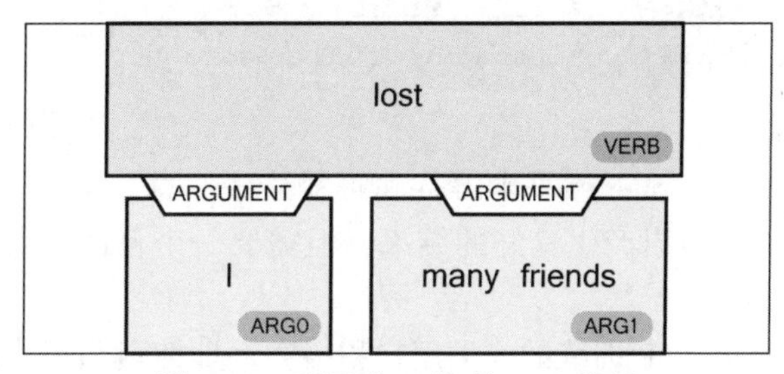

图 12.9　动词“lost”的 SRL 表示

我们有我们所需要的第六个函数：

- Fake_News_FUNCTION_6：“lost”+“many”+“friends”

一旦不同的 Transformer 模型解析了信息的方方面面，向用户建议一些参考网站是好主意。

4. 参考网站

我们在 NLP 任务上运行了 Transformer，并描述了需要开发的传统启发式硬编码，以解析数据并生成六个函数：

- 支持持枪：Fake_News_FUNCTION_1："never" + "problem" + "guns"
- 枪支管制：Fake_News_FUNCTION_2："heard" + "afraid" + "guns"
- 支持持枪：Fake_News_FUNCTION_3："I" + "rifles and guns" + "for years"
- 支持持枪：Fake_News_FUNCTION_4："my kids" + "have guns" + "never hurt anything"
- 枪支管制：Fake_News_FUNCTION_5："heard" + "gunshots" + "all my life"
- 枪支管制：Fake_News_FUNCTION_6："lost" + "many" + "friends"

让我们重新整理一下清单，把这两种观点分开并得出一些结论来决定我们的下一步行动方向。

支持持枪的论点是诚实的，但它们表明，对美国主要城市的情况缺乏了解：

- 支持持枪：Fake_News_FUNCTION_1："never" + "problem" + "guns"
- 支持持枪：Fake_News_FUNCTION_3："I" + "rifles and guns" + "for years"
- 支持持枪：Fake_News_FUNCTION_4："my kids" + "have guns" + "never hurt anything"

枪支管制的论点也是诚实的，但它们表明缺乏关于中西部大片地区可能有多宁静的信息：

- 枪支管制：Fake_News_FUNCTION_2："heard" + "afraid" + "guns"
- 枪支管制：Fake_News_FUNCTION_5："heard" + "gunshots" + "all my life"
- 枪支管制：Fake_News_FUNCTION_6："lost" + "many" + "friends"

每个函数都可以开发出来为对方提供信息。

例如，我们以 FUNCTION1 为例，用伪代码表达：

```
Def FUNCTION1:
call FUNCTIONs 2 +5 +6 Keywords and simplify
Google search = afraid guns lost many friends gunshots
```

这个过程的目标是：

- 首先，运行 Transformer 模型来解构和解释这些信息。NLP Transformer 就像一个数学计算器一样可以产生良好的结果，但需要一个自由思考的人类头脑来解释它们。
- 然后请一个经过 NLP 训练的人类用户积极主动地搜索和阅读信息。

Transformer 模型是为了帮助用户更深入地理解信息而不是替他们思考！我们是要协助用户而不是对他们进行说教或洗脑！

需要解析功能来处理函数的结果。如果我们有数百条社交媒体信息则可以让我们的程序自动地完成整个工作。

展示的第一个链接很有意思，可以展示给支持枪支的人看，如图 12. 10 所示。

www.amnesty.org › arms-control ▾ Traduire cette page
Gun violence – key facts | Amnesty International
When people are **afraid** of **gun** violence, this can also have a negative impact on people's right to ... How **many** people are injured by **gunshots** worldwide? ... We created March For Our Lives because our **friends** who **lost** their lives would have ...

everytownresearch.org › impact-gun... ▾ Traduire cette page
The Impact of Gun Violence on Children and Teens ...
29 mai 2019 - They are also harmed when a **friend** or family member is killed with a **gun**, when ... **Gun** homicides, non-fatal **shootings**, and exposure to **gun** violence stunt ... **worried** some or **a lot of** the time that they might get killed or die.35.

www.hsph.harvard.edu › magazine ▾ Traduire cette page
Guns & Suicide | Harvard Public Health Magazine | Harvard ...
Gun owners and their families are **much** more likely to kill themselves than are ... Zachary may have been **afraid** of **losing** his commercial driver's license, a great ... In public health lingo, these potentially lifesaving **friends** and colleagues are ... other natural allies such as hunting groups, **shooting** clubs and **gun** rights groups.

www.pbs.org › extra › student-voices ▾ Traduire cette page
How teens want to solve America's school shooting problem ...
14 févr. 2019 - It's not having students practice lock-downs out of **fear** that an attack like ... The problem America has is that we give everyone a **gun** without **any** mental health testing. ... After the Florida school **shooting** my **friends** and I were having a ... We can't have more innocent lives **lost** just because of one person's ...

图 12. 10 枪支与暴力

让我们想象一下，我们正在用以下伪代码搜索枪支管制的倡导者：

```
Def FUNCTION2:
call FUNCTIONs 1 +3 +4 Keywords and simplify
Google search = never problem guns for years kids never hurt anything
```

谷歌搜索的结果没有明显的有利于支持持枪者的正面结果，最有趣的是中性和教育性的，如图 12. 11 所示。

kidshealth.org › parents › gun-safety ▾ Traduire cette page
Gun Safety - Kids Health
But every **year**, **guns** are used to kill or **injure** thousands of Americans. ... Even if you **have** talked to them many times about **gun** safety, they can't truly understand how ... Teens should **never** be able to get to a **gun** and bullets without an adult being there. ... Is there a **gun** or **anything** else dangerous he might get into?

www.healthychildren.org › Pages ▾ Traduire cette page
Guns in the Home - HealthyChildren.org
12 juin 2020 - **Did** you know that roughly a third of U.S. homes with **children have guns**? ... Parents can reduce the chances of **children** being **injured**, however, by ... about pets, allergies, supervision and other safety **issues** before your **child** visits ... Remind your **kids** that if they **ever** come across a **gun**, they must stay away ...

图 12. 11 枪支安全

你可以在亚马逊的书店、杂志和其他教育材料上进行自动搜索。

最重要的是，持相反意见的人必须在不发生争吵的情况下相互交谈，互相理解是培养双方共鸣的最好方式。

人们可能会因为被诱骗而相信社交媒体公司。我的建议是，永远不要让第三方充当你思维过程的代理者，使用 Transformer 模型来解析信息并保持积极主动的态度!

关于这个话题的双方共识可能是拥有枪支的底线：要么不在家里拥有枪支，要么把它们安全地锁起来，这样孩子们就无法接触到枪支。

让我们继续讨论 COVID－19 和前总统特朗普的推文。

12.2.3　COVID－19 和前总统特朗普的推文

唐纳德·特朗普说了很多话，关于唐纳德·特朗普的事也有很多内容，要分析所有的相关信息需要一本书的篇幅！这是一本技术书而不是政治书，我们将专注于科学地分析推文。

我们在本章的 12.2.2 节“枪支管制”中描述了一种应对假新闻的教育方法，但我们不需要重复这个过程。

我们在枪支管制部分的 Fake_ News. ipynb notebook 中实现并运行了 AllenNLP 的 SRL 任务与 BERT 模型。

在本节中，我们将重点讨论假新闻的逻辑。我们将在 SRL 上运行 BERT 模型，并在 AllenNLP. org 上将结果可视化。

现在，让我们浏览一些总统的 COVID－19 相关推文。

语义角色标注（SRL）

SRL 是我们所有人的一个很好的教育工具。我们往往只是被动地阅读推文并仅查看别人对它们的讨论。用 SRL 分解信息是改进社交媒体分析能力的一个好方法，可以区分虚假和准确的信息。

我建议在课堂上使用 SRL Transformer 模型来达到教育用途。年轻的学生可以尝试处理一条推文并分析每个动词及其论点，这可以帮助年轻一代成为社交媒体上的活跃读者。

我们将首先分析一个相对不分裂的推文，然后分析一个有冲突的推文。

我们来分析一下写这本书时在 7 月 4 日发现的最新一条推文。我把被称为“Black American（美国黑人）”的人的名字用 X 替代，转述了前总统的一些文字：

“X is a great American, is hospitalized with coronavirus, and has requested prayer. Would you join me in praying for him today, as well as all those who are suffering from COVID－19?”

让我们访问 AllenNLP. org 网站的语义角色标注功能，分析这个句子并观察结果。动词“hospitalized”表明该成员正在接近事实真相，如图 12.12 所示。

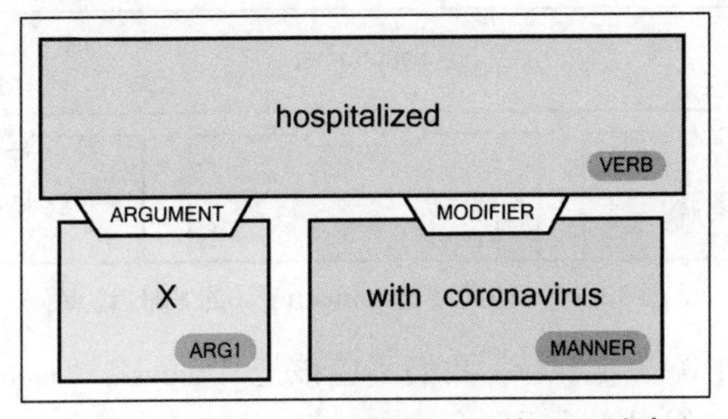

图 12.12 动词“hospitalized”的 SRL 论点

信息很简单：“X” + “hospitalized” + “coronavirus”。

动词“requested”表明信息正在变得政治化，如图 12.13 所示。

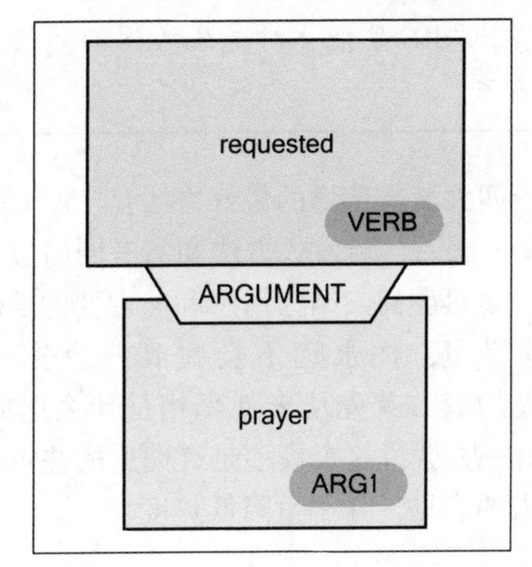

图 12.13 动词“requested”的 SRL 论点

我们不知道这个人是请求前总统祈祷还是他决定让自己成为请求的主导者。

一个优秀的练习会显示一个 HTML 页面，并询问用户他们的想法。例如，可以要求用户看一下 SRL 任务的结果并回答以下两个问题：

- “是前总统特朗普被要求祈祷，还是他偏离了出于政治原因向他人提出的要求？”
- “前总统特朗普声称他被间接要求为 X 祈祷的事实到底是不是假新闻？”

你可以考虑一下，自己决定！

让我们来看看被禁止在推特上发表的一篇文章。我把名字去掉并转述了一下，同时淡化了一些感情。不过，当我们在 AllenNLP.org 上运行它并将结果可视化时，我们还是得到了一些令人惊讶的 SRL 输出结果。

以下是经过淡化和转述的推特：

These thugs are dishonoring the memory of X.（这些暴徒正在玷污对 X 的记忆）

When the looting starts，actions must be taken.（当掠夺开始时，必须采取行动）

虽然淡化原始推文中的主要部分，但我们可以看到，SRL 任务显示了推文中的不良联想，如图 12.14 所示。

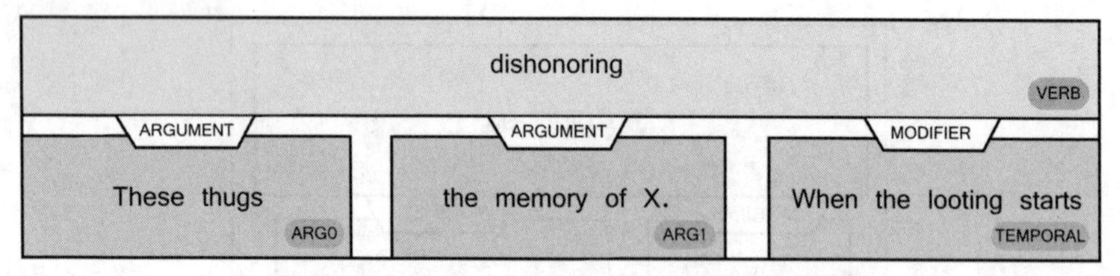

图 12.14 动词 "dishonoring" 的 SRL 论点

一个有教育意义的方法是解释，我们不应该把 "thugs" "memory" "looting" 这些论点联系起来，因为它们根本就不适合放在一起。

一个重要的练习是问一个用户，为什么 SRL 的论点不适合在一起。

我推荐了许多这样的练习，这样 Transformer 模型的使用者就能培养出 SRL 技能，对呈现给他们的任何题目都有一个批判性的看法。

批判性思维是阻止假新闻大流行传播的最好方法！

我们已经经历了用 Transformer、启发式方法和参考网站应对假新闻的理性方法。归根结底，假新闻辩论中的很多热度都归结为情感和非理性的反应。

在一个充满意见的世界里，你永远不会找到一个完全客观的检测假新闻的 Transformer 模型，因为对立的双方首先从未就真相是什么达成一致意见：一方会同意 Transformer 模型的输出，另一方会说这个模型是有偏见的并由持反对意见的人建立的！

最好的办法是听取别人的意见，并尽量降低热度！

12.3 在结束本章之前

这一章更侧重于将 Transformer 应用于具体问题，而不是找到一个银弹式的 Transformer 模型，银弹并不存在！

要解决一个 NLP 问题，你有两个主要的选择：寻找新的 Transformer 模型或创建可靠、持久的方法来实现 Transformer 模型。

12.3.1 寻找银弹

寻找一个银弹 Transformer 模型可能很费时也可能很有收获，这取决于你想在不断变化的模型上花费多少时间和金钱。

例如，可以通过 disentanglement 找到一种新的 Transformer 方法。人工智能中的 disentanglement 允许你将表征的特征分开，使训练过程更加灵活。何鹏程、刘晓东、高建峰和陈伟柱（Pengcheng He，Xiaodong Liu，Jianfeng Gao，and Weizhu Chen）设计了 DeBERTa—— 一个 disentangled 版本的 Transformer 模型，并在一篇有趣的文章中描述了这个模型：

DeBERTa：Decoding - enhanced BERT with Disentangled Attention，https://arxiv.org/abs/2006.03654

DeBERTa 中实现的两个主要想法是：

- 在 Transformer 模型中拆开内容和位置，分别训练这两个向量。
- 在预训练过程中，使用解码器中的绝对位置来预测被屏蔽的标记。

作者在 GitHub 上提供了代码：https://github.com/microsoft/DeBERTa。

在 2020 年 12 月的 SuperGLUE 排行榜上，DeBERTa 使用 1.5B 的参数超过了人类基线水平。

你是否应该停止你在 Transformer 上的一切努力换用这个模型，整合你的数据，训练模型，测试并实施这个模型？

以此类推，很有可能会有另一个模型超过这个模型的性能。你应该在生产环境中一直改变模型吗？这将取决于你自己的决定！

你也可以选择设计更好的训练方法。

12.3.2　寻找可靠的训练方法

利用较小模型寻找可靠的训练方法，如第 6 章“使用 OpenAI 的 GPT - 2 和 GPT - 3 模型生成文本”中涉及的 Timo Schick 设计的 PET 也可以作为一种解决方案。

为什么呢？在 SuperGLUE 排行榜上处于良好的位置并不意味着该模型将为医疗、法律和其他关键领域的序列预测提供高质量的决策能力。

为一个特定的主题寻找定制的训练解决方案可能比尝试 SuperGLUE 排行榜上所有最好的 Transformer 模型更有效。

花点时间思考如何实施 Transformer 模型，这将为你的项目找到最佳方法。

接下来我们将对本章和本书进行总结。

本章小结

假新闻始于我们人类的情感历史深处：当一个事件发生时，情感会接管以帮助我们对情况作出快速反应；当我们受到威胁时，我们有强烈的反应。这些都是人类本能反应。

假新闻引起了强烈的情感反应：我们担心这些新闻会暂时或永久地伤害我们的生活，我们中的许多人相信气候变化可能会从地球上消灭人类的生命。其他人认为如果我们对气候变化的反应过于强烈，我们可能会破坏我们的经济并使社会崩溃。我们中的一些人认为枪支是危险的，其他人则提醒我们美国宪法第二修正案赋予我们在美国拥有枪支的权利。

我们经历了其他关于 COVID - 19、前总统特朗普和气候变化的强烈冲突。在每一个案例中，我们都看到情感反应是最快积累成冲突的反应。

接着我们通过设计了一个路线图把对假新闻的感性认识提升到理性水平。我们使用了一些 Transformer NLP 任务展示了在推特、脸书消息和其他媒体中找到关键信息的能力。

我们利用一些人认为是真实的而另一些人认为是虚假的新闻，借助经典的软件功能来帮助我们，为老师、父母、朋友、同事或其他人创建一个分析新闻内容的逻辑能力。

到此为止，你拥有了一个由 Transformer 模型、NLP 任务和样本数据集组成的工具包。

你可以利用人工智能为人类造福。现在就看你如何带着这些 Transformer 工具和想法去实施它们，使世界成为一个对所有人都更好的地方！

你将在现实生活中书写下一章！

习题

1. 被标记为假新闻的新闻总是假的。(对/错)
2. 大家达成一致的新闻总是准确的。(对/错)
3. Transformer 可用于对推文进行情感分析。(对/错)
4. 可以用运行 NER 的 DistilBERT 模型从脸书信息中提取关键实体。(对/错)
5. 通过基于 BERT 的模型运行 SRL，可以从 YouTube 的聊天记录中识别出关键动词。(对/错)
6. 情感化的反应是对假新闻的第一反应。(对/错)
7. 理性对待假新闻可以帮助澄清自己的立场。(对/错)
8. 将 Transformer 连接到可靠的网站可以帮助某人了解为什么有些新闻是假的。(对/错)
9. Transformer 模型可以对可靠的网站进行摘要，以帮助我们了解一些被标记为假新闻的话题。(对/错)
10. 如果你为了我们大家的利益使用人工智能，你可以改变世界。(对/错)

参考文献

- Daniel Kahneman，2013，Thinking，Fast and Slow
- Hugging Face Pipelines：https://huggingface.co/transformers/main_classes/pipelines.html
- The Allen Institute for AI：https://allennlp.org/

附录　习题答案

第 1 章　Transformer 模型架构入门

1. 对。NLP 是将序列（书面或口头）转换为数字表示的转导，处理它们，并将结果解码为文本。
2. 对。
3. 对。
4. 错。一个转化器根本不包含 LSTM 或 CNN。
5. 对。
6. 对。
7. 错。Transform 使用位置编码。原始的 Transformer 模型没有一个额外的位置矢量。一旦输入被处理，位置编码就被添加到输入中。
8. 对。
9. 对。
10. 对。

第 2 章　微调 BERT 模型

1. 对。
2. 对。
3. 错。BERT 微调是用预训练的训练参数初始化的。
4. 错。
5. 对。
6. 对。
7. 错。
8. 对。
9. 错。
10. 对。

第 3 章　从零开始预训练 RoBERTa 模型

1. 对。
2. 对。
3. 对。

4. 对。
5. 错。有 8 000 万个参数的 Transformer 模型是一个小模型。
6. 错。一个标记解析器可以通过训练得到。
7. 错。BERT 包含 6 个编码器层，而不是解码器层。
8. 对。
9. 错。BERT 有自注意力层。
10. 错。数据收集器是数据集类的一部分。

第 4 章　使用 Transformer 完成下游 NLP 任务

1. 错。对于 NLU 来说，人类可以通过他们的感官获得更多的信息。机器智能依赖于人类为所有类型的媒体提供的东西。
2. 对。
3. 对。
4. 对。
5. 对。
6. 错。Winograd 模式大多适用于代词消除歧义。
7. 对。
8. 对。
9. 错。Transformer 模型在 GLUE 方面击败了人类基线，在 SuperGLUE 方面也是如此。随着我们不断提高 SuperGLUE 的基准水平，模型将继续进步并击败人类基准标准。
10. 对。但你永远不知道人工智能的未来会发生什么！

第 5 章　使用 Transformer 进行机器翻译

1. 错。机器翻译是最艰难的 NLP ML 任务之一。
2. 对。
3. 错。比较不同模型的唯一方法是使用相同的数据集。
4. 对。BLEU 代表双语评价下的分数，使其容易记忆。
5. 对。
6. 错。表现德语然后将其翻译成另一种语言，与表现英语然后将其翻译成另一种语言的过程不同。语言结构是不一样的。
7. 错。每个注意力子层有 8 个头部。
8. 对。
9. 错。有 6 个解码器层。
10. 对。BERT 的架构只包含编码器。

第 6 章　使用 OpenAI 的 GPT-2 和 GPT-3 模型生成文本

1. 错。模型的参数首先通过必要的多个场景来训练。零次是指在不进行额外微调的情况下执行下游任务。

2. 错。
3. 对。
4. 错。我们在本章中训练了一个。
5. 错。我们在本章中训练了一个。
6. 错。我们在本章中实现了这一点。
7. 对。
8. 错。我们在本章中与这种规模的模型进行了互动。
9. 错。
10. 对。我们将能够建立具有越来越多的参数和连接的模型。

第 7 章 将基于 Transformer 的 AI 文档摘要应用于法律和金融文档

1. 错。 2. 对。 3. 对。 4. 错。 5. 对。
6. 错。 7. 对。 8. 错。 9. 错。 10. 对。

第 8 章 标记解析器与数据集的匹配

1. 错。 2. 错。 3. 对。 4. 对。 5. 对。
6. 对。 7. 错。 8. 对。 9. 对。 10. 对。

第 9 章 基于 BERT 模型的语义角色标注

1. 错。 2. 错。 3. 对。 4. 对。 5. 对。
6. 对。 7. 错。 8. 对。 9. 错。

第 10 章 让数据开口：讲故事与做回答

1. 错。 2. 错。 3. 对。 4. 错。 5. 对。
6. 对。 7. 错。 8. 对。 9. 对。 10. 对。

第 11 章 检测客户情感以做出预测

1. 错。 2. 错。 3. 对。 4. 对。 5. 对。
6. 对。 7. 对。

第 12 章 使用 Transformer 分析假新闻

1. 错。 2. 错。 3. 对。 4. 对。 5. 对。
6. 对。 7. 对。 8. 对。 9. 对。 10. 对。

读书笔记